辽宁省职业教育"十四五"规划教材
辽宁省"双高建设"立体化教材
全国船舶工业职业教育教学指导委员会特色教材

机电设备电气控制

主　编　刘　凯

副主编　李　琦

主　审　吴　硕

哈尔滨工程大学出版社
Harbin Engineering University Press

内容简介

本书内容对接机电设备电气控制装调维修岗位,以职业岗位需求和机电行业国家通用标准为主要依据,以典型职业岗位任务为载体,包括用电安全与急救、电工基本操作规范与技能、三相异步电动机的选用与检修、三相异步电动机典型控制电路的接线与调试、典型机床电气控制系统分析与检修、通用变频器的应用与调试六个项目。本书内容以任务为引领,突出实用、图文并茂,使学生掌握电工基本操作规范与技能,具备典型电气控制系统设计、安装、调试和维护维修的能力,同时培养学生在实践中分析问题和解决问题的能力,增强实践动手能力和职业素养,确保课程的能力目标与工作岗位对接。

本书可作为中高职学校机电类及自动化类专业的通用教材,也可以作为从事工厂电气控制、机电设备电气安装调试及维护维修的工程技术人员的培训用书。

图书在版编目(CIP)数据

机电设备电气控制/刘凯主编. —哈尔滨:哈尔滨工程
大学出版社,2020.8(2024.7 重印)
ISBN 978 – 7 – 5661 – 2724 – 2

Ⅰ.①机…　Ⅱ.①刘…　Ⅲ.①机电设备 – 电气控制 –
教材　Ⅳ.①TM921.5

中国版本图书馆 CIP 数据核字(2020)第 133296 号

选题策划	史大伟　薛　力	
责任编辑	王俊一　刘海霞	
封面设计	李海波	

出版发行	哈尔滨工程大学出版社
社　　址	哈尔滨市南岗区南通大街 145 号
邮政编码	150001
发行电话	0451 – 82519328
传　　真	0451 – 82519699
经　　销	新华书店
印　　刷	哈尔滨午阳印刷有限公司
开　　本	787 mm × 1 092 mm　1/16
印　　张	17.5
字　　数	423 千字
版　　次	2020 年 8 月第 1 版
印　　次	2024 年 7 月第 2 次印刷
定　　价	49.00 元

http://www.hrbeupress.com
E-mail:heupress@ hrbeu.edu.cn

前　言

随着"工业4.0"的到来,现代工厂生产设备的自动化和智能化水平不断提高,如各类数控机床、自动化生产线、工业机器人等先进生产设备被广泛应用,企业中机电设备电气装调、维修维护相关职业岗位及人才需求不断增加。本教材以工厂典型的工作任务为引领,主要包括用电安全与急救、电工基本操作规范与技能、三相异步电动机的选用与检修、三相异步电动机典型控制电路的接线与调试、典型机床电气控制系统分析与检修、通用变频器的应用与调试等知识点和技能点。通过课程学习,学生应能够掌握低压电气控制系统的设计、分析、安装、调试和维修的相关技能,能够完成机电设备电气装调与维修维护职业岗位任务。

教材立足于"以就业为导向、以能力为本位"的人才培养目标,以企业岗位能力需求和国家职业标准为主要依据,按照"基于工作过程"的理念,以典型的工作任务为引领设计教学活动,以岗位职业能力为依据确定教材内容,凸显理实一体,学用一致,理论密切联系生产实际,"教、学、做"一体化的现代教学特色。本书主要特色表现在以下几个方面:

(1)以任务为引领、以岗位技能为抓手。教材紧紧围绕职业岗位能力要求提炼知识点与技能点,注重教学内容的实用性和针对性,将各个抽象的知识点融入实际任务中,使学生在完成工作任务的过程中学习相关知识,提升岗位技能。

(2)教材内容符合学生认知规律和接受能力,理论以"够用、必须"为度,摒弃过去大量的文字说明和理论论证,图文并茂,消除枯燥乏味的感觉,力求通过图例和典型工作任务,让学生掌握本专业所需的岗位技能。

(3)按照"基于工作过程"理念,以学生为中心,教师引领学生按照"资讯→计划→决策→实施→检查评价"的步骤完成工作任务,同时完成相应知识点和技能点的学习。

(4)教材内容贴合行业标准,按照行业企业标准规范,将所涵盖的职业岗位素养和核心岗位技能进行了提炼,同时注重学生工匠精神、创新能力、团队合作能力的培养。

(5)为了适应课程的信息化教学改革的趋势,实现信息化技术与课程的深度融合,与教材配套建设了网络课程及信息化资源库,包括相应的视频、微课、动画及试题库,用书学校可以配合教材内容进行线上线下混合式教学,学习者可以随时通过手机客户端进入课程网络平台进行学习。同时将主要知识点和技能点制作成相应的数字化资源,学习者可以通过扫描二维码,学习相关内容,实现信息化技术与课堂教学的深度融合。

本教材由渤海船舶职业学院刘凯任主编,李琦任副主编,杨梓嘉参编,辽宁装备制造职业技术学院吴硕担任主审,具体分工如下:项目4、项目5、项目6由刘凯编写,项目1、项目2及附录部分由李琦编写,项目3由杨梓嘉编写,辽宁机电职业技术学院许连革、辽宁轻工职业学院高斌、渤海船舶重工有限责任公司张莹参与了教材的审定和修改,刘凯负责全书的组织和统稿。

　　尽管我们在探索《机电设备电气控制》教材建设特色的突破方面做了许多努力,但是由于时间紧、作者水平有限,教材编写中难免存在疏漏不足之处,恳请各位读者在使用本书的过程中提出宝贵意见(邮箱 chinaliukai@163.com),在此深表感谢!

编　者

2020 年 6 月

目　　录

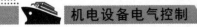

项目1 用电安全与急救

任务1.1 安全用电操作规范

【任务引入】

用电要注意安全,遇到问题请电工检修,不要擅自拆卸修理(图1-1)。分析以下3个触电案例,根据所学知识,分析触电原因,并说明防范措施。

图1-1 电工检修提示

案例1:某校某班学生在老师带领下,在实训教室进行低压电气控制实训。学生小高正在进行电路的制作,经通电调试电路运行成功后,小高用双手去摘电路板连接电源的鳄鱼钳时,触电倒地。

案例2:某市电机厂停电整修,并悬挂了"禁止合闸"的标示牌。但组长甲为移动行车,擅自合闸,此时在行车架上的工人乙正扶住行车的硬母排导线,遂引起触电。当组长甲发现并立即切断电源时,工人乙随即脱离母线并从3.4 m高处摔下,经抢救无效死亡。

案例3:某喷漆厂电工鲁某,身穿汗背心、长裤(脚管翘起),赤脚穿塑料拖鞋,他在临时通电的低压配电室内检修,在拧中性线导电排时,右臂不慎碰到开关出线带电导电排,造成触电,经抢救无效死亡。

【任务目标】

1. 了解安全用电知识,建立自觉遵守运行维护电工安全操作规程的意识。
2. 掌握电工安全生产要求及安全文明生产操作规程。
3. 了解常见的触电方式,正确采取防范措施,预防触电。

【知识点】

1. 工厂安全用电操作规程。

2. 常见的触电方式。

3. 防止触电的技术措施。

【技能点】

1. 能够按照电工的安全操作规程进行电气作业施工。

2. 能够识别电气安全标志，并遵守相应规范。

3. 能够熟知常见的触电方式，避免触电事故的发生。

【知识链接】

1.1.1　安全用电操作规程

1. 工厂安全用电操作规程

①电工人员准备工作时应佩戴好安全服装，如图 1-2 所示；

图 1-2　电工安全服装　　　　　　电工安全操作规程

②电气设备运转中，若发现有异味、冒烟、运转不顺等现象时，应立即关闭电源，并报请更换或报修，切勿惊慌逃避，以免灾害扩大；

③工作场所内各项用电仪器设备欲移动前，须先通知电气负责人员，确认用电安全无误后方可移动；

④保险丝熔断通常是用电过量的警告，切勿误以为保险丝太细而换用较粗的保险丝或以铜丝、铁丝替代；

⑤拆除或安装保险丝之前，应切断电源；

⑥没有指导人员许可或监督,不可操作没有学过的机械仪器或设备;

⑦无论电源是否切断,都不能用手或者身体去停止机械转动;

⑧电路中如发现电线绝缘材料有破裂,应立即更换新品,以免发生触电事故。

 TIPS:安全用电最基本的原则是不接触低压带电体,不靠近高压带电体。

2. 常用电气安全标志

(1)安全色

安全色是表达安全信息含义的颜色,通常表示禁止、警告、指令、提示等。国家规定的安全色有红、蓝、黄、绿4种颜色。红色表示禁止、停止;蓝色表示指令或必须遵守的规定;黄色表示警告、注意;绿色表示指示、安全状态、通行。

(2)安全标志

安全标志是提醒人员注意或按标志上注明的要求去执行的一种保障人身和设施安全的重要措施。安全标志一般设置在光线充足、醒目、稍高于视线的地方。电气工作常使用的标示牌共有10种,如图1-3所示。

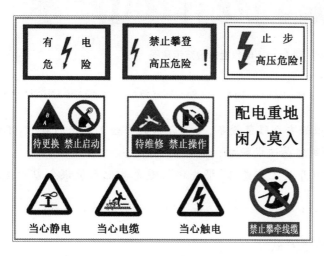

图1-3　电气安全标志

电气安全标志

3. 电气设备安全运行措施

①必须严格遵守操作规程,合上电流时,应先断开隔离开关,再断开负荷开关;分断电流时,应先断开负荷开关,再断开隔离开关。

②电气设备一般不能受潮,在潮湿环境中使用时,要有防雨、防潮措施。电气设备工作时会发热,应有良好的通风、散热条件和防火措施。

③所有电气设备金属外壳应有可靠的保护接地,电气设备运行时可能会出现故障,应有短路保护、过载保护、失压保护和欠压保护等措施。

④凡有可能被雷击的电气设备,应安装防雷措施。

⑤对电气设备应做好安全运行检查工作,对出现故障的电气设备和线路应及时检修。

4.停电检修的安全操作规程

如图1-4所示,停电检修时,对有可能送电到检修设备及线路的开关和闸刀应全部断开,并在已断开的开关和闸刀的操作手柄上挂上"禁止合闸,线路有人工作!"的标示牌,必要时要加锁,以防止误合闸。

在室内高压设备上工作,应在工作地点两旁及对面运行设备间隔的遮栏(围栏)上和禁止通行的过道遮栏(围栏)上悬挂"止步,高压危险!"的标示牌;在工作地点悬挂"在此工作"标示牌。

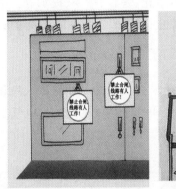

图1-4 电气检修规范示意图

> **职业素养**
>
> (1)电路检修时,要佩戴好安全服装设备,使用合格的安全工具进行操作,不能用普通胶鞋代替绝缘靴等,否则容易造成触电。
>
> (2)停电检修电路时,刀开关上应悬挂"警告牌",避免其他人员误合刀开关造成触电。

1.1.2 触电伤害及触电方式

1.触电伤害

(1)电对人体的伤害

电对人体的伤害,主要来自电流。电流对人体的伤害可分为两种类型:电击和电伤。电击是电流通过人体内部时造成的内伤,包括破坏人的心脏、神经系统、肺部的正常工作从而造成的伤害;电伤是电流的热效应、化学效应或机械效应对人体造成的外伤,如电灼伤、电烙印、皮肤金属化等。

(2)触电电流对人体的伤害程度

触电是人体直接或间接接触到带电体,电流通过人体造成的。人体也是导体,电流对人体的伤害与电流的大小、通电时间的长短等因素有关。当通过人体的电流为20 mA时,人手就很难摆脱带电体;当通过人体的电流为50 mA时,人有生命危险。人体对电流的反应见表1-1。

人触电之后能自行摆脱带电体的最大电流称为摆脱电流,摆脱电流一般不超过10 mA。同时电流对人体的伤害程度也与通过人体电流的持续时间有关,持续时间越长,越容易引起心室颤动,危险性就越大。

表 1-1　人体对电流的反应

电流大小	人体对电流的反应
100 ~ 200 μA	对人体无害,反而能治病
男 1.1 mA　女 0.71 mA	引起麻的感觉
不超过 10 mA	人可摆脱电流(摆脱电流)
20 mA	感觉到疼痛,很难摆脱带电体
30 mA	感到剧痛,神经麻木,呼吸困难,有一定危险 (可以忍受而无致命危险的最大电流)
超过 50 mA	有生命危险(致命电流)
超过 100 mA	短时间内人就会窒息死亡

电流对人体的伤害程度一般与如下因素有关:

①通过人体电流的大小;

②电流通过人体时间的长短;

③电流通过人体的部位;

④通过人体电流的频率,40 ~ 60 Hz 交流电对人体危害最大;

⑤触电者的身体状况;

⑥电压高低(36 V 为安全电压)。

触电及触电伤害

2. 人体触电方式

(1)单相触电

人体的一部分接触带电体的同时,另一部分又与大地或零线相连,电流从带电体流经人体到大地(或零线)形成回路,如图 1-5 所示。

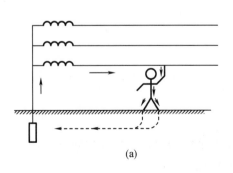

(a)　　　　　　　　　　(b)

图 1-5　单相触电

（2）两相触电

人体的不同部位同时接触两根相线（火线）或带电体，电流由一相通过人体流入另一相导体构成回路造成触电，如图1-6所示。

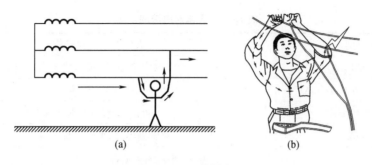

（a）   （b）

图1-6　两相触电

（3）跨步电压触电

当带电体有接地故障时，会在导线接地点及周围形成强电场，其电势分布以接地点为圆心向周围扩散，逐步降低，而在不同位置形成电位差（电压），当人跨进这个区域时，两脚之间就会存在电压，电流从接触高电位的脚流进，从接触低电位的脚流出，造成跨步电压触电，如图1-7所示。

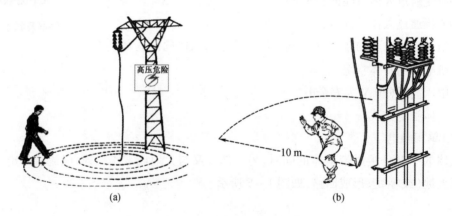

（a）   （b）

图1-7　跨步电压触电与自救

（4）接触电压触电

人体接触不同电位的两点时所承受的电位差称为接触电压，此电压超过人体安全电压（36 V）时，也会有触电危险。

（5）间接接触触电

间接接触触电指人体触及正常情况下不带电的设备外壳或金属构架，因其故障意外带电发生的触电现象，也称非正常状态下的触电现象。

3.防止触电的技术措施

（1）接地和接零

中性点与中性线：星形连接的三相电路中，三相电源或负载连在一起的点称为三相电路的中性点，由中性点引出的线称为中性线，用 N 表示。

零点和零线：当三相电路中性点接地时，该中性点称为零点，由零点引出的线称为零线。

①保护接地　为了防止电气设备外露的不带电导体意外带电造成危险，将该电气设备金属外壳、框架经保护接地线与深埋在地下的接地体紧密连接起来的做法叫作保护接地，其原理如图 1-8（a）所示。它适用于中性点不直接接地的低压电力系统。有无保护接地措施的比较如图 1-9 所示。保护接地电阻值应小于 4 Ω。

②保护接零　将电气设备正常运行下不带电的金属外壳和架构与配电系统的零线直接进行电气连接，称作保护接零，其原理如图 1-8（b）所示。它适用于中性点直接接地的低压电力系统。

国际标准：L——相线（火线）；N——中性线（零线）；PE——保护接地线；PEN——保护中性线。

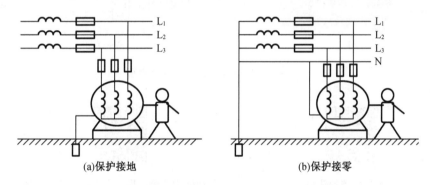

图 1-8　保护接地与保护接零原理图

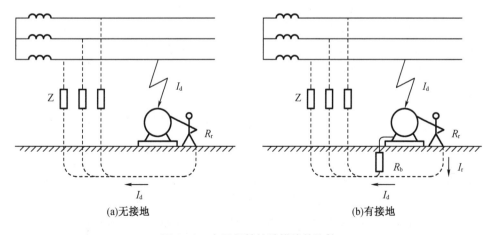

图 1-9　有无保护接地措施的比较

（2）装设漏电保护装置

漏电保护器（漏电保护开关）是一种电气安全装置。为了保证在故障情况下人身和设备的安全，应尽量装设漏电保护器。它可以在设备及线路漏电时通过保护装置的检测机构转换取得异常信号，经中间机构转换和传递，促使执行机构动作，自动切断电源，起到保护作用。漏电保护开关及其原理图如图 1-10 所示。

①无论是单相负荷还是三相与单相的混合负荷，相线与零线均应穿过零序互感器。

②安装漏电保护器时，一定要注意线路中中性线的正确接法，即工作中性线一定要穿过零序互感器，而保护接地线绝不能穿过零序互感器。

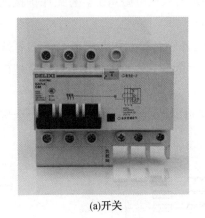
(a)开关

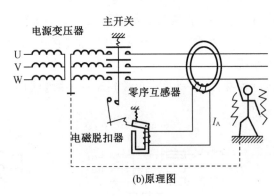
(b)原理图

图 1-10　漏电保护开关及其原理图

漏电保护器的使用

漏电保护器跳闸推不上原因分析及处理

（3）采用安全电压

安全电压的工频有效值不超过 50 V，直流不超过 120 V。我国规定工频有效值的等级为 42 V、36 V、24 V、12 V 和 6 V。一般环境下安全电压为 36 V，在潮湿和易于触及带电体的场所，安全电压应不大于 24 V。

（4）加强绝缘

加强绝缘就是采用双重绝缘或另加总体绝缘措施，即保护绝缘体以防止绝缘损坏后的触电。

职业素养

（1）所有开关保险丝应按容量大小适当装设，不得随意加大。

（2）定期对线路进行检修，发现破损老化等绝缘不良现象应及时修理或更换。

（3）电工作业操作，一定要按照操作规程进行。

【任务实施】

1.1.3　触电案例分析

1. 任务实施

根据基于工作过程的实施步骤,按照工作任务单(表1-2),完成工作任务1.1。

表1-2　工作任务单

任务名称	安全用电操作规范			指导教师	
姓名		班级		学号	
地点		组别		完成时间	
工作过程	实施步骤	学生活动			实施过程跟踪记录
	资讯	1.常见电气安全标志符号都有哪些? 2.触电的原因和预防触电的措施有哪些?			
	计划	1.根据任务,确定需要收集的相关信息与资料 2.组建任务小组 组长: 组员: 3.明确任务分工,制订任务实施计划表 <table><tr><td>任务内容</td><td>实施要点</td><td>负责人</td><td>时间</td></tr><tr><td></td><td></td><td></td><td></td></tr><tr><td></td><td></td><td></td><td></td></tr></table>			
	决策	根据本任务所学的知识点与技能点,针对3个案例,小组收集相关信息,然后进行讨论、分析和计算,得出结论性意见			
	实施	完成3个案例的触电原因及预防措施分析 <table><tr><td colspan="2">案例1</td></tr><tr><td>触电原因</td><td>预防措施</td></tr><tr><td colspan="2">案例2</td></tr><tr><td>触电原因</td><td>预防措施</td></tr><tr><td colspan="2">案例3</td></tr><tr><td>触电原因</td><td>预防措施</td></tr></table>			
检查与评价	检查	分析的合理性和正确性			
	评价	根据考核评价表,完成本任务的考核评价			

2.考核评价

根据考核评价表(表1-3),完成本任务的考核评价。

表1-3　考核评价表

姓名		班级		学号		组别		指导教师	
任务名称			安全用电操作规范			日期		总分	
考核项目	考核要求		评分标准				配分	自评	互评	师评
信息资讯	根据任务要求,课前做好充分的信息咨询,并做好记录;能够正确回答"资讯"环节布置的问题		课前信息咨询的记录				5			
			课中回答问题				5			
项目设计	按照工作过程"计划"与"决策"进行项目设计,项目实施方案合理		方案论证的充分性				5			
			方案设计的合理性				5			
项目实施	正确分析3个案例的触电原因及预防措施		3个案例触电分析的正确性,错误1个扣5分				30			
			3个案例触电分析的预防措施的合理性,错误1个扣5分				20			
			项目完成时间与质量				10			
职业素养	具有较强的安全生产意识和岗位责任意识,遵守"6S"①管理规范;规范使用电工工具与仪器仪表,具有团队合作意识和创新意识		"6S"规范				5			
			团队合作				5			
			创新能力与创新意识				5			
			工具与仪器仪表的使用和保护				5			
合计							100			

注:①"6S"即整理(seiri)、整顿(seiton)、清扫(seiso)、清洁(seiketsu)、素养(shitsuke)、安全(security)。

【任务拓展】

观看视频,说出视频中有几处不规范用电的地方,并说明如何进行规范操作。

生活用电不规范操作

任务1.2　电气消防与触电急救

【任务引入】

如图1-11所示,某工厂电工小李,由于操作不当触电昏迷。请学生模拟事故现场,并对触电人员进行人工呼吸和胸外按压等模拟应急处理。

图1-11　触电示意图

【任务目标】

掌握电气消防和触电急救的相关知识,能够对电气火灾和触电事故进行处理和急救。

【知识点】

1.了解电气火灾的成因和处理方法。
2.电气火灾预防的方法。
3.触电急救的步骤和方法。

【技能点】

1.能够对发生的电气火灾进行正确处理。
2.能够正确使用灭火器。
3.能够对触电事故进行正确处理,并对严重触电人员进行人工呼吸和胸外按压急救。

【知识链接】

1.2.1　电气消防

1.电气消防
(1)电气火灾成因及特点
电气火灾是由于输、配电线路漏电、短路或负载过热引起的,它一般有以下两个特点:

①着火后电气设备可能还带电,处理过程中若不注意仍有可能引起触电。

②有的电气设备工作时含有大量的油,不注意可能会发生喷油或爆炸,从而造成更大事故。

常见电气火灾事故的成因分析见表1-4。

表1-4　常见电气火灾事故的成因分析

成因	分析	预防
线路过载	输电线的绝缘材料大部分是可燃材料,过载引起温度升高,引燃绝缘材料	①使输电线容量与负载相适应 ②不准过载 ③更换熔断器 ④线路安装过载自动保护装置
线路或电器产生电火花或电弧	电线断裂或绝缘材料损坏引起放电,点燃自身的绝缘材料及附近易燃材料或气体等	①按标准规则接线 ②及时检修电路 ③加载自动保护装置

(2)电气火灾处理方法

①发现电子装置、电气设备、电缆等冒烟起火,要尽快切断电源。

②起火时,使用砂土、二氧化碳灭火器、1211(二氟一氯一溴甲烷)灭火器或干粉灭火器灭火。忌用泡沫灭火器和水进行灭火。灭火器的使用方法如图1-12所示。

③灭火时身体或灭火工具勿触及导线和电气设备,要留心地上的电线,以防触电。

④火过大无法扑灭时,应及时拨打火警电话119。

常用灭火器使用方法

提起灭火器

拔出保险销

握住皮管,朝向火苗

用力压下鸭嘴

朝火源根部喷射

左右移动喷射

图1-12　灭火器的使用方法　　　　　干粉灭火器的使用方法

(3)预防电气火灾

①在安装电气设备的时候,必须保证质量,并应满足安全防火的各项要求。

②不要在低压线路、开关、插座和熔断器附近放置油类、棉花、木材等易燃物品。

③电气火灾发生前一般都有征兆,要特别引起重视。例如,电线因过热首先会烧焦绝缘外皮,散发出一种烧胶皮、烧塑料的难闻气味。

1.2.2　触电应急处理

1. 触电应急处理

（1）脱离电源

一旦发生触电事故,抢救者必须保持冷静,首先应采取正确的方法使触电者立即脱离电源,使触电者脱离电源的方法见表1-5。

表1-5　使触电者脱离电源的方法

序号	示意图	操作方法
1		拉:迅速拉开闸刀或拔去电源插头
2		挑:用绝缘棒挑开触电者身上的电线
3		切:用带有绝缘柄的利器切断电源回路
4		拽:用手拖拽触电者的干燥衣服,同时注意操作者自身的安全（如踩在干燥的木板上）

（2）急救

触电者脱离电源后,触电急救应分秒必争,抢救者不能只根据触电者没有呼吸、心跳或脉搏的表现,擅自判定其死亡,放弃抢救,而是应立即进行现场心肺复苏法,并持续不断地进行,同时及早与医疗急救中心(医疗部门)联系,争取医务人员接替救治。

图1-13　触电急救处理

触电急救处理

2. 严重触电急救步骤

（1）判断与基本处理

①判断意识　如图1－14（a）所示，轻拍或摇动触电者双肩并靠近其耳旁呼叫："喂，你怎么了!"若触电者无反应，则指压其人中穴。

②呼吸停止判断　如图1－14（b）所示，压头抬颏后，随即耳贴近触电者口鼻，眼看（胸部起伏）、耳听（气流）、面感（气息），若触电者没有胸部起伏、气息、气流，抢救者感觉其没有呼吸，则立即进行急救。

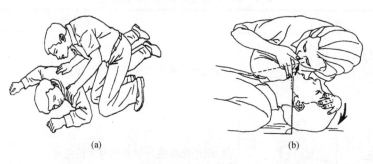

（a）　　　　　　　　　　（b）

图1－14　基本判断

③呼救　如触电者意识丧失，发现者应立即呼救。"来人呐! 救命啊!!"让来人准备急救药品、器械，拨打"120"，启动救护体系。

④摆放　仰卧体位，头偏向一侧，如图1－15（a）所示。

⑤开放气道　清除口腔内异物，压头抬颏开放气道，如图1－15（b）所示。

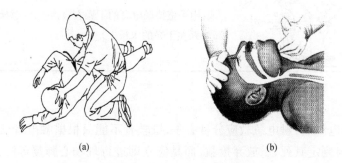

（a）　　　　　　　　　　（b）

图1－15　人工呼吸前的基本处理

3. 人工呼吸操作要领

（1）口对口呼吸（图1－16（a））

开放气道、口张开、捏鼻翼、深吸气、口包口密闭缓慢吹气，吹气时间持续2 s，然后立刻脱离接触，进行下一次人工呼吸。开始时先迅速连续吹3～4次，然后吹气频率维持12～20 次/min。

（2）口对鼻呼吸（图1－16（b））

特征：口腔外伤，牙关紧闭。

方法：压头抬颏，封闭口腔，口包鼻吹气。

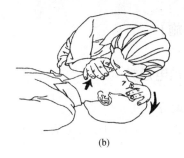

(a)　　　　　　　　　　　　(b)

图1-16　人工呼吸要领

4.胸外按压操作

（1）按压姿势（图1-17）

地上采用跪姿,上半身前倾,腕、肘、肩关节伸直,以髋关节为支点,腰部挺直,借助上半身的重力和肩、臂部肌肉的力量往下按压(杠杆原理)。

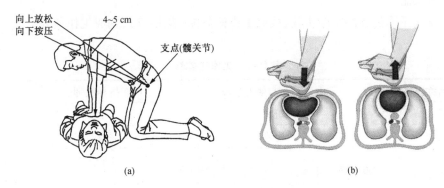

(a)　　　　　　　　　　　　(b)

图1-17　胸外按压操作要领

（2）胸外按压(心肺复苏)的操作步骤

①解开触电人的衣裤,清除口腔内异物,使其胸部能自由扩张。

②使触电人仰卧,姿势与口对口吹气法相同,但背部着地处的地面必须牢固。

心肺复苏操作规范

③救护人员位于触电人一边,最好是跨跪在触电人的腰部,将一只手的掌根放在胸部正中乳头连线水平部位(胸骨的下三分之一部位),另一只手压在其上,呈两手交叠状,十指相扣(对儿童可用一只手),掌心翘起,手指离开胸壁,上半身前倾,双臂伸直(否则容易压断肋骨),垂直向下,用力、有节奏地按压30次。按压与放松的时间相等,下压深度4~5 cm,按压频率100次/min。正常成年人脉搏60~100次/min。每按压30次俯下做口对口人工呼吸2次。

> **职业素养**
>
> （1）当出现触电事故时,不要慌乱,首先要使触电人员脱离电源。
>
> （2）对于作业现场出现的严重触电事故,能够通过人工呼吸和胸外按压的方法进行急救。

【任务实施】

1.2.3 触电急救

1. 仪器和设备

触电急救的实训仪器和设备见表1-6。

表1-6 实训仪器和设备表

名称	代号	型号规格	数量
劳动保护用品		工作服、绝缘鞋、安全帽等	
人体模型		心肺复苏人体模型	

2. 任务实施

根据基于工作过程的实施步骤,按照工作任务单(表1-7),完成工作任务1.2。

表1-7 工作任务单

任务名称	电气消防与触电急救			指导教师		
姓名		班级		学号		
地点		组别		完成时间		
工作过程	实施步骤	学生活动				实施过程跟踪记录
	资讯	1. 常用的灭火方法有哪些? 2. 触电急救的步骤是什么?				
	计划	1. 根据任务,确定需要收集的相关信息与资料 2. 确定项目所需实训器材 <table><tr><td>器材名称</td><td>型号规格</td><td>数量</td></tr><tr><td></td><td></td><td></td></tr><tr><td></td><td></td><td></td></tr></table> 3. 组建任务小组 组长: 组员: 4. 明确任务分工,制订任务实施计划表 <table><tr><td>任务内容</td><td>实施要点</td><td>负责人</td><td>时间</td></tr><tr><td></td><td></td><td></td><td></td></tr><tr><td></td><td></td><td></td><td></td></tr></table>				

表1-7(续)

工作过程	实施步骤	学生活动	实施过程跟踪记录
工作过程	决策	按照任务要求,根据所学知识点和技能点,小组同学共同协作,完成触电急救的演练	
	实施	1.触电急救应急处理方法和处理步骤。 2.人工呼吸的急救步骤及注意事项。 3.胸部按压急救处理步骤及注意事项	
检查与评价	检查	触电急救措施及步骤的合理性和正确性	
	评价	根据考核评价表,完成本任务的考核评价	

3.考核评价

根据考核评价表(表1-8),完成本任务的考核评价。

表1-8 考核评价表

姓名		班级		学号		组别		指导教师	
任务名称		电气消防与触电急救			日期		总分		
考核项目	考核要求		评分标准			配分	自评	互评	师评
信息资讯	根据任务要求,课前做好充分的信息咨询,并做好记录;能够正确回答"资讯"环节布置的问题		课前信息咨询的记录			5			
			课中回答问题			5			
项目设计	按照工作过程"计划"与"决策"进行项目设计,项目实施方案合理		方案论证的充分性			5			
			方案设计的合理性			5			
项目实施	针对不同的触电原因,正确做出触电急救的应急处理方法		急救处理方法的合理性			10			
			人工呼吸急救操作步骤的正确性,错误1处扣5分			20			
			胸部按压急救处理操作步骤的正确性,错误1处扣5分			20			
			项目完成时间与质量			10			
职业素养	具有较强的安全生产意识和岗位责任意识,遵守"6S"管理规范;规范使用电工工具与仪器仪表,具有团队合作意识和创新意识		"6S"规范			5			
			团队合作			5			
			创新能力与创新意识			5			
			工具与仪器仪表的使用和保护			5			
合计						100			

【知识拓展】

灭火器的种类、适用范围及使用方法

1. 灭火器的种类及其适用范围

（1）泡沫灭火器

泡沫灭火器的灭火作用表现在：会在燃烧物表面形成泡沫覆盖层，使燃烧物表面与空气隔绝，起到隔绝空气灭火的作用。由于泡沫层能阻止燃烧区的热量作用于燃烧物质的表面，因此可防止可燃物本身和附近可燃物的蒸发。泡沫析出的水对燃烧物表面进行冷却，泡沫受热蒸发产生的水蒸气可以降低燃烧物附近的氧的浓度。

泡沫灭火器的灭火范围：适用于扑救 A 类火灾，如木材、棉、麻、纸张等火灾，也能扑救一般类火灾，如石油制品、油脂等火灾；但不能扑救 B 类火灾中的水溶性可燃、易燃液体的火灾，如醇、酯、醚、酮等物质的火灾。

（2）干粉灭火器

干粉灭火器的作用表现在：一是消除燃烧物产生的活性游离子，使燃烧的连锁反应中断；二是干粉遇到高温分解时吸收大量的热，并放出蒸气和二氧化碳，达到冷却和稀释燃烧区空气中氧的作用。

干粉灭火器的灭火范围：适用于扑救可燃液体、气体、电气火灾以及不宜用水扑救的火灾。

（3）二氧化碳灭火器

二氧化碳灭火器的灭火作用表现在：当燃烧区二氧化碳在空气中的含量达到 30% ～ 50% 时，能使燃烧熄灭，主要起隔绝空气的作用，同时二氧化碳在喷射灭火过程中吸收一定的热能，也就有一定的冷却作用。

二氧化碳灭火器的灭火范围：适用于扑救 600 V 以下电气设备、精密仪器、图书、档案的火灾，以及范围不大的油类、气体和一些不能用水扑救的物质的火灾。

（4）1211 灭火器

1211 灭火器的灭火作用表现在：主要是抑制燃烧的连锁反应，中止燃烧，同时兼有一定的冷却和隔绝空气作用。

1211 灭火器的灭火范围：适用于扑救易燃、可燃液体、气体以及带电设备的火灾，也能对固体物质表面火灾进行扑救（如竹、纸、织物等），尤其适用于扑救精密仪表、计算机、珍贵文物及贵重物资仓库的火灾，还能扑救飞机、汽车、轮船、宾馆等场所的初起火灾。

2. 各类灭火器的使用方法

（1）手提式灭火器的使用

①机械泡沫灭火器、1211 灭火器、二氧化碳灭火器、干粉灭火器。

这类灭火器一般由一人操作，使用时将灭火器迅速提到火场，在距起火点 5 m 处，放下灭火器，先撕掉安全铅封，拔掉保险销，然后右手紧握压把，左手握住喷射软管前端的喷嘴（没有喷射软管的，左手可扶住灭火器底圈）对准燃烧处喷射。灭火时，应把喷嘴对准火焰根部，由近而远，左右扫射，并迅速向前推进，直至火焰全部扑灭。

机械泡沫灭火器灭油品火灾时，应将泡沫喷射到大容器的器壁上，从而使泡沫沿器壁流下,再平行地覆盖在油品表面上,从而避免泡沫直接冲击油品表面,增加灭火难度。

②化学泡沫灭火器。

将化学泡沫灭火器直立提到距起火点 10 m 处,使用者的一只手握住提环,另一只手抓住筒体的底圈,将灭火器颠倒过来,泡沫即可喷出。在喷射泡沫的过程中,灭火器应一直保持颠倒和垂直状态,不能横式或直立过来,否则,喷射会中断。

(2)推车灭火器的使用

①机械泡沫灭火器、1211 灭火器、二氧化碳灭火器、干粉灭火器。

推车灭火器一般由两人操作,使用时,将灭火器迅速拉到或推到火场,在离起火点 10 m 处停下。一人将灭火器放稳,然后撕下铅封,拔下保险销,迅速打开气体阀门或开启机构;一人迅速展开喷射软管,一手握住喷射枪枪管,另一只手扣动扳机,将喷嘴对准燃烧场,扑灭火灾。

②化学泡沫灭火器。

使用时两人将化学泡沫灭火器迅速拉到或推到火场,在离起火点 10 m 处停下,一人逆时针方向转动手轮,使药液混合,产生化学泡沫,一人迅速展开喷射软管,双手握住喷枪,喷嘴对准燃烧场,扑灭火灾。

项目 2　电工基本操作规范与技能

任务 2.1　常用电工工具的使用

【任务引入】

利用常用电工工具,按照电工操作的标准规范,完成普通照明电路的接线。本任务包括如下内容:用钳子类工具完成导线绝缘层的剥削;用压线钳压接接线端子;完成电气线路接线;用验电笔完成电气元器件的验电;上电运行。

【任务目标】

掌握常用电工工具的用途、使用方法、操作规范及要点。

【知识点】

1. 钳子类工具的种类和使用方法。
2. 电工刀、验电笔、螺丝刀的使用方法。
3. 电路焊接工具的使用方法。

【技能点】

1. 能够正确地使用钳子、螺丝刀、电工刀、验电笔、电烙铁等常用电工工具。
2. 能够使用常用电工工具完成电路的接线与检修。

【知识链接】

2.1.1　钳子类工具的使用

1. 钢丝钳(老虎钳,图 2-1)

(1)用途

①齿口可用来夹持工件,紧固或拧松螺母,折断金属薄板。

②刀口可用来剖切软线的橡皮或塑料绝缘层,也可用来剪切电线、铁丝。

③铡口可用来切断电线、钢丝等较硬的金属线。

④钳子的绝缘塑料管耐压 500 V 以上,有了它可以带电剪切电线。

(2)使用方法(图 2-2)

①用来紧固或者拧松螺母时,张开钳口夹住螺母,然后捏紧钳柄旋转钳子即可。

②用来剪切时先把被剪部件放入刀口部分,然后用力捏紧钳柄。

③用来拔钉时,用钳嘴夹住钉子,捏紧钳柄用力拔出即可。

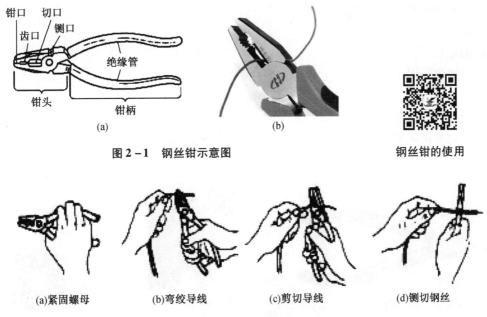

图 2 - 1　钢丝钳示意图

钢丝钳的使用

(a)紧固螺母　　　(b)弯绞导线　　　(c)剪切导线　　　(d)铡切钢丝

图 2 - 2　钢丝钳的使用

(3)注意事项

①严禁用普通钳子带电作业,带电作业请使用电信钳。

②剪切紧绷的金属线时应做好防护措施,防止被剪断的金属线弹伤。

③不能将钢丝钳作为敲击工具使用。

2.尖嘴钳

(1)用途

尖嘴钳的头部尖细,适用于狭小的工作空间或带电操作低压电器设备。如图 2 - 3 所示,尖嘴钳主要用来剪切线径较细的单股与多股线,以及给单股导线接头弯圈、剥塑料绝缘层等。

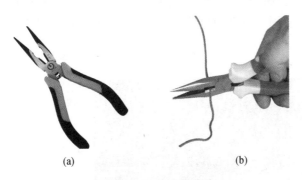

图 2 - 3　尖嘴钳示意图

尖嘴钳的使用

(2)使用方法

一般用右手操作,使用时握住尖嘴钳的两个手柄,开始夹持或剪切工作。

（3）注意事项

①使用时注意刃口不要对向自己，以免受到伤害。

②不使用时要保存好，防止生锈。

3. 斜口钳

（1）用途

斜口钳主要用于剪切导线、元器件多余的引线，还常用来代替一般剪刀剪切绝缘套管、尼龙扎线卡、扎带、胶带等。

（2）使用方法（图2－4）

使用时先将所要剪断的物品放入钳口内，然后用力捏紧两个剪柄。

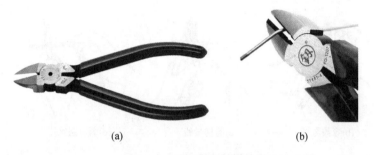

（a）　　　　　　　　　（b）

图2－4　斜口钳的外形及使用　　　　　　斜口钳的使用

（3）注意事项

①不能用该钳子剪断较粗较硬的物品（钢丝、钢片），以免弄伤刃口。

②剪线时钳口朝下以免伤到人。

③剪导线扎带时要小心，以免伤到导线。

4. 剥线钳

（1）普通剥线钳

①用途：

如图2－5所示，普通剥线钳用来剥削直径3 mm及以下绝缘导线的塑料或橡胶绝缘层，它由钳口和手柄两部分组成。普通剥线钳钳口分有0.5～3 mm的多个直径切口，用于与不同规格线芯线直径相匹配。使用时应选择合适的切口，切口过大难以剥离绝缘层，切口过小会切断芯线。

图2－5　普通剥线钳的使用

②使用方法：

a. 根据缆线的粗细型号，选择相应的剥线刃口。

b. 将准备好的电缆放在剥线工具的刀刃中间，选择好要剥线的长度。

c. 握住剥线工具手柄，将电缆夹住，缓缓用力使电缆外表皮慢慢剥落。

d. 松开工具手柄，取出电缆线，这时电缆金属整齐露出外面，其余绝缘塑料完好无损。

普通剥线钳的使用

③注意事项：

a. 操作时请戴上护目镜。

b. 为了不伤及断片周围的人和物，请确认断片飞溅方向再进行切断。

c. 务必关紧刀刃尖端，按规定放置在安全场所。

多功能一体式剥线钳的使用

（2）自动剥线钳

①结构特点与用途：

如图2－6所示，自动剥线钳由钳口、压线口和钳柄组成，钳头能灵活地开合，并在弹簧的作用下开合自如。自动剥线钳的钳柄上套有额定工作电压500 V的绝缘套管，适用于0.5～2.5 mm的塑料、橡胶绝缘电线、电缆芯线的剥皮。

②使用方法：

将要剥削的导线放到合适的刀口中间，按压手柄，即可实现导线绝缘层的剥削。

③注意事项：

为了不伤及断片周围的人和物，请确认断片飞溅方向再进行切断。

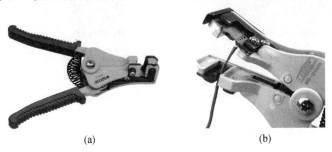

(a)　　　　　　　　　　(b)

图2－6　自动剥线钳示意图

自动剥线钳的使用

（3）鸭嘴式剥线钳

①用途：

如图2－7所示，鸭嘴式剥线钳的剥线范围是0.5～6 mm的单股线或排线，可自动根据线径调节剥线尺寸，使剥线效果最佳，避免损伤线芯。

②使用方法：

将要剥削的导线放入鸭嘴式剥线钳的刀口中间，按压手柄，即可实现导线绝缘层的剥削。

图2-7　鸭嘴式剥线钳

鸭嘴式剥线钳的使用

5.压线钳

（1）用途

如图2-8所示,压线钳可用于压制各种线材,主要用来压制接线端子。

（2）使用方法

①将导线进行剥线处理,裸线长度约1.5 mm,与压线片的压线部位大致相等。

②将压线片的开口方向向着压线槽放入,并使压线片尾部的金属带与压线钳平齐。

③将导线插入压线片,对齐后压紧。

④将压线片取出,观察压线的效果,掰去压线片尾部的金属带即可使用。

图2-8　压线钳

压线钳的使用

职业素养

（1）用钳子类工具剥削导线时,要选择合适的刃口直径,避免损伤导线线芯。

（2）使用钳子类工具尽量不要带电作业。

2.1.2　电工检修工具的使用

1.低压验电器

（1）低压验电器的结构特点

低压验电器（图2-9）又称验电笔,是检验导线、电器和电气设备是否带电的一种常用工具。低压验电器使用时,正确的握笔方法如图2-10所示。手指触及其尾部金属体,氖管背光朝向使用者,以便验电时观察氖管发光情况。当被测带电体与大地之间的电位差超过60 V时,用低压验电器测试带电体,低压验电器中的氖管就会发光。低压验电器电压测试范围是60～500 V。

(a)笔式低压验电器　　　　　　　　(b)螺钉旋具式低压验电器

图2-9　低压验电器

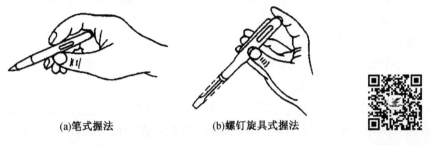

(a)笔式握法　　　　　(b)螺钉旋具式握法　　　　　验电笔的使用

图2-10　低压验电器握法

（2）低压验电器的使用要求

①低压验电器使用前应在确有电源处测试检查，确认验电器良好后方可使用。

②验电时应将电笔逐渐靠近被测体，直至氖管发光。只有在氖管不发光，并在采取防护措施后，人才能与被测物体直接接触。

2. 电工刀

电工刀（图2-11）适用于电工在装配维修工作中割削导线绝缘外皮，以及割削木桩和割断绳索等。使用电工刀时，刀口应朝外部切削，切忌面向人体切削。剖削导线绝缘层时，应使刀面与导线成较小的锐角，以避免割伤线芯。电工刀刀柄无绝缘保护，不能接触或剖削带电导线及器件。新电工刀刃口较钝，应先开启刃口然后再使用。电工刀使用后应随即将刀身折进刀柄，注意避免伤手。

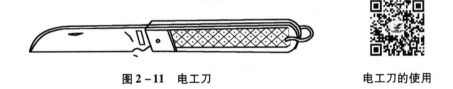

图2-11　电工刀　　　　　　　　　电工刀的使用

3. 螺丝刀

螺丝刀又称"起子"或螺钉旋具等，其头部形状有一字形和十字形两种。

(a)一字形　　　　　　　　　　　　(b)十字形

图2-12　螺丝刀

4. 电路焊接工具(图2-13)

电烙铁:熔解锡进行焊接的工具,一般分为外热式和内热式两种。新购的烙铁,在烙铁上要先镀上一层锡。

镊子:用于夹住元器件进行焊接。

刻刀:用于清除元器件上的氧化层和污垢。

吸锡器:作用是把多余的锡除去,常见的吸锡器有自带热源的和不带热源的两种。

焊锡:焊接用品,在锡中间有松香。

松香:除去氧化物的焊接用品。

助焊剂:作用和松香一样,但效果比松香好。因为助焊剂含有酸性物质,所以使用过的元器件都要用酒精擦净,以防腐蚀。

焊接时应注意的事项:焊接前要清除焊点的污垢,要对焊接的元器件用刻刀除去氧化层,并用松香和锡预先上锡。掌握好电烙铁的温度,当在铬铁上加松香冒出柔顺的白烟,而又不"吱吱"作响时为焊接最佳状态。控制焊接时间,不要太长,否则会损坏元器件和电路板。

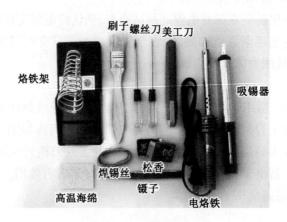

图2-13 焊接工具

职业素养:

(1)使用电工刀和电烙铁时,注意操作的规范性,避免伤到操作者或他人。

(2)电路检修时,要经常用验电笔检查电路的带电情况,避免触电。

【任务实施】

2.1.3 照明电路的电气连接与调试

1. 仪器和设备

照明电路的电气连接与调试的实训仪器和设备见表2-1。

表 2 - 1　实训仪器和设备表

名称	代号	型号规格	数量
劳动保护用品		工作服、绝缘鞋、安全帽等	
电源		5 V 开关电源	
灯	M	5 V LED 灯	1
电阻	R	200 Ω	1
开关	SB	la38 - 11bn	1
万用表		M47 型万用表	1
配电电气柜		低压配电电气柜	1
电工通用工具		验电笔、钢丝钳、螺丝刀、电工刀、尖嘴钳、活扳手、剥线钳等	1 套
导线			若干

2. 任务实施

根据基于工作过程的实施步骤,按照工作任务单(表 2 - 2),完成工作任务 2.1。

表 2 - 2　工作任务单

任务名称		常用电工工具的使用		指导教师		
姓名			班级		学号	
地点			组别		完成时间	
工作过程		实施步骤	学生活动			实施过程跟踪记录
		资讯	1. 你所认识的钳子类工具有哪些,功能上有什么不同? 2. 电工刀、验电笔、螺丝刀的使用方法及注意事项有哪些?			
		计划	1. 根据任务,确定需要收集的相关信息与资料 2. 确定项目所需实训器材 	器材名称	型号规格	数量
---	---	---
		| 3. 组建任务小组 组长: 组员: 4. 明确任务分工,制订任务实施计划表 | 任务内容	实施要点	负责人	时间
---	---	---	---

表2-2(续)

实施步骤		学生活动	实施过程跟踪记录
工作过程	决策	1. 设计一个普通照明电路,画出原理图。 2. 在接线板上安装布置电气元器件。 3. 根据本任务所学的知识点与技能点,按照标准规范,小组同学分工协作完成照明电路的接线。包括导线绝缘层的剥削;用压线钳压接接线端子;电气接线;验电笔验电;上电运行	
	实施	1. 设计一个普通照明控制电路,画出电路原理图。 2. 布置电气元器件。 3. 按照电气元器件的布置,准备导线。 用钳类电工工具,剪出规定的长度,然后用剥线钳,将导线的两头绝缘皮去掉,露出线芯,为电气元器件连接做准备。 4. 电气元器件接线,接完线进行自检并拍照。 5. 上电运行。 6. 实验工作结束,切断电源,拆除控制线路及有关实验电气元器件。 将各电气设备和实验物品按规定位置安放整齐,并整理工位	
检查与评价	检查	1. 电工工具使用的规范操作。 2. 电气线路接线的操作及步骤的正确	
	评价	根据考核评价表,完成本任务的考核评价	

3. 考核与评价

根据考核评价表(表2-3),完成本任务的考核评价。

表2-3 考核评价表

姓名		班级		学号		组别		指导教师		
任务名称		常用电工工具的使用				日期		总分		
考核项目	考核要求		评分标准				配分	自评	互评	师评
信息资讯	根据任务要求,课前做好充分的信息咨询,并做好记录;能够正确回答"资讯"环节布置的问题		课前信息咨询的记录				5			
			课中回答问题				5			

表 2 – 3(续)

考核项目	考核要求	评分标准	配分	自评	互评	师评
项目设计	按照工作过程"计划"与"决策"进行项目设计,项目实施方案合理	方案论证的充分性	5			
		方案设计的合理性	5			
项目实施	规范使用电工工具;正确连接电气线路	电工工具使用的规范与正确性,错误 1 处扣 2 分	30			
		电气线路的正确连接,错误 1 处扣 2 分	20			
		项目完成时间与质量	5			
职业素养	具有较强的安全生产意识和岗位责任意识,遵守"6S"管理规范;规范使用电工工具与仪器仪表,具有团队合作意识和创新意识	"6S"规范	5			
		团队合作	5			
		创新能力与创新意识	5			
		工具与仪器仪表的使用和保护	5			
合计			100			

任务2.2　常用电工仪表的使用

【任务引入】

按照电工测量工具的使用规范,分别使用万用表、钳形电流表、兆欧表完成给定电气元器件及设备的测量,见表2 – 4。

表 2 – 4　测量数据表

序号	测量对象	所用仪表	测量值	备注
1	电阻(每组不同)R	万用表		
2	可调照明电路限流电阻上的电压 U	万用表		
3	某控制电路一条支路的通断	万用表		
4	二极管正负判断	万用表		
5	可调照明电路中电流 I	钳形电流表		
6	实训室三相交流异步电动机绝缘电阻	兆欧表		

【任务目标】

掌握常用电工测量工具的使用方法、操作规范及要点。

【知识点】

1. 万用表使用方法及操作规范。

2. 钳形电流表的使用方法及操作规范。

3. 兆欧表的使用方法及操作规范。

【技能点】

1. 能够正确使用万用表、钳形电流表、兆欧表等常用电工检测仪表。

2. 能够按照操作规范使用测量仪表完成相应的电气参数的检测及测量。

【知识链接】

2.2.1　万用表的使用

1. 万用表的功能

万用表最基本的功能如下：交流和直流电压、电流的测量；电阻的测量；二极管的测量；三极管的测量。现在常见的万用表主要有数字式万用表和指针式万用表两种，如图 2-14 所示。

(a)数字式万用表　　(b)指针式万用表

图 2-14　万用表

数字式万用表的使用

指针式万用表的使用

2. 万用表面板及挡位介绍

万用表面板图及操作键作用说明如图 2-15 所示。

①Ω　电阻挡：200 Ω、2 kΩ、20 kΩ、200 kΩ、2 MΩ、200 MΩ 六挡。

②V～　交流电压挡：2 V、20 V、200 V、750 V 四挡。

③V =　直流电压挡：200 mV、2 V、20V、200 V、1 000 V 五挡。

④A～　交流电流挡：200 mA、20 A 两挡。

⑤A =　直流电流挡：200 μA、2 mA、20 mA、200 mA、20 A 五挡。

⑥h$_{FE}$　三极管 β 测量，有 NPN 和 PNP 两种型号管子的插孔。

⑦·))　二极管测量，短路测量。

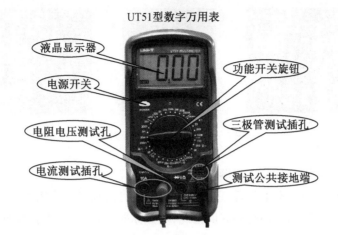

UT51型数字万用表

图2-15　万用表面板图及操作键作用说明

3.万用表测量电阻

①将万用表水平放置。

②机械调零(数字式万用表不用)。

③红表笔插入 V/Ω 孔,黑表笔插 COM 孔,选择合适的挡位和量程。

④表笔接于被测电阻两端(被测电阻不能处于带电状态,不能用手触碰电阻器两端)。

⑤根据选择的挡位参数读取数值。机械式万用表要乘以挡位上的数值才是测量值。

⑥测量完毕,将万用表的挡位开关打到 OFF 挡。

4.用万用表测电路通断

①将功能开关打到·))挡,红表笔插入 V/Ω 孔,黑表笔插 COM 孔;

②将表笔接入测量部分的两端;

③若两端确实短路,则万用表蜂鸣器发出响声。

可以用此方法来检测电路是否导通。

5.用万用表测二极管极性

打开万用表,将旋钮拨到通断挡,将红、黑表笔分别接在两个引脚。若有读数,则红表笔一端为正极;若读数为"1",则黑表笔一端为正极。

 TIPS:如何辨别二极管的正负极(图2-16)

①对于普通二极管,可以看管体表面,有白线的一端为负;

②对于发光二极管,引脚长的为正极,短的为负极;

③如果引脚被剪得一样长了,发光二极管管体内部金属极较小的是正极,大的片状的是负极。

 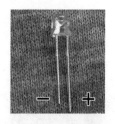 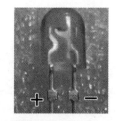

图 2 – 16　二极管正负极判断

6. 万用表使用操作要点及注意事项

①万用表使用时应该水平放置,还要注意避免外界磁场对万用表的影响。

②出现万用表表针迅速偏转到底的情况,应该立即断开电路,进行检查。

③在使用万用表的过程中,不能用手去接触表笔的金属部分,这样一方面可以保证测量的准确性,另一方面也可以保证人身安全。

④在测量过程中,注意两只表笔不能接触,尤其是测量电压时,否则会使测量电路短路,烧毁电路中的电气元器件。

⑤万用表使用完毕,应将转换开关置于交流电压的最大挡。如果长期不使用,还应将万用表内部的电池取出来,以免电池腐蚀表内其他器件。

 TIPS:

数字万用表,若显示为"1",则表明量程太小,那么就要加大量程后再测量。若在数值左边出现"–",则表明表笔极性与实际电源极性相反(交流电压无正负之分)。

当万用表的电池电量即将耗尽时,液晶显示器左上角提示电量不足,若仍进行测量,测量值会比实际值偏高。

2.2.2　钳形电流表的使用

1. 钳形电流表工作原理

钳形电流表也是一种便携式电表,主要用于在不断开电路的情况下,测量正在运行的电气电路中的电流。测量时将被测导线夹于钳口中,便可读数。钳形电流表的结构及使用如图 2 – 17 所示。

2. 钳形电流表使用方法

①测量前机械调零。

②选择合适的量程,先选大量程后选小量程。

③张开钳口将被测导线放在钳口中央。

④读出显示屏上的电流值。

3. 钳形电流表操作要点及使用注意事项

①测高压线路的电流时,要戴绝缘手套,穿绝缘鞋,站在绝缘垫上。

②测量前,应检查仪表指针是否在零位,若不在零位,应调至零位。

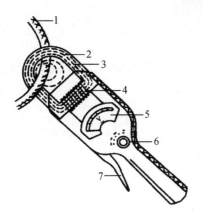

钳形电流表的使用

1—载流导线;2—铁芯;3—磁通;4—线圈;5—电流表;6—改变量程的旋钮;7—扳手。

图 2－17 钳形电流表的结构及使用

③为使读数准确,应将被测载流导线置于钳口的中心位置,且钳口要闭合紧密,两个面应接触良好,若有杂声,可将钳口重新开合一次。

④测量后一定要把量程旋钮置于最大量程挡,以免下次使用时,由于未经量程选择而损坏仪表。

⑤被测电流过小(小于 5 A)时,为了得到较准确的读数,若条件允许,可将被测导线绕几圈后套进钳口进行测量。此时,钳形电流表读数除以钳口内的导线根数,即为实际电流值。

2.2.3 兆欧表的使用

1. 兆欧表的认识

兆欧表又称摇表,是专用于检查和测量电气设备或供电线路的绝缘电阻的一种便携式仪表。它的计量单位是兆欧(MΩ)。兆欧表的种类很多,但其作用原理基本相同,常用的 ZC25 型兆欧表的外形如图 2－18 所示。

兆欧表主要是由一个手摇发电机、表头和三个接线柱(即 L—线路端;E—接地端;G—屏蔽端)组成。手摇发电机的额定输出电压有 250 V、500 V、1 kV、2.5 kV、5 kV 等几种规格。

图 2－18 ZC25 型兆欧表外形

兆欧表的使用

2. 兆欧表的选用原则

（1）额定电压等级的选择

一般情况下，额定电压在 500 V 以下的设备，应选用 500 V 或 1 000 V 的摇表；额定电压在 500 V 以上的设备，选用 1 000 ~ 2 500 V 的摇表。

（2）电阻量程范围的选择

摇表的表盘刻度线上有两个小黑点，小黑点之间的区域为准确测量区域。所以在选表时应使被测设备的绝缘电阻值在准确测量区域内。

3. 兆欧表的使用

（1）兆欧表的操作规范

①校表：测量前应将摇表进行一次开路和短路试验，检查摇表是否良好。将两连接线开路，摇动手柄，指针应指在"∞"处，再把两连接线短接一下，指针应指在"0"处，符合上述条件者即良好，否则不能使用。

②断开被测设备与线路，对于大电容设备还要进行放电。

③选用电压等级符合的摇表。

④测量绝缘电阻时，一般只用"L"和"E"端，但在测量电缆对地的绝缘电阻或被测设备的漏电流较大时，就要使用"G"端，并将"G"端接屏蔽层或外壳。线路接好后，可按顺时针方向转动摇把，摇动的速度应由慢到快，当转速达到 120 r/min 时（ZC25 型），保持匀速转动，1 min 后读数，并且要边摇边读数，不能停下来读数。

⑤拆线放电。读数完毕，一边慢摇，一边拆线，然后将被测设备放电。放电方法是将测量时使用的地线从摇表上取下来与被测设备短接一下（不是摇表放电）。

（2）兆欧表的使用注意事项

①禁止在雷电时或高压设备附近测绝缘电阻，只能在设备不带电，也没有感应电流的情况下测量。

②摇测过程中，被测设备上不能有人工作。

③摇表线不能绞在一起，要分开。

④摇表未停止转动之前或被测设备未放电之前，严禁用手触及。拆线时，也不要触及引线的金属部分。

⑤测量结束时，对于大电容设备要放电。

⑥要定期校验其准确度。

职业素养：

（1）不可用测量仪表去测量超过量程的高压电路，否则会引起触电，造成事故。

（2）测量仪表不能在测量的同时换挡，尤其是在测量高电压或大电流时。否则，会使万用表毁坏。如需换挡，应先断开表笔，换挡后再去测量。

（3）测量仪表挡位和量程不能选错，否则，轻则烧断万用表内的保险丝，重则损坏表头。如果事先不知道量程，就选用最大量程尝试着测量，然后断开测量电路再换挡。

【任务实施】

2.2.4 使用常用电工仪表测量电气参数

1. 仪器和设备

使用常用电工仪表测量电气参数的实训仪器和设备见表2-5。

表2-5 实训仪器和设备表

名称	电气符号	型号规格	数量
劳动保护用品		工作服、绝缘鞋、安全帽等	
电源		24 V 开关电源	
灯	M	5 V LED 灯	1
电阻	R	200 Ω、500 Ω、1 kΩ	3
二极管	D	整流二极管1N4007	1
开关	SB	LA38－11bn	1
万用表		M47 型万用表	1
钳形电流表		优利德 UT204A	1
兆欧表		ZC25 型（500 V/500 MΩ）	
三相异步电动机		Y－122M－4	1
电工通用工具		验电笔、钢丝钳、螺丝刀、电工刀、尖嘴钳、活扳手、剥线钳等	1 套
导线			若干

2. 任务实施

根据基于工作过程的实施步骤，按照工作任务单（表2-6），完成工作任务2.2。

表2-6 工作任务单

任务名称		常用电工仪表的使用		指导教师	
姓名			班级		学号	
地点			组别		完成时间	
工作过程	实施步骤		学生活动		实施过程跟踪记录
	资讯		1.万用表的使用方法。 2.钳形电流表的使用方法。 3.兆欧表的使用方法		

表 2-6(续1)

实施步骤		学生活动		实施过程跟踪记录
工作过程	计划	1. 根据任务,确定需要收集的相关信息与资料 2. 查阅电气手册,确定项目所需实训器材 <table><tr><td>器材名称</td><td>型号规格</td><td>数量</td></tr><tr><td></td><td></td><td></td></tr><tr><td></td><td></td><td></td></tr></table> 3. 组建任务小组 组长: 组员: 4. 明确任务分工,制订任务实施计划表 <table><tr><td>任务内容</td><td>实施要点</td><td>负责人</td><td>时间</td></tr><tr><td></td><td></td><td></td><td></td></tr><tr><td></td><td></td><td></td><td></td></tr></table>		
	决策	根据本任务所学的知识点与技能点,按照标准规范,分别使用万用表、钳形电流表、兆欧表完成给定电气元器件及设备的测量,并做好读数记录		
	实施	1. 准备实训器材 2. 按照标准规范,完成如下测量,填写表格		

序号	测量对象	所用仪表	测量值
1	电阻(每组不同)R	万用表	
2	可调照明电路限流电阻上的电压 V	万用表	
3	某控制电路一条支路的通断	万用表	
4	二极管正负判断	万用表	
5	可调照明电路中电流 I	钳形电流表	
6	实训室三相异步电动机绝缘电阻（MΩ）	兆欧表	

3. 实验工作结束

切断电源,拆除控制线路及有关实验电气元器件;

将各电气设备和实验物品按规定位置安放整齐,

并整理工位

表 2 - 6(续 2)

检查与评价	检查	1. 电工仪表使用的规范操作。 2. 测量数据的准确性	
	评价	根据考核评价表,完成本任务的考核评价	

3. 考核评价

根据考核评价表(表 2 - 7),完成本任务的考核评价。

表 2 - 7 考核评价表

姓名		班级		学号		组别		指导教师		
任务名称		常用电工仪表的使用				日期		总分		
考核项目	考核要求		评分标准				配分	自评	互评	师评
信息资讯	根据任务要求,课前做好充分的信息咨询,并做好记录;能够正确回答"资讯"环节布置的问题		课前信息咨询的记录				5			
			课中回答问题				5			
项目设计	按照工作过程"计划"与"决策"进行项目设计,项目实施方案合理		方案论证的充分性				5			
			方案设计的合理性				5			
项目实施	正确规范使用电工仪表;准确测量和读取仪表的测量数值		电工仪表使用的规范与正确性,错误 1 处扣 2 分				30			
			测量数据准确,错误 1 处扣 2 分				20			
			项目完成时间与质量				10			
职业素养	具有较强的安全生产意识和岗位责任意识,遵守"6S"管理规范;规范使用电工工具与仪器仪表,具有团队合作意识和创新意识		"6S"规范				5			
			团队合作				5			
			创新能力与创新意识				5			
			工具与仪器仪表的使用和保护				5			
合计							100			

任务 2.3 导线连接标准与规范

【任务引入】

某一电气控制线路,其中一处接头是由两根 BV 单股铜芯导线进行连接,另外一处是由 BVR 多股铜芯导线进行连接,按照导线连接的标准规范进行连接,确保连接处的机械强度和电气连接的可靠性,并对绝缘层进行恢复。

【任务目标】

掌握电工作业施工中常用导线的连接及绝缘层恢复的方法、标准、规范及操作要领。

【知识点】

1. 导线各种连接的标准和规范。
2. 连接导线绝缘层的恢复方法。

【技能点】

1. 能够按照标准规范,完成电气线路中导线的连接。
2. 能够按照标准规范,完成连接导线绝缘层的恢复。

【知识链接】

2.3.1　导线连接的标准及规范

1. 导线的剥削
(1) 用剥线钳或钢丝钳进行导线剥削(操作方法详见2.1.1)
(2) 用电工刀进行导线剥削

操作方法:根据所需的线端长度,用刀口以45°倾斜角切入塑料绝缘层,不可切入芯线;接着刀面与芯线保持25°左右,用力向外削出一条缺口;然后将绝缘层剥离芯线,向后扳翻,用电工刀取齐切去,如图2-19所示。

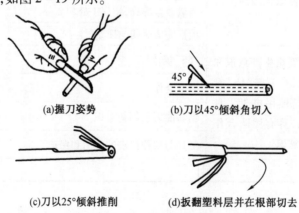

(a)握刀姿势　　　　(b)刀以45°倾斜角切入

(c)刀以25°倾斜推削　　(d)扳翻塑料层并在根部切去

图2-19　单层绝缘线剥削方法

 TIPS:

导线绝缘层的剥削注意事项:剥削绝缘层时不能损伤导线线芯;注意安全,不要割伤手。

2. 导线的连接

（1）导线连接的基本要求

①导线接头要紧密、牢固，不能增加导线的电阻值。

②导线接头受力时的机械强度不能低于原导线机械强度的80%。

③导线接头包缠绝缘强度不能低于原导线绝缘强度，连接要牢固、紧密，包扎要良好。

（2）单股铜芯导线的直接连接

连接方法：如图2-20所示，先将两导线的芯线线头做X形交叉，再将它们相互缠绕2~3圈后扳直两线头，然后将每个线头在另一芯线上紧贴密绕5~6圈后剪去多余线头即可。

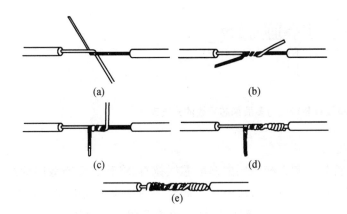

图2-20 单股铜芯导线的直接连接

单股铜芯导线的直接连接

（3）单股铜芯导线的分支连接

连接方法：如图2-21所示，将支路芯线的线头紧密缠绕在干路芯线上5~8圈后剪去多余线头即可。对于较小截面的芯线，可先将支路芯线的线头在干路芯线上打一个环绕结，再紧密缠绕5~8圈后剪去多余线头即可。

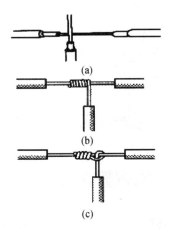

图2-21 单股铜芯导线的分支连接

单股铜芯导线的分支连接

（4）单股铜芯导线与多股铜芯导线的分支连接

连接方法：如图 2－22 所示，将单股铜芯导线从多股铜芯导线中间穿过，然后将单股导线在干路芯线上缠绕 5～8 圈后剪去多余线头即可。

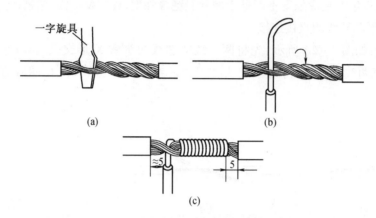

图 2－22　单股铜芯导线与多股铜芯导线的分支连接

（5）多股铜芯导线的直接连接

连接方法：如图 2－23 所示，首先将剥去绝缘层的多股芯线拉直，将其靠近绝缘层的约 1/3 芯线绞合拧紧，而将其余 2/3 芯线呈伞状散开，另一根需连接的导线芯线也如此处理。接着将两伞状芯线相对着互相插入后捏平芯线，然后将每一边的芯线线头分作 3 组，先将某一边的第 1 组线头翘起并紧密缠绕在芯线上，再将第 2 组线头翘起并紧密缠绕在芯线上，最后将第 3 组线头翘起并紧密缠绕在芯线上。以同样方法缠绕另一边的线头。

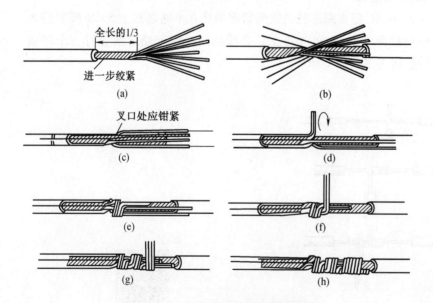

图 2－23　多股铜芯导线的直接连接

多股铜芯导线的直接连接

（6）多股铜芯导线的分支连接

如图 2 - 24 所示,将支路芯线靠近绝缘层的约 1/8 芯线绞合拧紧,其余 7/8 芯线分为两组,分别在干路芯线前面缠绕 4 ~ 5 圈。

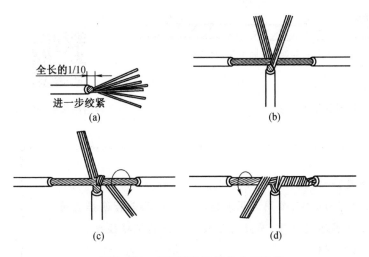

图 2 - 24　多股铜芯导线的分支连接

多股铜芯导线的分支连接

2.3.2　连接导线绝缘层的恢复

1. 绝缘胶带

绝缘导线的绝缘层,因连接需要被剥离或遭到意外损伤后,均须恢复绝缘层;而且经恢复的绝缘层绝缘性能不能低于原有的标准。在低压电路中,常用的恢复材料有黑胶布、电气胶带、黄蜡带、聚氯乙烯塑料带等多种。一般绝缘胶带宽度为 10 ~ 20 mm 较合适。其中,电气胶带因颜色有红、绿、黄、黑几种,又称相色带,常见电气胶带如图 2 - 25 所示。

图 2 - 25　常见电气胶带

2. 导线绝缘恢复操作要点

①如图 2 - 26 所示,绝缘胶带应从左侧的完好绝缘层上开始包缠,应包入绝缘层 30 ~ 40 mm,起包时绝缘胶带与导线之间应保持倾斜约 45°。

②进行每圈斜叠缠包,包一圈必须压住前一圈的 1/2 带宽。

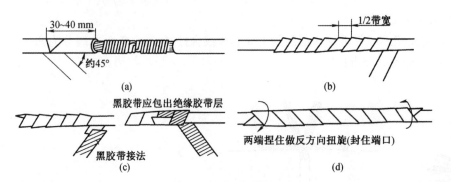

图 2-26　导线绝缘层的恢复

导线绝缘层的恢复

职业素养:

(1)导线连接及绝缘的恢复,一定要在断电下作业。

(2)导线连接完成后,在没有通电前,要用万用表检测一下电路是否连接成功。

(3)导线连接不但要确保电器连接可靠,而且也要确保连接的机械强度。

(4)导线的绝缘层恢复,不能露铜。

【任务实施】

2.3.3　导线的电气连接实践操作

1.实训器材

导线的电气连接实践操作的实训仪器和设备见表 2-8。

表 2-8　实训仪器和设备表

名称	代号	型号规格	数量
劳动保护用品		工作服、绝缘鞋、安全帽等	
万用表		M47 型万用表	1
电工通用工具		验电笔、钢丝钳、螺丝刀、电工刀、尖嘴钳、活扳手、剥线钳等	1 套
绝缘胶带		普通电气绝缘胶带	1
导线			若干

2.任务实施

根据基于工作过程的实施步骤,按照工作任务单(表 2-9),完成工作任务 2.3。

表2-9　工作任务单

任务名称	导线连接标准与规范		指导教师	
姓名		班级	学号	
地点		组别	完成时间	

工作过程	实施步骤	学生活动	实施过程跟踪记录
工作过程	资讯	1.单股铜芯导线连接的规范操作。 2.多股铜芯导线连接的规范操作。 3.连接导线绝缘层恢复的规范操作	
工作过程	计划	1.根据任务,确定需要收集的相关信息与资料 2.查阅电气手册,确定项目所需实训器材 | 器材名称	型号规格	数量 | |---|---|---| | | | | | | | | 3.组建任务小组 组长: 组员: 4.明确任务分工,制订任务实施计划表 | 任务内容 | 实施要点 | 负责人 | 时间 | |---|---|---|---| | | | | | | | | | |	
工作过程	决策	根据本任务所学的知识点与技能点,给定实训器材,根据任务实施计划表,按照标准规范,完成单股铜芯导线和多股铜芯导线的连接,保证连接的电气可靠性和机械强度	
工作过程	实施	1.准备实训器材; 2.按照标准规范,完成单股铜芯导线的连接; 3.按照标准规范,完成单股铜芯导线的连接; 4.用万用表测量导线电气连接的可靠性; 5.按照标准规范,完成连接导线绝缘层的恢复; 6.实训结束,将各电气设备和实验物品按规定位置安放整齐,并整理工位	
检查与评价	检查	1.导线连接的规范操作。 2.导线连接的电气可靠性和机械强度。 3.导线绝缘层恢复操作的可靠性	
检查与评价	评价	根据考核评价表,完成本任务的考核评价	

3. 考核评价

根据考核评价表(表2-10),完成本任务的考核评价。

表 2-10 考核评价表

姓名		班级		学号		组别		指导教师			
任务名称		导线连接标准与规范				日期		总分			
考核项目	考核要求		评分标准					配分	自评	互评	师评
信息资讯	根据任务要求,课前做好充分的信息咨询,并做好记录;能够正确回答"资讯"环节布置的问题		课前信息咨询的记录					5			
			课中回答问题					5			
项目设计	按照工作过程"计划"与"决策"进行项目设计,项目实施方案合理		方案论证的充分性					5			
			方案设计的合理性					5			
项目实施	按照标准规范分别正确连接单股与多股铜芯导线,并进行绝缘层的恢复,确保电气连接的可靠性和机械强度		导线剥削的规范操作,错误1处扣2分					10			
			单股铜芯导线连接操作规范,连接的电气可靠,机械强度高,错误1处扣2分					15			
			多股铜芯导线连接的规范操作,连接的电气可靠,机械强度高,错误1处扣2分					15			
			导线绝缘层恢复的规范操作,不能漏铜,错误1处扣2分					15			
			项目完成时间与完成质量					5			
职业素养	具有较强的安全生产意识和岗位责任意识,遵守"6S"管理规范;规范使用电工工具与仪器仪表,具有团队合作意识和创新意识		"6S"规范					5			
			团队合作					5			
			创新能力与创新意识					5			
			工具与仪器仪表的使用和保护					5			
合计								100			

任务2.4 电气元器件安装与电气配线

【任务引入】

图2-27为配电箱布线图,按照图纸及控制要求,完成某实训室配电箱的电气元器件安装及电气配线。

【任务目标】

了解电气标准的相关知识,能够根据电气控制系统图和相关控制要求,完成电气控制系统的元器件安装及布线。

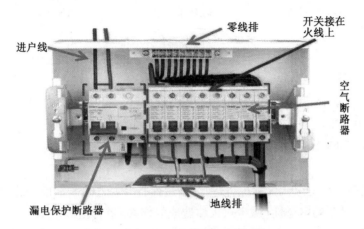

图 2-27　配电箱布线图

【知识点】

1. 电气技术标准的认识。

2. 导线的选择及配线。

3. 低压电气装配作业。

【技能点】

1. 能够根据控制系统的要求正确选择导线的类型及线径。

2. 能够按照标准规范,进行电气控制系统的装配作业。

【知识链接】

2.4.1　电气技术标准

1. 主要电气技术标准

目前,主要电气标准符号如图 2-28 所示。

(1)国际标准(IEC)

国际电工委员会(international electro technical commission,IEC)成立于1906 年,是由各国电工委员会组成的世界性标准化组织,其目的是促进世界电工电子领域的标准化。

(2)欧洲标准(EN)

其宗旨是协调欧洲有关国家的标准机构所颁发的电工标准,消除贸易上的技术壁垒和障碍。

(a)国际标准   (b)欧洲标准   (c)中国国家标准

图2-28 主要电气标准符号

（3）中国国家标准（GB）

我国采用《国家电气设备安全技术规范》（GB 19517—2009）、《电力安全工作规程　发电厂和变电站电气部分》（GB 26860—2011）和《电气装置安装工程　电气设备交接试验标准》（GB 50150—2006）等标准。

2. CE 认证

"CE"标志是一种安全认证标志,被视为制造商打开并进入欧洲市场的"护照"。

其目的是对设备的安全性（减少对人体造成的伤害）进行检测。

CE 认证是根据 EN 标准进行的,其中规定了电气设备的设计方面需要遵守的原则,如导线颜色、按钮颜色、指示灯及急停装置的分级控制等。

2.4.2　导线的选择及配线

1. 导线颜色

导线颜色使用标准见表2-11。

表2-11　导线颜色使用标准

导线颜色	使用标准
黑色	装置和控制柜的内部布线
棕色	直流电路的正极
红色	三相电路的 C 相;半导体三极管的集电极;半导体二极管、整流二极管或可控硅管的阴极
黄色	三相电路的 A 相
绿色	三相电路的 B 相
蓝色	直流电路的负极
淡蓝色	三相电路的零线或中性线
白色	无指定线路的半导体电路
黄绿色	安全接地线
红黑色	双芯铰接的交流线

2. 常用导线型号

常用导线型号含义及用途见表2-12。

表 2 – 12 常用导线型号含义及用途

电缆型号	名称及图例	用途
BX,BLX	橡胶绝缘电线	固定敷设于室内或室外,明敷、暗敷或穿管,作为设备安装用线
BV,BLV	聚氯乙烯绝缘电线	同 BX 型,但耐湿性和耐气候性较好 芯数:1 芯
BVR	聚氯乙烯绝缘软电线	同 BV 型,仅用于安装时要求柔软的场所
BVV, BLVV	聚氯乙烯绝缘和护套电线 导体 PVC绝缘 尼龙护套 PVC绝缘尼龙护套电线结构图	固定敷设于要求机械防护较高及潮湿等场合,可明敷或暗敷
BV – 105, BLV – 105	耐热 105 ℃聚氯乙烯绝缘电线	同 BV 型,用于 45 ℃及以上高温环境中
BVR – 105	耐热 105 ℃聚氯乙烯绝缘软电线	同 BVR 型,用于 45 ℃及以上高温环境中
RV	单芯铜芯聚氯乙烯绝缘软线	供各种移动电器、仪表使用。电信设备、自动化装置接线用;内部安装用线,安装环境温度不低于 – 15 ℃;用于中轻型移动电器、仪器仪表、家用电器、动力照明等要求柔软的地方
RVV	铜芯聚氯乙烯绝缘聚氯乙烯护套圆形连接软线	同 RV 型,用于潮湿和机械防护要求较高及经常移动、弯曲的场所;用于中轻型移动电器、仪器仪表、家用电器、动力照明等要求柔软的地方

TIPS:导线字母含义

第一组是一到两个字母,表示导线的类别、用途。B—布电线;ZR—阻燃型;R—软导体。

第二组是一个字母,表示导体材料的材质。T—铜芯导线(大多数时候省略)、L—铝芯导线。

第三组是一个字母,表示绝缘层。V—PVC 塑料;X—橡皮;Y—聚乙烯料。

3. 导线线径的选择

(1)导线线径口诀

导线线径的选择是有口诀的,例如铝芯导线选用口诀是:"十下五百上二,二五三五四三界,铜线升级算。""十下五"的意思是 10 mm² 以下的按每平方毫米 5 A 电流配线,"百上二"的意思是 100 mm² 以上的按每平方毫米 2 A 电流配线,"二五三五四三界"的意思是 25 mm²、35 mm² 按每平方毫米 3 ~ 4 A 电流配线。"铜线升级算"的意思是将铜导线的截面按截面排列顺序提升一级。

(2)按我国 220 V 市电,不同线径允许承载的电流及功率

线径 1.5 mm² 导线的线电流 = 10 A;承载功率 = 10 A × 220 V = 2 200 W

线径 2.5 mm² 导线的线电流 = 16 A(最小值);承载功率 = 16 A × 220 V = 3 520 W

线径 4 mm² 导线的线电流 = 25 A;承载功率 = 25 A × 220 V = 5 500 W

线径 6 mm² 的线电流 = 32 A;承载功率 = 32 A × 220 V = 7 040 W

(3)导线在不同温度下的线径与电流的要求

导线的阻抗与其长度成正比,与线径成反比,使用电源时,需特别注意,输入与输出导线的线径问题,以防止因电流太大引起过热现象而造成意外,表 2 - 13 为导线在不同温度下的线径与电流规格表。(请注意:线材规格参照表 2 - 13,方能正常使用)

表 2 - 13　导线在不同温度下的线径与电流规格表

线径（大约值）	铜线温度			
	90 ℃	85 ℃	75 ℃	60 ℃
	电流/A			
2.5 mm²	20	20	25	25
4 mm²	25	25	30	30
6 mm²	30	35	40	40
8 mm²	40	50	55	55
14 mm²	55	65	70	75
22 mm²	70	85	95	95
30 mm²	85	100	110	110
38 mm²	95	115	125	130

表 2 - 13(续)

线径（大约值）	铜线温度			
	90 ℃	85 ℃	75 ℃	60 ℃
	电流/A			
50 mm²	110	130	145	150
60 mm²	125	150	165	170
70 mm²	145	175	190	195
80 mm²	165	200	215	225
100 mm²	195	230	250	260

2.4.3　电气装配作业

1. 电气元器件布置

如图 2 - 29 所示，按照电气设计提供的排版图进行线槽、导轨、元器件等的布置。

（1）线槽与导轨的安装

如图 2 - 30 所示，线槽应使用统一的颜色和材质，平整且无扭曲变形，线槽连接应连续无间断，线槽接口应平直、严密，槽盖应齐全、平整、无翘角；导轨应水平或垂直敷设。

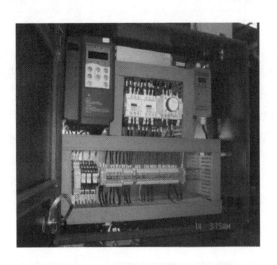

图 2 - 29　电气柜中的电气元器件布置

图 2 - 30　电气柜中线槽及导轨的布置

（2）电气元器件安装

①安装前检查：

安装前要查看图纸及技术说明，检查元器件的型号、规格、数量等是否与图纸相符，检查元器件是否损坏。

②电气元器件安装原则：

a. 所有元器件应按制造厂规定的安装条件进行安装。

b. 元器件安装顺序应该从安装板前视，由左到右，由上到下，同一型号产品应保证组装的一致性。

c. 操作方便：元器件在安装时，操作不应受到空间的限制，不应有触及带电体的可能。

d. 容易维修：能够方便地更换元器件及维修连线。

③电气元器件安装注意事项：

a. 面板、门板上的仪表、控制开关等元器件中心线的高度应符合规定，见表2-14。

表2-14 电气元器件安装高度规定

元器件名称	安装高度/m
指示仪表、指示灯	0.6~2.0
电能计量仪表	0.6~1.8
控制开关、按钮	0.6~2.0
紧急操作件	0.8~1.6

b. 组装所用紧固件及金属零部件均应有防护层，对螺钉过孔、边缘及表面的毛刺、尖锋应打磨平整后再涂敷导电膏。

c. 对于发热元器件（例如管形电阻、散热片等）的安装应考虑其散热情况，安装距离应符合元器件的规定。额定功率为75 W及以上的管形电阻器应横向安装，不得垂直地面竖向安装。

d. 所有电气元器件及附件，均应固定安装在支架或底板上，不得悬吊在电器及连线上。

e. 接线柜每个元器件的附近有标牌，标注应与图纸相符。标号应完整、清晰、牢固。标号粘贴位置应明确、醒目。如图2-31所示。

图2-31 电气元器件的标牌

f. 安装于面板、门板上的元器件,其标号应粘贴于面板及门板背面元器件下方,如下方无粘贴位置时可贴于左方,但各元器件粘贴位置应尽可能一致。

g. 安装因振动易损坏的元器件时,应在元器件和安装板之间加装橡胶垫减振。对于有操作手柄的元器件应将其调整到位,不得有卡阻现象。

2. 电气控制柜布线规范

(1)布线规则

①手工布线时,应符合平直、整齐,紧贴敷设面,走线合理及接点不得松动便于检修等要求。

②连接(包括螺栓连接、插接、焊接等)均应牢固可靠,线束应横平竖直,配置牢固,层次分明,整齐美观。

③同一平面的导线应高低一致或前后一致,不能交叉。当必须交叉时,可水平架空跨越,但必须走线合理。

④导线截面不同时,应将截面大的放在下层,截面小的放在上层。

⑤导线截面要求:动力导线截面不小于 $1.5~\text{mm}^2$,控制回路导线截面不小于 $0.5~\text{mm}^2$,保护接地线截面不小于 $1.5~\text{mm}^2$。

⑥每个端子的接线点不宜接两根导线,特殊情况下必须接两根导线时,要确保连接可靠。

 TIPS:同一客户、同样设备的电气元器件布置及走线方式应一致。

(2)地线连接

①确保电气柜中的所有设备接地良好,使用短和粗的接地线连接到公共接地点或接地母排上。

②柜内任意两个金属部件通过螺钉连接时,如有绝缘层均应采用相应规格的接地垫圈,并注意将垫圈齿面接触连接件表面(图2-32(a)圆圈处),又或者破坏绝缘层。

③门上的接地处(图2-32(b)圆圈处)要加"抓垫",以防止因为油漆的问题而接触不好,而且连接线应尽量短。

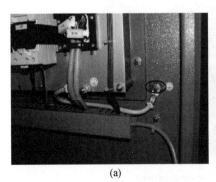
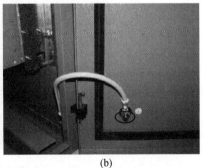

(a)　　　　　　　　　　　　　(b)

图2-32　加入垫圈确保连接可靠

④地线尽量选用矩形铜母线(图2-34)。

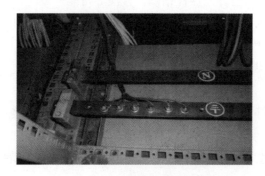

图2-33 矩形铜母线接地

(3)布线注意事项

①电缆与柜体金属有摩擦时,需加橡胶垫圈以保护电缆(图2-34)。

②电缆连接到门板上时,需加塑料管和安装线槽。为防止锋利的边缘割伤绝缘层,柜体出线部分必须加塑料保护套(图2-35)。

③电机电缆应独立于其他电缆单独走线,其最小距离为500 mm;同时避免电机电缆与其他电缆长距离平行走线。

(a)正确
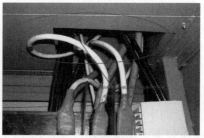
(b)错误

图2-34 橡胶垫圈保护电缆

图2-35 塑料保护套保护电缆

④如果控制电缆与电源电缆交叉,应尽可能使他们按90°角交叉。

⑤信号电缆及控制电缆最好从一侧进入电柜,信号电缆的屏蔽层双端接地,控制电缆最好使用屏蔽电缆。

⑥柜体外部电气元器件通过端子排或电缆接插件与柜体构成电气连接。

3.电气控制日常保养检修标准

①检查电柜周围环境,利用温度计、湿度计和记录仪检查并记录周围温度,温度为−10 ~ +50 ℃,周围湿度在90%以下。

②检查全部装置是否有异常振动、异常声音,连接部件是否有松脱。

③检查电源电压、主回路电压是否正常。

④拆下变频器接线,将端子 R、S、T、U、V、W 一齐短路,用直流500 V级兆欧表测量它们与接地端子间的绝缘电阻。绝缘电阻应在 5 MΩ 以上,加强紧固件,利用观察元件观察是否有发热的迹象。

⑤检查端子排是否损伤、导体是否歪斜、导线外层是否破损。

⑥检查滤波电容器是否泄漏液体、是否膨胀,用容量测定器测量静电容,其值应在定额容量的85%以上;检查继电器动作时是否有"Be,Be"的声音,触点是否粗糙、断裂;检查电阻器绝缘物是否有裂痕,确认是否有断线。

⑦检查变频器运行时,各相间输出电压是否平衡;进行顺序保护动作试验,显示保护回路是否异常。

```
职业素养
  (1)导线与接线端子连接时,应不压绝缘层,不反圈及露铜不大于 1 mm。
  (2)布线应横平竖直,变换走向应垂直90°。
  (3)布线时,严禁损伤线芯,保持与导线绝缘。
  (4)不要将24 V 直流和220 V 交流信号共用同一条电缆槽。
```

【任务实施】

2.4.4　电气箱的电气元器件布置安装及电气配线

1.仪器和设备

电箱的电气元器件布置安装及电气配线的实训仪器和设备见表2 – 15。

表 2 – 15　实训仪器和设备表

名称	代号	型号规格	数量
劳动保护用品		工作服、绝缘鞋、安全帽等	
万用表		M47 型万用表	1
普通空气开关	QF	德力西 DZ47 1P	8
漏电保护开关	QF	空气开关断路器 DZ47 1P	1
接线端子排	XT	JX2 – 1015	

表2-15(续)

名称	代号	型号规格	数量
电工通用工具		验电笔、钢丝钳、螺丝刀、电工刀、尖嘴钳、活扳手、剥线钳等	1套
绝缘胶带		普通电气绝缘胶带	1
塑料线槽、号码管			若干
导线			若干

2. 任务实施

根据基于工作过程的实施步骤,按照工作任务单(表2-16),完成工作任务2.4。

表2-16 工作任务单

任务名称	电气元器件安装与电气配线		指导教师	
姓名		班级	学号	
地点		组别	完成时间	

	实施步骤	学生活动	实施过程跟踪记录
工作过程	资讯	1.电气技术标准有哪些? 2.如何进行导线的选择与配线? 3.电气装配作业的要点有哪些?	
	计划	1.根据任务,确定需要收集的相关信息与资料 2.查阅电气手册,确定项目所需实训器材 器材名称 / 型号规格 / 数量 3.组建任务小组 组长: 组员: 4.明确任务分工,制定任务实施计划表 任务内容 / 实施要点 / 负责人 / 时间	
	决策	根据本任务所学的知识点与技能点,给定实训器材,按照工作任务单,依据相关标准规范,完成给定配电箱的电气元器件布置安装及电气配线	

表2-16(续)

	实施步骤	学生活动	实施过程跟踪记录
工作过程	实施	1.准备实训器材; 2.根据控制要求,设计电气控制安装接线图(画在下面); 3.按照标准规范,完成电气元器件的安装布置; 4.按照标准规范,进行电气控制系统配线; 5.用万用表检测电气元器件电气连接的可靠性; 6.实训结束,拆除控制线路,将各电气设备和实验物品按规定位置安放整齐,并整理工位	
检查与评价	检查	1.配电箱电气元器件布置的合理性。 2.电气元器件连接的可靠性。 3.操作的规范性	
	评价	根据考核评价表,完成本任务的考核评价	

3.考核评价

根据考核评价表(表2-17),完成本任务的考核评价。

表2-17　考核评价表

姓名		班级		学号		组别		指导教师			
任务名称		电气元器件安装与电气配线				日期		总分			
考核项目	考核要求		评分标准			配分		自评	互评	师评	
信息资讯	根据任务要求,课前做好充分的信息咨询,并做好记录;能够正确回答"资讯"环节布置的问题		课前信息咨询的记录			5					
			课中回答问题			5					
项目设计	按照工作过程"计划"与"决策"进行项目设计,项目实施方案合理		方案论证的充分性			5					
			方案设计的合理性			5					
电气元器件选择与检测	正确选择电气元器件,并检查电气元器件性能完好		电气元器件选择不正确,每个扣1分 电气元器件错检或漏检,每个扣1分			5					
项目实施	合理布置配电箱中的电气元器件,按照标准规范,进行电气元器件的正确连接,确保电气连接的可靠性与机械强度		电气元器件布置合理,安装正确,错误1处扣2分			20					
			电气元器件电气连接正确,接线端子接线牢固可靠,不松动,没有露铜,错误1处扣2分			25					
			项目完成时间与质量			10					

机电设备电气控制

表 2-17（续）

考核项目	考核要求	评分标准	配分	自评	互评	师评
职业素养	具有较强的安全生产意识和岗位责任意识，遵守"6S"管理规范；规范使用电工工具与仪器仪表，具有团队合作意识和创新意识	"6S"规范	5			
		团队合作	5			
		创新能力与创新意识	5			
		工具与仪器仪表的使用和保护	5			
合计			100			

项目3 三相异步电动机的选用与检修

任务 3.1 三相异步电动机的认知与选用

【任务引入】

如图 3－1 所示为一个由电动机驱动的带式输送机的运动简图。已知输送带的有效拉力 $F = 3\ 000$ N，输送带速度 $v = 1.5$ m/s，鼓轮直径 $D = 400$ mm，工作机效率取 $\eta_w = 0.95$，工作寿命 15 a（设每年工作 300 d），两班制，带式输送机工作平稳，转向不变。三相交流电源，电压 380 V。试按所给运动简图和条件，选择合适的电动机。

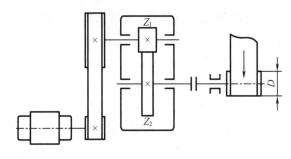

图 3－1 带式输送机的运动简图

【任务目标】

了解三相异步电动机的工作原理及机构特点，能够根据工作要求，选择合适型号及性能参数的异步电动机。

【知识点】

1. 三相异步电动机的结构及分类。

2. 三相异步电动机的铭牌。

3. 三相异步电动机的工作原理。

4. 三相异步电动机的选择。

【技能点】

1. 能够根据电动机的铭牌，获取电动机的基本参数。

2. 能够正确地选择三相异步电动机定子绕组的接线方法，并正确接线。

3.能够根据控制要求,正确合理地选择三相异步电动机。

【知识链接】

3.1.1　三相异步电动机的认识

电动机的作用是将电能转换为机械能,电动机按照工作电源方式不同,分为直流电动机和交流电动机。电动机具体分类如图3-2所示。

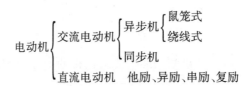

图3-2　电动机具体分类

三相异步电动机结构简单、运行可靠性好、价格相对便宜、制造维护方便,所以得到广泛应用。此外,因变频调速技术现已广泛使用,所以三相异步电动机的调速已可与直流电动机相媲美。

三相异步电动机的缺点是启动转矩小、启动电流大。其广泛应用于工、农业生产中,例如普通机床、起重机、生产线、鼓风机、水泵,以及各种农副产品的加工机械等。

1.三相异步电动机的结构

三相异步电动机由两个基本部分组成:一是固定不动的部分,称为定子;二是旋转部分,称为转子。如图3-3所示为三相异步电动机的外形和内部结构图,表3-1为三相异步电动机各组成部分名称及作用。

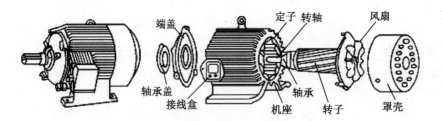
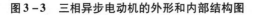

图3-3　三相异步电动机的外形和内部结构图

三相异步电动机
结构原理

表3-1　三相异步电动机各组成部分名称及作用

名称		作用
定子 (固定部分)	机座	电动机的外壳,起支撑作用
	定子铁芯	安装在机座内,由0.35~0.5 mm厚的硅钢片叠加而成,用来固定定子绕组
	定子绕组	嵌在定子铁芯内部,在绕组内通以电流产生旋转磁场

表3-1(续)

名称		作用
转子 (转动部分)	转子铁芯	用来绕制转子绕组
	转子绕组	转子绕组切割磁力线时在绕组内产生感应电流,又在磁场的作用下产生转动力矩
其他部件	接线盒	工作电源的连接与定子绕组的连接
	风叶	用于电动机的散热
	端盖、风罩	固定转轴和外部保护作用

（1）定子

定子由机座、定子铁芯、定子绕组等组成。机座通常用铸铁制成,机座内装有由相互绝缘的硅钢片叠成的筒形铁芯,铁芯内圆周上有许多均匀分布的槽,槽内嵌放三相绕组,绕组与铁芯间有良好的绝缘。三相绕组是定子的电路部分,中小型电动机一般采用漆包线绕制,共分三相,分布在定子铁芯槽内,它们在定子内圆周空间的排列彼此相隔120°,构成对称的三相绕组,如图3-4所示。

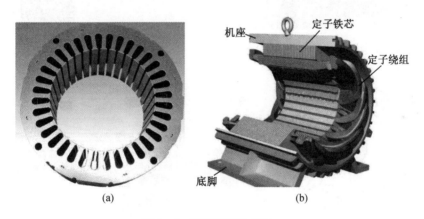

(a)　　　　　　　　　　　(b)

图3-4　定子铁芯与绕组

三相绕组共有6个出线端,通常接在置于电动机外壳上的接线盒中,三相绕组的首端接头分别用 U_1、V_1 及 W_1 表示,其对应的末端接头分别 U_2、V_2 和 W_2 表示。三相绕组可以连接成星形(Y)或三角形(△),如图3-5所示。电动机如果标有两种电压值,如220 V/380 V,则电源电压220 V时,电动机做三角形连接;电源电压380 V时,电动机做星形连接。通常 Y 系列4 kW 以上的三相异步电动机运行时均采用三角形接法,以便于采用 Y-△降压启动。三相异步电动机三相绕组接线如图3-6所示。

（2）转子

转子由铁芯、压圈、转轴和通风孔等组成。如图3-7所示,转子铁芯为圆柱形,通常由定子铁芯冲片冲下的内圆硅钢片叠成,装在转轴上,转轴上加机械负载。转子铁芯与定子铁芯之间有微小的空气隙,它们共同组成电动机的磁路。转子铁芯外圆周上有许多均匀分布的槽,槽内安放转子绕组。

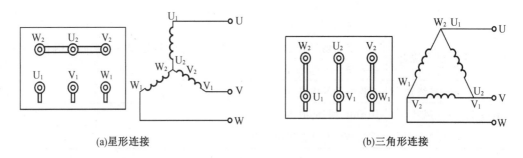

(a)星形连接　　　　　　　　　　(b)三角形连接

图3-5　定子绕组的星形和三角形连接

图3-6　三相异步电动机三相绕组接线

三相异步电动机三相绕组接线

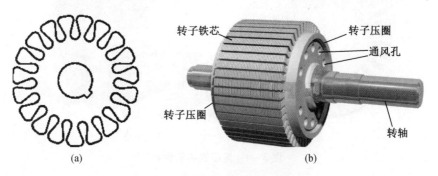

图3-7　电动机转子硅钢片与转子

　　转子绕组分为鼠笼式和绕线式两种结构。鼠笼式转子绕组是由嵌在转子铁芯槽内的若干铜条组成的,两端分别焊接在两个短接的端环上。如果去掉铁芯,整个转子绕组的外形就像一个鼠笼,故称鼠笼式转子。目前中小型鼠笼式异步电动机大都在转子铁芯槽中浇注铝液,铸成鼠笼式绕组,并在端环上铸出许多叶片,作为冷却的风扇。鼠笼式转子的结构如图3-8所示。

　　鼠笼式和绕线式电动机只是在转子的构造上不同,但它们的工作原理是一样的。鼠笼式电动机构造简单,价格低廉,工作可靠,使用方便,在生产中得到了最广泛的应用。绕线式电动机由于其结构复杂,价格较高,一般只用于对启动和调速有较高要求的场合,如立式车床、起重机等。

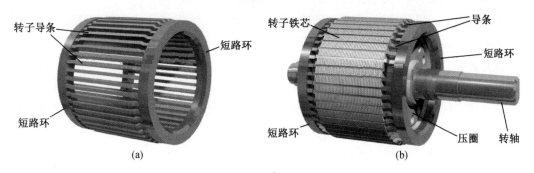

图 3 – 8　鼠笼式转子的结构图

 TIPS：

　　电动机定子与转子铁芯都是由硅钢片叠压而成,目的是减少涡流耗损,同时减少发热。

　　2. 三相异步电动机的工作原理

　　三相异步电动机的工作原理：三相异步电动机的定子绕组通过对称的三相电流,就会形成圆形旋转磁场。定子有旋转磁场,就会在电动机转子导条中产生感应电动势和感应电流,转子会产生电磁力矩,跟着定子磁场旋转。异步电动机工作时,转子的旋转速度必须低于旋转磁场的转速,所以异步电动机的转速就叫作异步转速,凡是这样工作的电动机就叫作异步电动机。

　　异步电动机的转速为

$$n = (1 - s) \frac{60f}{p} \qquad (3-1)$$

式中　f——电源频率；

　　　　p——电动机磁极对数；

　　　　s——转差率。

　　通常将旋转磁场的转速 n_s 与转子转速 n 的差和旋转磁场的转速 n_s 之比称为转差率,即

$$s = \frac{n_s - n}{n_s} \qquad (3-2)$$

　　转差率是分析三相异步电动机工作特性的重要参数。电动机启动瞬间,$s = 1$,转差率最大,启动过程中随着转子转速升高,转差率越来越小。由于三相交流异步电动机的额定转速与旋转磁场的转速接近,所以额定转差率很小,通常为 1% ~ 7%。

　　3. 三相异步电动机的启动与调速

　　启动就是电动机通电后从静止到达到额定转速的过程。三相异步电动机启动时的特点就是启动电流特别大,可达到额定电流的 4 ~ 7 倍。启动电流大的危害是:对电网的正常运行产生冲击,使电网不能正常供电;如果电动机频繁启动,过大的启

三相异步电动机工作原理

动电流会破坏电动机的绝缘,减少电动机的使用寿命。鼠笼式异步电动机有直接启动和降压启动两种方法,对大功率的电动机常采用降压启动的方法来减小启动电流。

(1)直接启动

直接启动又称为全压启动,就是利用开关或接触器将电动机的定子绕组直接加到额定电压下启动。这种方法只适用于小容量的电动机或电动机容量远小于供电变压器容量的场合。

(2)降压启动

降压启动是指在启动时降低加在定子绕组上的电压,以减小启动电流,待转速上升到接近额定转速时,再恢复到全压运行。此方法适于大中型鼠笼式异步电动机的轻载或空载启动。

(3)三相异步电动机的调速

调速就是在同一负载下能得到不同的转速,以满足生产过程的要求。由式(3-1)可见,可通过3个途径进行调速:改变电源频率 f,改变磁极对数 p,改变转差率 s。前两者是鼠笼式电动机的调速方法,后者是绕线式电动机的调速方法。

3.1.2　三相异步电动机的选择

1.三相异步电动机的铭牌及含义

三相异步电动机的铭牌见表3-2。

表3-2　三相异步电动机的铭牌

三相异步电动机					
型号	Y132M-4	功率	7.5 kW	频率	50 Hz
额定电压	380 V	额定电流	15.4 A	接法	△
转速	1 440 r/min	绝缘等级	B	工作方式	连续
年　月　日			×××电机厂		

(1)型号Y132M-4的含义

Y——三相鼠笼式异步电动机;

132——机座中心高132 mm;

M——机座长度代号(L为长机座,M为中机座,S为短机座);

4——磁极数(磁极对数 $p=2$)。

(2)额定电压 U_N

额定电压 U_N 是指电动机额定运行时,加在定子绕组出线端的线电压。电源电压波动应在 $U_N \pm 5\%$ 范围内。过高,易烧毁;过低,难启动,可能带不动负载,易烧坏。Y系列三相异步电动机的额定电压为380 V。

(3)额定电流 I_N

额定电流 I_N 是指电动机加额定电压、输出额定功率时,流入定子绕组中的线电流。

（4）绝缘等级

绝缘等级是指电动机绕组所用绝缘材料按它的允许耐热程度规定的等级。该等级分为 A、E、B、F、H、C 等几个等级，目前一般电动机采用较多的是 E 级绝缘和 B 级绝缘。

2. 三相异步电动机的选择

三相异步电动机的选择是否合理，对电气设备是否能够安全运行和是否具有良好的经济、技术指标有很大影响。在选择电动机时，应根据电源类型、生产机械对拖动性能的需要，合理选择其功率、种类和型号等。

正确选择电动机的原则：完全满足生产机械对电动机提出的功率、转矩、转速，以及启动、调速、制动和过载等要求，优先选用结构简单、运行可靠、维护方便、价格便宜的电动机，而且还不超过国家标准所规定的温升。

（1）电动机种类的选择

选择依据：由机械特性、调速情况、启动性能、维护及价格、工作方式（连续、短时、断续周期工作制）决定。当生产机械对电动机的启动、制动、调速性能要求不高时，应尽量采用交流电动机。

①鼠笼式电动机（优先选择）：结构简单，工作可靠，维护方便，但启动性能差，适用于空载或轻载的生产机械（风机、水泵、一般机床）。

②绕线式电动机：启动性能好（启动电流小，启动转矩大），价格贵，适用于起重机、电梯、轧钢机。

③对于功率较大，又不需要调速，且需要长期工作的生产机械，应采用同步电动机。

（2）电动机功率的选择

电动机应根据负载的情况选择合适的功率，若选大了，虽然能保证正常运行，但是不经济，电动机的效率和功率因数都不高；若选小了，就不能保证电动机和生产机械的正常运行，不能充分发挥生产机械的效能，并使电动机由于过载而过早地损坏。对连续运行的电动机，先算出生产机械的功率，所选电动机的额定功率等于或稍大于生产机械的功率即可。

（3）电动机结构形式的选择

电动机的结构主要有开启式、防护式、封闭式和防爆式，其结构形式、特点和应用场合见表 3 – 3。

表 3 – 3　电动机的结构形式、特点及应用场合

结构形式	特点	适用场合
开启式	结构上无防护装置，通风良好	干燥、无尘的场合
防护式	机壳或端盖下有通风罩，可防杂物掉入	一般场合
封闭式	外壳严密封闭，电动机靠自身风扇或外部风扇冷却，并带散热片	潮湿、多灰尘或酸性气体场合
防爆式	整个电动机严密封闭	有爆炸性气体的场合

（4）电动机电压的选择

电动机电压的选择，要由电动机类型、功率及使用地点的电源电压来决定。Y系列鼠笼式电动机的额定电压只有380 V一个等级。大功率异步电动机会采用3 000 V和6 000 V这两个等级。

（5）电动机转速的选择

电动机的额定转速是根据生产机械的要求而选定的。但通常转速不低于500 r/min。因为当功率一定时，电动机的转速愈低，其尺寸愈大，价格愈贵，且功率因数与效率也较低，因此就不如选择一台高速电动机再另配减速器来得划算。但是，转速高，启动转矩便小，启动电流大，电动机的轴承也容易磨损。因此在工农业生产上选用1 450 r/min左右的电动机较多，其转速较高，适用性强，功率因数与效率也较高。

（6）Y系列电动机

Y系列电动机（摘自JB/T 8680.1—1998）为全封闭自扇冷鼠笼式三相异步电动机，是按照国际电工委员会（IEC）标准设计的，具有国际互换性的特点。Y系列电动机用于空气中不含易燃、易爆或腐蚀性气体的场所，适用于电源电压为380 V且无特殊要求的机械上，如机床、泵、风机、运输机、搅拌机、农业机械等，因此在工、农业上使用广泛。

职业素养

在三相异步电动机中，中小功率电动机大多采用380 V电压，但也有使用220 V电压的。在电源频率方面，我国自行生产的电动机采用50 Hz的频率，而世界上有些国家采用60 Hz的交流电源。虽然频率不同不至于烧毁电动机，但其工作性能将大不一样。因此，在选择电动机时应根据电源的情况和电动机的铭牌正确选用。

【任务实施】

3.1.3 三相异步电动机的选型计算

1. 任务实施

根据基于工作过程的实施步骤，按照工作任务单（表3-4），完成工作任务3.1。

表3-4 工作任务单

任务名称	三相异步电动机的认知与选用		指导教师	
姓名		班级	学号	
地点		组别	完成时间	
工作过程	实施步骤	学生活动		实施过程跟踪记录
	资讯	1. 三相异步电动机的结构组成。 2. 三相异步电动机的工作原理。 3. 三相异步电动机的选型		

表 3 –4(续)

实施步骤		学生活动	实施过程跟踪记录

工作过程	计划	1. 根据任务,确定需要收集的相关信息与资料
		2. 组建任务小组
		组长:
		组员:
		3. 明确任务分工,制订任务实施计划表
		
		任务内容 | 实施要点 | 负责人 | 时间
		  | | |
		  | | |	

	决策	根据本任务所学的知识点与技能点,按照任务实施计划表,小组收集相关信息,然后进行讨论、分析和计算,选择合适型号的电动机	
	实施	根据任务要求,分组讨论计算,确定电动机的型号及性能参数 机电基本参数 电动机型号 | 额定电压 | 额定功率 | 额定电流 | 转速 | 绝缘等级 | 电机接法	
检查与评价	检查	分析与计算的合理性和正确性	
	评价	根据考核评价表,完成本任务的考核评价	

2. 考核评价

根据考核评价表(表 3 –5),完成本任务的考核评价。

表 3 –5　考核评价表

姓名		班级		学号		组别		指导教师	
任务名称	三相异步电动机的认知与选用				日期		总分		
考核项目	考核要求		评分标准			配分	自评	互评	师评
信息资讯	根据任务要求,课前做好充分的信息咨询,并做好记录;能够正确回答"资讯"环节布置的问题		课前信息咨询的记录			5			
			课中回答问题			5			

表 3-5(续)

考核项目	考核要求	评分标准	配分	自评	互评	师评
项目设计	按照工作过程"计划"与"决策"进行项目设计,项目实施方案合理	方案论证的充分性	5			
		方案设计的合理性	5			
项目实施	正确计算任务中给定的带式输送系统中电动机的相关参数,并进行合理选型	电动机参数计算的正确性,错误 1 个扣 5 分	30			
		电动机选型的正确性	20			
		项目完成时间与质量	10			
职业素养	具有较强的安全生产意识和岗位责任意识,遵守"6S"管理规范;规范使用电工工具与仪器仪表,具有团队合作意识和创新意识	"6S"规范	5			
		团队合作	5			
		创新能力与创新意识	5			
		工具与仪器仪表的使用和保护	5			
合计			100			

任务 3.2 三相异步电动机的拆装与检修

【任务引入】

某机床主轴采用 Y-112M-4 型 4 kW 三相异步电动机,工作中出现"嗡嗡"声,用螺丝刀一端抵到轴承位,一端紧贴人耳,若有"咕噜"声,初步判断为电动机轴承中滚珠破碎,请予以拆修更换。

【任务目标】

能够按照相应的标准规范,对三相异步电动机进行拆卸和安装,并对常见的故障进行分析判断和检修。

【知识点】

1. 三相异步电动机的拆卸及安装的方法和步骤。
2. 三相异步电动机的运行、维护及检修。

【技能点】

1. 能够拆卸和安装三相异步电动机。
2. 三相异步电动机常见故障分析判断和检修。
3. 电动机的定期检查和保养。

【知识链接】

3.2.1　三相异步电动机的拆卸

1. 拆卸前的准备

①切断电源,拆除电动机与外部电源的连接线,并标好电源线在接线盒的相序标记,以免安装电动机时搞错相序。

②备齐拆卸工具,特别是拉具、套筒等专用工具。

③熟悉被拆电动机的结构特点及拆装要领。

④在皮带轮或联轴器的轴伸端做好定位标记,测量并记录联轴器或皮带轮与轴台间的距离。

⑤标记电源线在接线盒中的相序、电动机的出轴方向及引出线在机座上的出口方向。

三相异步电动机拆卸的基本步骤:切断电源→做有关标记→拆卸带轮→拆卸联轴器→拆卸风扇罩→拆卸风扇→拆卸后端盖螺钉→拆卸前端盖→抽出转子→拆卸轴承。

2. 三相异步电动机的拆卸

三相异步电动机的拆卸方法及步骤见表3-6。

三相异步电动机拆卸

表3-6　三相异步电动机的拆卸方法及步骤

步骤	操作演示	操作要点
断开电源	拆卸电动机与电源线的连接线,并对电源线头做好绝缘处理	复习前面课程所学内容:对导线进行绝缘处理时的注意事项
做有关标记	 皮带轮	在带轮或联轴器的轴伸端做好定位标记,测量并记录联轴器或带轮与轴台间的距离 (1)在带轮或联轴器的轴伸端做定位标记的目的是便于装配时复位。 (2)联轴器或带轮与轴台间的距离_____
拆卸带轮或联轴器		首先在带轮或联轴器的轴伸端上做好尺寸标记,再将带轮或联轴器上的定位螺钉松脱取下。装上拉具的丝杠顶端时要对准电动机轴端的中心,使其受力均匀。转动丝杠,把带轮或联轴器慢慢拉出,如拉不出,不要硬卸,可在定位螺钉内注入煤油,过一段时间再拉。注意,此过程中不能用锤子直接敲出带轮或联轴器,否则可能使带轮或联轴器破裂、转轴变形或端盖受损等

表 3 −6(续 1)

步骤	操作演示	操作要点
拆卸楔键		拆卸楔键时应注意用木槌轻轻敲打楔键四周,避免损伤转轴
拆卸风罩和风叶		首先把外风罩螺钉松脱,取下风罩;然后把转轴尾部风叶上的定位螺钉松脱取下,用金属棒或锤子在风叶四周均匀地轻敲,风叶就可松脱下来。小型异步电动机的风叶一般不用卸下,可随转子一起抽出,但在后端盖内的轴承需要加油或更换时,就必须拆卸。对于采用塑料风叶的电动机,可用热水浸泡塑料风叶,待其膨胀后再拆卸
拆卸端盖螺钉	前端盖 后端盖	操作时注意选择适当扳手,逐步松开端盖对角紧固螺栓,用紫铜棒均匀敲打端盖有脐的部分

表3-6(续2)

步骤	操作演示	操作要点
拆卸后端盖	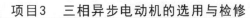	对于小型电动机,可先把轴伸出端的轴承外盖卸下,再松开后端盖的固定螺栓(如风叶装在轴伸出端,则须先把后端盖外面的轴承外盖取下),然后用木槌敲打轴伸出端,这样可把转子连同后端盖一起取下。 抽出转子时,应小心谨慎、动作缓慢,不可歪斜,以免碰擦定子绕组
拆卸前端盖		木槌沿前端盖四周移动,轻轻敲打,卸下前端盖
取下后端盖		取下后端盖操作时应注意锤子沿后端盖四周移动,轻轻敲打,不要损伤转子

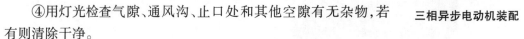
表 3 - 6(续3)

步骤	操作演示	操作要点
拆卸轴承		拆卸轴承,目前采用拉具拆卸、铜棒拆卸、放在圆筒上拆卸、加热拆卸、轴承在端盖内拆卸等方法。用拉具拆卸轴承的方法:根据轴承的规格及型号,选用适宜的拉具,拉具的脚爪应扣在轴承的内圈上,切勿放在外圈上,以免拉坏轴承。拉具的丝杠顶点要对准转子轴端中心,动作要慢,用力要均匀,然后慢慢拉出

3.2.2 三相异步电动机的装配

1. 装配前的准备

①认真检查装配工具是否齐备、合用。

②检查装配环境、场地是否清洁、合适。

③彻底清扫定子、转子内表面的尘垢、漆瘤。

④用灯光检查气隙、通风沟、止口处和其他空隙有无杂物,若有则清除干净。

三相异步电动机装配

2. 装配步骤与主要零部件装配

装配步骤原则上与拆卸步骤相反,几个主要零部件的装配步骤如下。

(1)轴承的装配

①装配前的准备:

a. 装配应先检查轴承滚动件是否转动灵活,转动时有无异音、表面有无锈迹。

b. 应将轴承内的锈迹清洗干净,并防止有异物遗留在轴承内。

②轴承的装配步骤:

a. 轴颈在 50 mm 以下的轴承可以使用直接安装方法,如使用紫铜棒敲击轴承内套将轴承砸入或使用专用的安装工具。如图 3 - 9 所示为敲打法安装轴承。

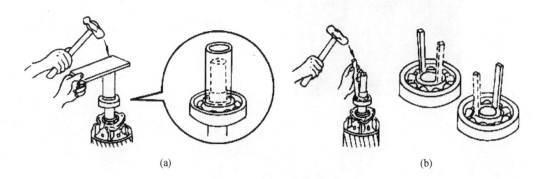

(a)　　　　　　　　　　　　　　　　　(b)

图 3 - 9　敲打法安装轴承

b. 轴颈在 50 mm 以上的轴承可以使用加热法,包括专业的轴承加热器或电烤箱等,但温度必须控制在 120 ℃以下,防止轴承过火。

c. 轴承装配完毕后必须检查是否装配到位,且不能立即转动轴承,防止将滚珠磨坏。

(2)转子的装配

转子的装配是转子拆卸的逆过程,安装时要对准定子中心,把转子小心地往里送,注意不要碰伤定子绕组。

(3)后端盖的装配

①按拆卸前所做的记号,转轴短的一端是后端。后端盖的突耳外沿有固定风叶外罩的螺丝孔。装配时将转子竖直放置,将后端盖轴承座孔对准轴承外圈套上,然后一边使端盖沿轴转动,一边用木榔头敲打端盖的中央部分。如果用铁锤,被敲打面必须垫上木板,直到端盖到位为止,然后套上后轴承外盖,旋紧轴承盖紧固螺钉。

②按拆卸所做的标记,将转子放入定子内腔中,合上后端盖。按对角交替的顺序拧紧后端盖紧固螺钉。注意边拧螺钉,边用木榔头在端盖靠近中央部分均匀敲打,直至端盖到位为止。

(4)前端盖的装配

将前轴内盖与前轴承按规定加好润滑油,参照后端盖的装配方法将前端盖装配到位。装配时先用螺丝刀清除机座和端盖口上的杂物,然后装入端盖,按对角顺序上紧螺栓,具体步骤如图 3 - 10 所示。

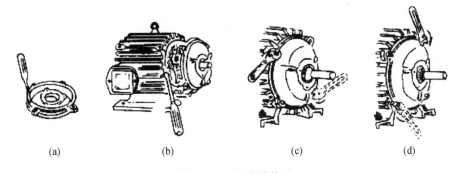

(a)　　　　　(b)　　　　　(c)　　　　　(d)

图 3 - 10　端盖的装配

 TIPS:

在固定端盖螺丝时,不可一次将一边端盖拧紧,应将另一边端盖装上后,两边同时拧紧。要随时转动转子,看其是否能灵活转动,以避免装配后电动机旋转困难。

3. 装配注意事项

①安装转子时,一定要遵守要点的要求,不得损伤绕组,拆前、装后均应测试绕组绝缘及绕组通路。

②安装时不能用手锤直接敲击零件,应垫铜、铝棒或硬木,对称敲击。

③装端盖前应用粗铜丝,从轴承装配孔伸入钩住内轴承盖,以便装配外轴承盖。

④用热套法装轴承时,温度超过100 ℃时,应停止加热,工作现场应放置1211灭火器。

3.2.3 三相异步电动机的运行、维护与检修

1. 三相异步电动机的运行与维护

(1)开车前的检查

对新安装或停用三个月以上的电动机,在开车前必须按使用条件进行必要的检查,检查合格方能通电运行。

①检查电动机绕组绝缘电阻。

②检查电动机绕组的连接、所用电源电压是否与铭牌规定相符。

③对反向运转可能损坏设备的单向运转电动机,必须首先判断通电后的可能旋转方向。

④检查电动机的启动、保护设备是否符合要求。

⑤检查电动机的安装情况。

(2)启动注意事项

①通电后密切注意电动机的启动状态,如电动机不转、转速很低或有"嗡嗡"声,必须迅速拉闸断电,查明电动机不能启动的原因,排除故障后再重新试车。

②电动机启动后,留心观察电动机、传动机构、生产机械等的动作状态是否正常,电流、电压表读数是否符合要求。如有异常,应立即停机,检查并排除故障后再重新启动。

③注意限制电动机连续启动的次数。通常电动机能连续启动的允许次数为:空载3～5次;长时间工作后停机再连续启动,不得超过2～3次。因启动电流很大,若连续启动次数太多,可能损坏绕组。

④通过同一电网供电的几台电动机,尽可能避免同时启动,最好按容量不同,从大到小逐一启动。

2. 电动机的定期检查和保养

为了预防电动机发生故障,保证电动机正常运行,除了按操作规程正常使用外,还必须对电动机进行定期的检查和保养。

(1)日常检查

日常检查主要包括以下几方面:

①听声音　主要检查磁噪声、通风声、机械摩擦声、轴承的杂音等。

②闻臭味　由于过载、通风不畅或其他故障使电动机过热时,会发出绝缘漆烧焦的臭味,所以可及时发现电动机过热。

③检查温升　用手摸轴承、机壳等部位,注意电动机是否过热。如果手指放在电动机上1～2 s就觉得受不了,则应该注意电动机可能被烧毁。

④外观检查　主要检查集电环或换向器表面是否产生不正常的火花,通风、室温、湿度是否正常,轴承的油量是否适当等。

(2)月度检查

每月应该定期进行下列检查与维修:

①测量电动机的绝缘电阻。

②检查接地是否安全。

③检查润滑油、润滑脂的消耗程度和变质情况。

④检查电刷的磨损情况。

⑤检查各个紧固螺钉是否松动。

⑥检查是否有损坏的部件。

⑦检查接线是否有损伤。

⑧检查设备上的灰尘和油泥是否清除。

（3）年度检查

电动机应每年大修一次，大修的目的在于对电动机进行全面、彻底的检查与维护，从而发现问题，及时处理。年度检查的主要工作有以下几方面：

①轴承的精密度检查。

②电动机静止部分的检查。

③电动机转动部分的检查。

④若发现较多问题，则应该拆开电动机进行全面的修理或更换电动机。

3. 电动机常见故障检修

（1）电动机不能启动

①电动机不转且没有声音。

电源或者绕组有两相或两相以上断路，首先检查电源是否有电压，如果三相电压平衡，那么故障在电动机本身，可检测电动机三相绕组的电阻，找出断线的绕组。

②电动机不转但有"嗡嗡"声。

测量电动机接线柱，若三相电压平衡且为额定电压值，可判断是严重过载。检查步骤：先去掉负载，这时电动机的转速与声音正常，可以判定过载或者负载机械部分有故障；若仍然不转动，可用手转动一下电动机轴，如果很紧或转不动，再测三相电流，若三相电流平衡，但比额定值大，说明电动机的机械部分被卡住，可能是电动机缺油，轴承锈死或损坏严重，端盖或者油盖装得太斜，转子和内腔相碰（扫膛），当用手转动电动机轴到某一角度时感到比较吃力或听到周期性的"擦擦"声，可判断为扫膛。

（2）电动机运行中出现"嗡嗡"声

运行中的电动机若发出较大"嗡嗡"声，不是电流过大就是缺相运行；如果出现异常摩擦声，可能是转子扫膛（摩擦定子铁芯）；用螺丝刀一端抵到轴承位，一端紧贴人耳，若有"咕噜"声，则是轴承中滚珠破碎，有"啦啦"声，则是轴承缺油；电动机振动加大，可能是基础不稳，地脚螺丝松动，或与生产机械之间传动装置配合不良，或是定子绕组部分开路、短路或转子断条；若有焦臭味或冒烟，说明电动机长时间大电流运行引起严重过热，将绝缘材料烧焦。

（3）电动机启动时熔断器熔断或者热继电器断开

检查电动机是否存在相间短路情况。利用兆欧表或者万用表检查任意两相间的绝缘电阻，如发现在 0.2 MΩ 以下或为零说明是相间短路（检查时应将电动机引线的所有连线拆开）；分别测量三相绕组的电流，电流大的为短路相。

用摇表检测电动机绕组对地的绝缘电阻，当绝缘电阻低于 0.2 MΩ 时，说明电动机严重受潮。用万用表电阻挡或校验灯逐步检查,如果电阻较小或者校验灯较暗说明该项绕组严重受潮,需要烘干处理。

(4)电动机启动后转速低于额定转速

若几台电动机同时出现这样的问题一般是供电电网电压过低。若一台电动机启动有"嗡嗡"声并有些振动,要检查是否定子绕组一相断电,可测量三相电流是否平衡;有"嗡嗡"声但不振动,检查三相电压是否太低。若空载电动机转速正常,加上轻载后转速下降,说明负载机械部分有卡住现象,若机械部分没有故障,检查是否误将三角形接法的电动机接成星形,或电动机鼠笼转子断条。

(5)电动机振动

电动机通过传动机构与机械相连,电动机振动可导致机械振动,机械振动也会使电动机振动,将电动机和机械传动部分脱开再启动电动机,若振动消除说明是机械故障,否则,是电动机振动,振动的原因有:电动机机座不牢,电动机与被驱动的机械部分的转轴不同心,电动机的转子不平衡,电动机轴弯曲,皮带轮轴偏心,鼠笼多处断条,轴承损坏,电磁系统不平衡,电动机扫膛。

(6)电动机温升过高或绕组烧毁

正反转的次数过于频繁,使电动机经常工作在启动状态下,往往引起温升过高,甚至烧毁绕组。常见原因有:被驱动的机械卡住,周围环境温度过高,皮带过紧,电磁部分的故障,电源电压过高、过低,电动机端部线圈间的间隙及铁芯通风孔堵住,风扇叶损坏等。

职业素养:

(1)清洗电动机及轴承的清洗剂(汽、煤油)不准随便乱倒,必须倒入污油井。

(2)电动机拆卸与装配一定要在干净的环境中进行,因此拆修装配作业前要将场地打扫干净。

(3)在检修过程中,一旦发现电动机运行异常,应马上拉闸断电,排除故障后再运行。

【任务实施】

3.2.4 三相异步电动机的轴承换修

1.仪器和设备

三相异步电动机的轴承换修的实训仪器和设备见表3-7。

表3-7 实训仪器和设备表

名称	代号	型号规格	数量
劳动保护用品		工作服、绝缘鞋、安全帽等	
万用表		M47型万用表	1
螺丝刀		一字形和十字形螺丝刀	1组

表 3 - 7(续)

名称	代号	型号规格	数量
电工通用工具		验电笔、钢丝钳、螺丝刀、电工刀、尖嘴钳、活扳手、剥线钳等	1 套
钳形电流表		优利德 UT204A	1
兆欧表		ZC25 型（500 V/500 MΩ）	1

2. 任务实施

根据基于工作过程的实施步骤，按照工作任务单（表 3 - 8），完成工作任务 3.2。

表 3 - 8　工作任务单

任务名称	三相异步电动机的拆装与检修		指导教师	
姓名		班级	学号	
地点		组别	完成时间	

工作过程	实施步骤	学生活动	实施过程跟踪记录
	资讯	1. 三相异步电动机拆卸与装配要点。 2. 三相异步电动机维护与检修	
	计划	1. 根据任务，确定需要收集的相关信息与资料 2. 查阅电气手册，确定项目所需实训器材 表：器材名称 | 型号规格 | 数量 3. 组建任务小组 组长： 组员： 4. 明确任务分工，制订任务实施计划表 表：任务内容 | 实施要点 | 负责人 | 时间	
	决策	根据本任务所学的知识点与技能点，按照工作任务单，依据标准规范，完成三相异步电动机轴承的拆修更换	

表 3 – 8（续）

实施步骤		学生活动	实施过程跟踪记录
工作过程	实施	1. 准备实训器材； 2. 按照标准规范，完成电动机的拆卸； 3. 更换合适型号轴承； 4. 按照标准规范，完成电动机的装配； 5. 上电运行； 6. 实训结束，将实训器材按规定位置安放整齐，并整理工位	
检查与评价	检查	1. 三相异步电动机拆卸步骤及方法的正确性。 2. 三相异步电动机装配步骤及方法的正确性	
	评价	根据考核评价表，完成本任务的考核评价	

3. 考核与评价

根据考核评价表（表 3 – 9），完成本任务的考核评价。

表 3 – 9 考核评价表

姓名		班级		学号		组别		指导教师			
任务名称		三相异步电动机的拆装与检修				日期		总分			
考核项目	考核要求		评分标准			配分	自评	互评	师评		
信息资讯	根据任务要求，课前做好充分的信息咨询，并做好记录；能够正确回答"资讯"环节布置的问题		课前信息咨询的记录			5					
			课中回答问题			5					
项目设计	按照工作过程"计划"与"决策"进行项目设计，项目实施方案合理		方案论证的充分性			5					
			方案设计的合理性			5					
项目实施	按照标准规范，完成电动机的拆卸、装配及轴承更换		电动机拆卸步骤及方法，错误 1 处扣 2 分			20					
			电动机装配的步骤与方法，错误 1 处扣 2 分			20					
			电动机的轴承更换			10					
			项目完成时间与质量			10					

表3-9(续)

考核项目	考核要求	评分标准	配分	自评	互评	师评
职业素养	具有较强的安全生产意识和岗位责任意识,遵守"6S"管理规范;规范使用电工工具与仪器仪表,具有团队合作意识和创新意识	"6S"规范	5			
		团队合作	5			
		创新能力与创新意识	5			
		工具与仪器仪表的使用和保护	5			
合计			100			

项目4 三相异步电动机典型控制电路的接线与调试

任务4.1 三相异步电动机点动控制

【任务引入】

教学动画资源包

安装并调试电动机的点动控制电路。控制要求：按下启动按钮，电动机启动运行，松开按钮，电动机停转。

【任务目标】

了解低压电气元器件的结构特点，能够根据控制要求对常用低压电气元器件进行合理选型和安装接线，能够独立完成三相异步电动机点动控制电路的安装、接线与运行调试。

【知识点】

1. 低压电气元器件的结构特点。

2. 低压断路器、接触器、启动按钮的作用、工作原理及选型。

3. 电动机点动控制电路设计与分析。

【技能点】

1. 掌握低压电器电磁机构的工作原理。

2. 能够对低压断路器、接触器、启动按钮进行合理选型及安装接线。

3. 能够根据工艺要求对电动机点动控制电路进行安装、接线与调试。

【知识链接】

4.1.1 低压电器基础知识

1. 低压电器的认识

低压电器是用于 1 200 V AC（50 Hz 或 60 Hz）、1 500 V DC 及以下电路中起通断、保护、控制和调节作用的电器。如图 4−1 所示，常见的低压电器有低压断路器、交流接触器、继电器、主令电器、熔断器等。

2. 低压电器基本结构

（1）电磁机构

电磁机构是电气元器件的感受部件,它的作用是将电磁能转换成机械能并带动触点闭合或断开。它通常采用电磁铁的形式,由电磁线圈、静铁芯(铁芯)、动铁芯(衔铁)等组成,如图4-2所示。电磁机构工作原理动画见教学动画资源包二维码。

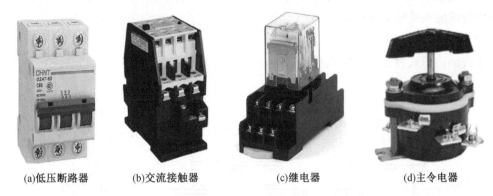

(a)低压断路器 (b)交流接触器 (c)继电器 (d)主令电器

图4-1 常用低压电气元件

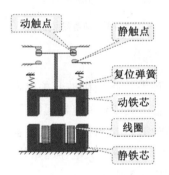

图4-2 电磁机构原理图

(2)短路环

短路环的作用是减小衔铁吸合时产生的振动和噪声。

为了消除交流电磁铁产生的振动和噪声,在铁芯的端面开一小槽,在槽内嵌入铜制短路环,如图4-3所示。

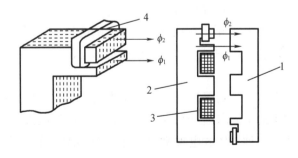

1—衔铁;2—铁芯;3—线圈;4—短路环。

图4-3 电磁机构的短路环

（3）触头系统

触头作为电器的执行机构,起着接通和分断电路的重要作用。触头必须具有良好的接触性能,故选用时应考虑其材质和结构设计。为了减小接触电阻,可以选用电阻系数较小的银,另外,银氧化膜电阻率与纯银相近,可以避免因长时间工作,触头表面氧化膜电阻率增加而造成触头接触电阻增大。

触头系统分类如下:

①按结构形式分主要有桥式触头(图4－4(a)、(b))和指式触头(图4－4(c))两种。

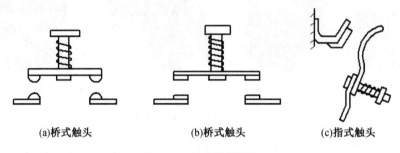

(a)桥式触头　　　　　　(b)桥式触头　　　　　　(c)指式触头

图4－4　触头结构形式

②按触头的初始状态分类。

常开触头(接通触头或动合触头):指当机械开关电器的主触头闭合时闭合、断开时断开的一种控制触头或辅助触头,它在机械开关电器起始位置时断开,而在动作后闭合。

常闭触头(分断触头或动断触头):指当机械开关电器的主触头闭合时断开、断开时闭合的一种控制触头或辅助触头,它在机械开关电器起始位置时闭合,而在动作后断开。

线圈与触头的电路符号如图4－5所示。

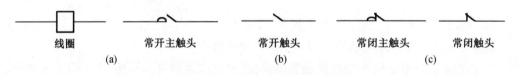

线圈　　　　　　常开主触头　　　　　常开触头　　　　　常闭主触头　　　　　常闭触头
(a)　　　　　　　　　　　　(b)　　　　　　　　　　　　(c)

图4－5　线圈与触头的电路符号

③按触头在控制电路中所起的作用分类。

主触头:接在主电路中,一般用于接通或分断较大的电流。

辅助触头:接在辅助电路中,只能通过较小的电流,并且常用机械方式操作。

（4）灭弧系统

电弧产生的条件:当被分断电路的电流超过0.25 A,分断后加在触头间隙两端的电压超过12 V(根据触头材质的不同取值)时,在触头间隙中会产生电弧。

电弧的实质:电弧是一种气体放电现象,使气体由绝缘状态转变为导电状态,并伴有高温强光。

电弧的危害:电弧会烧蚀触头的金属表面,缩短电器使用寿命,又延长了切断电路的时间,还容易形成飞弧造成电源短路事故,所以必须迅速将电弧熄灭。熄灭电弧的主要措施有机械性拉弧、窄缝灭弧和栅片灭弧三种,如图4-6所示。

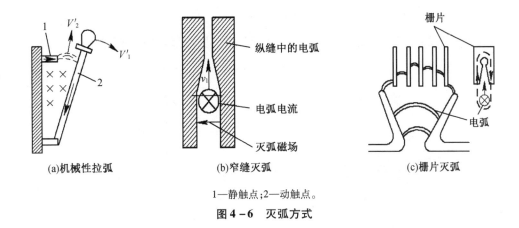

(a)机械性拉弧　　　　(b)窄缝灭弧　　　　(c)栅片灭弧

1—静触点;2—动触点。

图4-6　灭弧方式

4.1.2　低压断路器

1.低压断路器的认识

低压断路器(自动空气开关):在低压配电网络中用来分配电能,以及按规定条件对低压配电电路、电动机或其他用电设备实行通断操作并起保护作用的开关电器。电气箱中的低压断路器如图4-7所示。

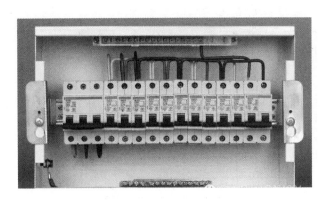

图4-7　电气箱中的低压断路器

在正常情况下,低压断路器可用于不频繁地接通与切断线路,同时因其具有过载、短路或欠压保护等功能,从而得到了广泛的应用。低压断路器常用的型号有 DZ、DZX 等。低压断路器的外形、电路符号及型号规格如图4-8所示。

2.低压断路器结构及原理

低压断路器由触头系统、灭弧装置、操作机构、热脱扣器、电磁脱扣器、欠压脱扣器及绝缘外壳等组成。

热脱扣器——用于过载保护,整定电流的大小由电流调节装置调节。

低压断路器认知

电磁脱扣器——用于短路保护,瞬时脱扣整定电流的大小由电流调节装置调节,出厂时为 10 I_N。

欠压脱扣器——用于零压和欠压保护。

低压断路器的内部结构原理图如图 4-9 所示,其动画见教学动画资源包二维码。

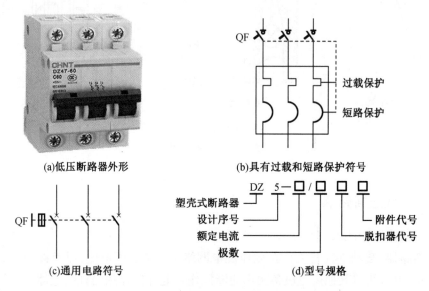

(a)低压断路器外形　　　　　　　　(b)具有过载和短路保护符号

(c)通用电路符号　　　　　　　　　(d)型号规格

图 4-8　低压断路器的外形、电路符号和型号规格

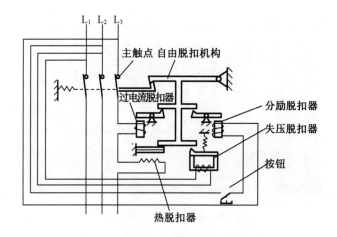

图 4-9　低压断路器的内部结构原理图

3. 低压断路器的选用

低压断路器的常用系列如下:

DZ5——用于交流 50 Hz、380 V、10 ~ 50 A;

DZ10——用于交流 50 Hz、380 V,规格有 100 A、250 A、600 A。

低压断路器的选用原则如下:

①$U_N > U_{N线路}$;$I_N > I_{N线路}$。

②$I_{热脱扣器整定值} = I_{N负载}$。

③$I_{电磁脱扣器瞬时脱扣整定值} > I_{负载峰值}$。

控制电动机时：

$$I_Z \geqslant KI_{st}$$

式中　I_Z——电磁脱扣器整定电流；

K——安全系数，取 1.5~1.7；

I_{st}——电动机的启动电流（取 $7I_N$ 电动机）。

④$U_{N欠压} = U_{N线路}$。

⑤极限通断能力大于线路最大短路电流。

4.低压断路器的安装与使用

①垂直安装，电源引线接上端，负载引线接下端，如图 4 - 10 所示。

②低压断路器在使用前应将脱扣器上的防锈油脂擦干净；各脱扣器动作值一经调整完毕，不允许随意变动，以免影响其动作值。

③使用过程中若遇到分断短路电流，应及时检查触头系统，若发现电灼烧痕，应及时修理或更换。

④断路器上的积尘应定期清理，并定期检查各脱扣器动作值，给操作机构添加润滑剂，以保证其性能良好。

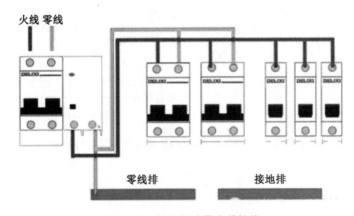

图 4 - 10　低压断路器安装接线

实例分析

现有一低压配电电气柜，其中一路用低压断路器控制一台型号为 Y132S - 4 的三相异步电动机，该电动机的额定功率为 5.5 kW，额定电压为 380 V，额定电流为 11.6 A，启动电流为额定电流的 7 倍，试选择低压断路器的型号和规格。

（1）确定低压断路器的种类：选用 DZ5 - 20 型低压断路器。

（2）确定热脱扣器额定电流：选择热脱扣器的额定电流为 15 A，相应的电流整定范围为 10~15 A。

（3）校验电磁脱扣器的瞬时脱扣整定电流：电磁脱扣器的瞬时脱扣整定电流为

$$I_Z = (10 \times 15)\,A = 150\,A$$

而

$$KI_{st} = (1.7 \times 7 \times 11.6)\,A = 138\ A$$

满足 $I_Z \geqslant KI_{st}$,符合要求。

(4)确定低压断路器的型号规格:应选用 DZ5 – 20/330 V。

4.1.3 按钮与组合开关

1. 按钮

按钮是用来短时接通或者分断小电流电路的主令电器,可以发出控制指令或者控制信号,手动操作且一般可以自动复位,按钮的外形与结构、电路符号及型号规格如图4 – 11所示。复合按钮内部结构动画及其工作原理动画见教学动画资源包二维码。

复合按钮认知

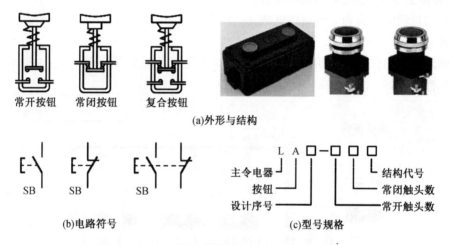

(a)外形与结构

(b)电路符号　　　　　　　　(c)型号规格

图4 – 11　按钮的外形与结构、电路符号及型号规格

2. 组合开关

组合开关经常作为转换开关使用,但在电气控制线路中也作为隔离开关使用,主要用于交流380 V(50 Hz)、直流220 V电源引入,5 kW以下小容量电动机的直接启动、不频繁接通、分断的电源开关。组合开关的外形、结构、电路符号及型号规格如图4 – 12所示。

组合开关的选择一般按电动机额定电流来计算,组合开关触片通电额定电流按交流电动机额定电流1.5 ~ 2.5 倍来选择。如有一台三相交流电动机额定电流为 10 A,选择组合开关,按2倍电动机额定电流选择计算结果为 20 A。查常用型号与规格(HZ10 系列)选用型号HZ10—25。

4.1.4 交流接触器

接触器是一种中远距离频繁地接通与断开交直流主电路及大容量控制电路的一种自动开关电器,同时还具有欠电压、失电压保护的功能,但却不具备短路保护和过载保护功能,在电力拖动自动控制线路中应用广泛。接触器有交流接触器和直流接触器两大类型。这里主要介绍交流接触器,其外形、结构、电路符号和型号规格如图4 – 13所示。

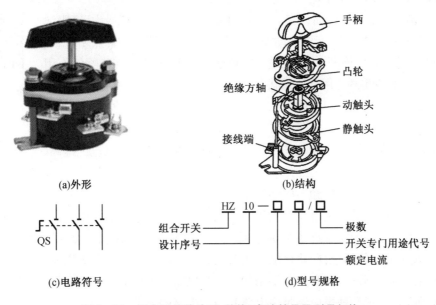

(a)外形　　　　　　　　　(b)结构

(c)电路符号　　　　　　　(d)型号规格

图 4 - 12　组合开关的外形、结构、电路符号及型号规格

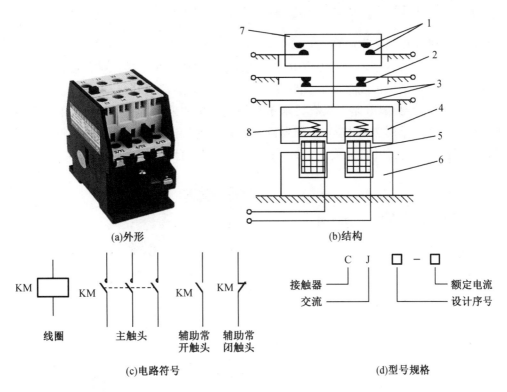

(a)外形　　　　　　　　　(b)结构

(c)电路符号　　　　　　　(d)型号规格

1—主触头;2—常闭辅助触头;3—常开辅助触头;4—动铁芯;5—电磁线圈;6—静铁芯;7—灭弧罩;8—弹簧。

图 4 - 13　交流接触器的外形、结构、电路符号和型号规格

1. 交流接触器的工作原理

当给交流接触器的线圈通入交流电时,在铁芯上会产生电磁吸力,克服弹簧的反作用力,将衔铁吸合,衔铁的动作带动动触桥运动,使常开触点闭合、常闭触点断开。当电磁线圈断电后,铁芯上的电磁吸力消失,衔铁在弹簧的作用下回到原位,各触点也随之回到原始状态。

交流接触器的
认知与接线

交流接触器有主触点和辅助触点,主触点允许通过的电流较大,用在电动机的主电路中,辅助触点允许通过的电流较小,用在电动机的控制电路中。交流接触器内部结构原理及其接线端子动画见教学动画资源包二维码。

2. 交流接触器的选用

①根据负载性质选择接触器的结构形式及使用类别。

②接触器主触头的额定电压应大于或等于被控制电路的额定电压。

③接触器主触头的额定电流应大于或等于电动机的额定电流。如果用作电动机频繁启动、制动及正反转的场合,应将接触器主触头的额定电流降低一个等级使用。

④吸引线圈的额定电压和频率要与所在控制电路的使用电压和频率相一致。

⑤接触器触头数和种类应满足主电路和控制电路的要求。

4.1.5 熔断器

1. 熔断器的作用与工作原理

熔断器是一种简单而有效的保护电器,熔断器的熔体串联于被保护的线路中,主要起短路保护作用。当被保护线路发生短路或严重过载时,熔断器以其自身产生的热量使熔体熔断,从而自动切断故障电路。只有要求不高的电动机才采用熔断器做过载和短路保护,一般过载保护最宜采用热继电器,熔断器则只做短路保护。常见熔断器种类有插入式、螺旋式、封闭管式、快速式和自复式。熔断器的外形、电路符号及型号规格如图4-15所示。

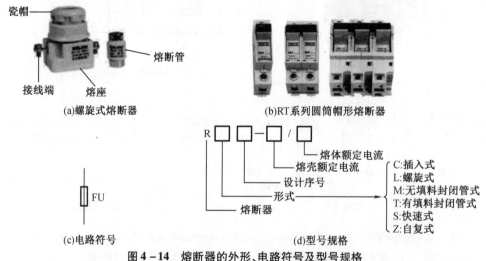

图4-14 熔断器的外形、电路符号及型号规格

2. 熔断器的选用

①熔断器类型的选择:根据被保护线路的需求、使用场合及安装条件选择适当的熔断器类型。机床控制线路要选择螺旋熔断器或有填料的RT系列熔断器。

②熔断器额定电压的选择:熔断器额定电压要大于或等于线路的工作电压。

③熔断器额定电流的选择:熔断器的额定电流必须大于或等于熔体的额定电流。

熔断器保护电动机为避免熔体在三相异步电动机启动过程中熔断,通常用在不经常启动或启动时间不长的场合(如一般机床),熔体的额定电流按下式确定:

$$I_{RN} = (1.5 \sim 2.5) I_N$$

式中　I_N——异步电动机的额定电流;

　　　I_{RN}——熔体的额定电流。

在电动机轻载或启动时间短的情况下系数可取1.5;启动频繁或启动时间较长的场合(如吊车电动机)系数可取2.5。

④在配电系统中,各级熔断器必须相互配合以实现可选择性保护,一般要求前一级熔体比后一级熔体的额定电流大一定的倍数,同型号的熔断器上下级熔体之间相差至少一个电流等级,这样才能避免因发生短路时越级动作而扩大停电范围。

> **职业素养:**
>
> ①电磁机构的线圈一定要看清电压标识再接线,如交流接触器线圈电压有110 V和220 V,如果接反,将会烧毁线圈。
>
> ②尽量保持触头的清洁,以减小接触电阻。
>
> ③接线前,一定要分清电气元器件的主触头和辅助触头,不能将辅助触头接入主电路中,否则过大的电流会烧蚀触头或发生熔焊。

4.1.6　电动机点动控制电路的设计与分析

1.电动机点动控制电路设计

电动机点动控制电路是最基本的控制电路,也是学习电动机全压启动控制电路的基础。点动控制通常用于电动机检修后试车或生产机械的位置调整,如车床的对刀。根据电动机电气控制要求和低压电器控制系统的基本知识,设计典型的三相异步电动机点动控制电路原理图,如图4-15所示。电动机点动控制原理动画见教学动画资源包二维码。

三相异步电动机点动正转控制线路是由电源开关QS、熔断器FU、启动按钮SB、交流接触器KM及电动机M组成。其中,以电源开关QS作为电源隔离开关,熔断器FU作为短路保护,启动按钮SB控制交流接触器KM的线圈得电、失电,交流接触器KM的主触头控制电动机M的启动与停止。

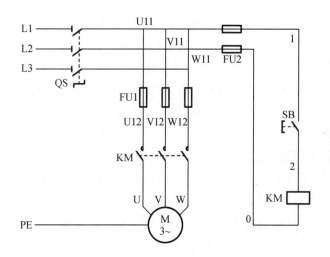

图 4-15　电动机点动控制电路原理图

2.电动机点动控制电路分析

（1）电路构成

电气控制线路可分为主电路和控制电路两大部分。主电路是电动机电流流经的电路，主电路的特点是电压高、电流大。控制电路是对主电路起控制作用的电路，控制电路的特点是电压不确定（通常电压范围为 36～380 V），电流小。在原理图中主电路绘在左侧，控制电路绘在右侧。同一个电气元器件的各个部分可以分别绘在不同的电路中，例如，接触器的主触头符号绘在主电路中，线圈符号绘在控制电路中，主触头和线圈的图形符号不同，但文字符号相同，表示为同一个电气元器件。

主电路构成：由电源开关 QS、熔断器 FU1、交流接触器 KM 的主触点及三相异步电动机 M 组成。

控制电路构成：由熔断器 FU2、启动按钮 SB、交流接触器 KM 的线圈组成。

（2）工作原理分析

先合上电源开关 QS。

启动：按下启动按钮 SB→交流接触器 KM 线圈得电→交流接触器 KM 动合主触点闭合→电动机 M 启动运转。

停止：松开启动按钮 SB→交流接触器 KM 线圈失电→交流接触器 KM 动合主触点分断→电动机 M 失电停转。

【任务实施】

4.1.7　电动机点动控制电路接线与调试

1.实训前的准备

①熟悉电动机基本控制线路的安装步骤和工艺要求。

②分析电气控制原理图，明确线路的构成与工作原理。

③根据任务要求选择合适的设备、工具及仪表，明确电气元器件的数目、种类和规格。

④检查电气元器件及电动机性能是否完好。

⑤设计电气元器件布置图与安装接线图（关于电气元器件布置图和电气安装接线图的详细知识将在任务4.2中讲解）。

2.电气元器件安装

按照电器布置图规定位置将电气元器件固定在安装木板上。电气元器件要摆放均匀、整齐、紧凑、合理,注意组合开关、熔断器的受电端子应安装在控制板的外侧,并使熔断器的受电端为底座的中心端;紧固各元器件时应用力均匀,紧固程度适当,做到既要使元器件安装牢固,又不使其损坏。各元器件的安装位置间距合理,便于元器件的更换。固定元器件的步骤如下:

①定位。将元器件摆放在确定好的位置,用尖椎在安装孔中心做好标记,元器件应排列整齐,以保证连接导线做的横平竖直、整齐美观,应尽量减少弯折。

②打孔。用手钻在做好标记的位置处打孔,孔径应略大于固定螺钉的直径。

③固定。所有的安装孔打好后,用螺钉将电气元器件固定在安装底板上。固定元器件时,应注意在螺钉上加装平垫圈和弹簧垫圈。紧固螺钉时将弹簧垫圈压平即可,不要过分用力,防止用力过大将元器件塑料底板压裂造成损失。

3.电气元器件布线步骤及规范

（1）布线步骤

从电源端起,根据电气原理图,按线号顺序做,先接主电路,然后接控制电路。布线应该平直、整齐、紧贴敷设面、走线合理及接点不得松动,严禁损伤线芯和导线绝缘;接点牢固,不得松动,接线应按以下步骤进行:

电动机点动控制电路接线

①根据负荷要求进行计算,选择合适的线径、线型及颜色。

②绘制安装接线图。

③将成型好的导线套上线号管,按照接线图进行规范接线。

按接线图规定的方位,在规定好的电气元器件之间测量所需的长度,截取适当长短的导线,剥去两端绝缘外皮。为保证导线与端子接触良好,要用电工刀将芯线表面的氧化物刮掉;使用多股芯线时要将线头绞紧,必要时应烫锡处理。

④根据原理图进行检查电路。

（2）布线规范及工艺要求

①布线应横平竖直,整齐且分布均匀,变化走向时应垂直转向。

②拐直角弯时,做线时要将拐弯做成90°的"慢弯",导线的弯曲半径为导线直径的3～4倍,不要用钳子将导线做成"死弯",以免损伤绝缘层和线芯。

③布线通道要尽可能少,同路并行导线按主电路、控制电路分类集中,单层密排,尽量紧贴安装面布线。

④同一平面的导线应高低一致,尽量避免交叉。非交叉不可时,该根导线应在接线端子引出时,就水平架空跨越,但必须走线合理。

⑤布线顺序:一般以接触器为中心,由里向外,由低至高,先主电路后控制电路,以不妨碍后续布线为原则。

⑥在所有从一个接线端子到另一接线端子的导线必须连续,中间无接头。

⑦导线与接线桩连接点,不得压绝缘层,不反圈及不露铜过长。

⑧接线端子应紧固好,必要时加装弹簧垫圈紧固,防止电器动作时因振动而松脱。接线过程中注意按照图纸核对,防止错接。必要时用万用表校线。同一接线端子内压接两根以上导线时,可以只套一只线号管;导线截面不同时,应将截面大的放在下层,截面小的放在上层。

⑨一个电气元器件接线桩上的连接导线不得多于两根,每节接线端子板上的连接导线一般只允许连接一根。

⑩接线完成后,一定要进行线路检查,确认无误后才可以通电。

 TIPS:电力拖动控制电路安装接线注意事项

(1)接线时,主电路用粗导线,辅助电路用细导线。

(2)检查线路电压与电动机额定电压是否相符,线路电压的变动不应超出电动机额定电压的 ±5% 。

(3)电动机在运行前应该有保护接地线或保护接零线。

(4)认清主触头与辅助触头,以及常开与常闭触点,不要接错。

(5)电动机启动后,应注意观察电动机,若有异常情况,应立即停机。待检查故障并排除后,才能重新合闸启动。

(6)一般热继电器应置于手动复位的位置上,若需要自动复位时,可将复位调节螺钉以顺时针方向向里旋足。

(7)接电前必须经教师检查无误后,才能通电操作。

 TIPS:电气线路接线检查

对照原理图、接线图,从电源端开始逐段核对端子接线的线号,排除漏接、错接现象,重点检查控制线路中易接错处的线号。检查所有端子上的接线的接触情况,用手一一摇动、拉拔端子上的接线,不允许有松脱现象。

4. 仪器和设备

电动机点动控制电路接线与调试的实训仪器和设备见表4-1。

表4-1 实训仪器和设备表

名称	代号	型号规格	数量
劳动保护用品		工作服、绝缘鞋、安全帽等	
三相四线电源		3 ×380 V/220 V、20 A	
三相异步电动机	M	Y - 112M - 4 4 kW、380 V、△接法	1
低压断路器	QF	DZ47 - 63 C25 脱钩器额定电流 25 A	1
螺旋式熔断器	FU1/ FU2	RL1 - 60/25 配熔体额定电流 25 A RL1 - 15/2 配熔体额定电流 2 A	3/2

表4-1(续)

名称	代号	型号规格	数量
交流接触器	KM	CJ10-20 线圈电压 380 V	1
按钮	SB	LA10-3H 保护式 380 V、5 A	1
接线端子排	XT	JX2-1015 380 V、10 A、15 节	1
兆欧表(摇表)		5050 型 500 V、0~200 MΩ	1
万用表		M47 型万用表	1
钳形电流表		T301-A　0~50 A	1
配线板		(650×500×50)mm	1
电工通用工具		验电笔、钢丝钳、螺丝刀、电工刀、尖嘴钳、活扳手、剥线钳等	1 套
塑料线槽、号码管			若干
导线			若干

5. 任务实施

根据基于工作过程的实施步骤,按照工作任务单(表4-2),完成工作任务4.1。

表4-2　工作任务单

任务名称	三相异步电动机点动控制			指导教师	
姓名		班级		学号	
地点		组别		完成时间	
工作过程	实施步骤	学生活动			实施过程跟踪记录
	资讯	1.常用低压电气元器件的类型及作用。 2.三相异步电动机点动控制电路工作原理			
	计划	1.根据工作任务,确定需要收集的相关信息与资料 2.分析工作任务,确定实训所需电气元器件、工具及仪器仪表 器材名称／型号规格／数量 3.组建任务小组 组长: 组员: 4.明确任务分工,制订任务实施计划表 任务内容／实施要点／负责人／时间			

表4-2(续)

实施步骤	学生活动	实施过程跟踪记录
决策	根据本任务所学的知识点与技能点,按照工作任务单,完成三相异步电动机点动控制电路的安装、接线与运行调试	

	实施步骤	学生活动	实施过程跟踪记录
工作过程	实施	1.准备实训器材,并检查电气元器件、仪器仪表及实训设备的完好。 2.分析原理图,看懂线路图中各电器元件之间的控制关系及连接顺序,正确描述控制工作原理。 3.绘制电气元器件布置图和电气安装接线图。 4.根据电器布置图规定位置,将电气元器件固定在安装接线板上。 5.接线:从电源端起,根据电气原理图,按线号顺序做,先接主电路,然后接控制电路。 6.根据原理图,进行接线检查,确保接线正确,接线端子牢固。 7.上电调试运行。 8.实训结束,切断电源,拆除电气元器件,将实训器材按规定位置安放整齐,并整理工位	
检查与评价	检查	1.根据提供的线路图,按照安全规范要求,正确利用工具和仪表,熟练完成电气元器件安装;元器件在配电板上布置合理,安装要准确。 2.布线美观,电源和电动机配线、按钮接线要接到端子排上,进出线槽的导线要有端子标号	
	评价	根据考核评价表,完成本任务的考核评价	

6.考核评价

根据考核评价表(表4-3),完成本任务的考核评价。

表4-3 考核评价表

姓名		班级		学号		组别		指导教师		
任务名称		三相异步电动机的点动控制				日期		总分		
考核项目	考核要求		评分标准				配分	自评	互评	师评
信息资讯	根据任务要求,课前做好充分的信息咨询,并做好记录;能够正确回答"资讯"环节布置的问题		课前信息咨询的记录				5			
			课中回答问题				5			

表 4 - 3（续）

考核项目	考核要求	评分标准	配分	自评	互评	师评
项目设计	按照工作过程"计划"与"决策"进行项目设计,项目实施方案合理	方案论证的充分性	5			
		方案设计的合理性	5			
电器元件选择与检测	正确选择电器元件,并检查电气元器件性能完好	电气元器件选择不正确,每个扣1分 电气元器件错检或漏检,每个扣1分	5			
项目实施	根据电气原理图,按照标准规范,完成电气元器件的合理布局和正确接线,通电运行正常	电气元器件布置合理,安装正确,错误1处扣2分	15			
		电气元器件电气连接正确,接线端子接线牢固可靠,不松动,没有露铜,错误1处扣2分	15			
		线路通电工作正常,1次不成功扣5分,若烧毁电气元器件此项不得分	15			
		项目完成时间与质量	10			
职业素养	具有较强的安全生产意识和岗位责任意识,遵守"6S"管理规范;规范使用电工工具与仪器仪表,具有团队合作意识和创新意识	"6S"规范	5			
		团队合作	5			
		创新能力与创新意识	5			
		工具与仪器仪表的使用和保护	5			
合计			100			

【技能拓展】

实训前电气元器件及电动机的检查

1. 电气元器件检查

①外观检查:电气元器件的外观是否清洁完整;外壳有无碎裂;各接线端子及紧固件有无缺失、生锈等现象。

②触点检查:电气元器件的触点有无熔焊黏连、变形严重氧化锈蚀等现象;触点的闭合、分断动作是否灵活,在不通电的情况下,用万用表检查各触点的分、合情况。

③电磁机构和传动机构的检查:电器的电磁机构和传动部件的动作是否灵活;有无衔铁卡阻、吸合位置不正等现象;新产品使用前应拆开清除铁心端面的防锈油;检查衔铁复位弹簧是否正常。

④其他电气元器件的检查:检查有延时作用的所有电气元器件的功能,如时间继电器的延时动作、延时范围及整定机构的作用;检查热继电器的热元件和触点的动作情况。

⑤电气元器件规格的检查:核对各电气元器件的规格与图纸要求是否一致。如:电器

的电压等级和电流容量;触点的数目和开闭状况;时间继电器的延时类型等。

2.电动机检查

①电动机的外观检查:实验接线前应先检查电动机的外观有无异常。如条件许可,可用手扳动电动机的转子,观察转子转动是否灵活,与定子的间隙是否有摩擦现象等。

②电动机的绝缘检查:电动机在安装或运行前,应对其绕组进行绝缘电阻的检测,其测量各绕组的相间绝缘电阻和各绕组对外壳(地)的绝缘电阻。一般情况下,其绝缘电阻应大于 0.5 MΩ。

任务4.2 三相异步电动机长动控制

【任务引入】

安装并调试电动机的长动控制电路。控制要求:按下启动按钮,电动机全压启动并连续工作,按下停止按钮,电动机停转。控制系统要求有短路保护、过载保护、失压保护和欠压保护措施。

教学动画资源包

【任务目标】

能够设计和识读电气控制系统图,并能够按照电气控制系统图进行电气元器件布置和安装接线。能够独立完成三相异步电动机长动控制电路的安装、接线与运行调试。

【知识点】

1.电气控制系统图的识读。

2.热继电器的作用、工作原理及选型。

3.电动机控制电路的保护环节。

4.电动机长动控制电路设计与分析。

【技能点】

1.能够设计和分析电气原理图、电气元器件布置图、安装接线图。

2.能够按照电气控制系统图进行电气元器件布置和安装接线。

3.能够对热继电器进行合理选型及安装接线。

4.能够根据工艺要求对电动机长动控制电路进行安装、接线与调试。

【知识链接】

4.2.1 电气控制系统图的识读

为了表达生产机械电气控制系统的结构、组成、原理等设计意图,便于电气系统的安装、调试、使用和维修,将电气控制系统中各电气元器件及其连接线路用一定的图形表达出来,这就是电气控制系统图。常用的电气控制系统图有 3 种,即电气原理图、电气元器件布置图、电气安装接线图。

1.电气原理图

电气原理图是用图形符号表示电路中各个电气元器件连接关系和工作原理的图,不考虑电气元器件实际位置,CW6132 型车床电气原理图如图 4 - 16 所示。

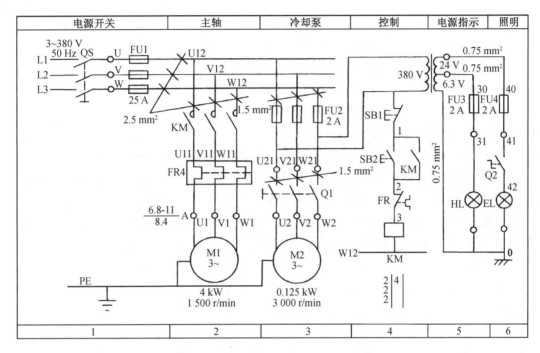

图 4 - 16　CW6132 型车床电气原理图

(1)电气原理图组成

一般设备电气原理图上的电路可分成主电路(又称主回路)、控制电路和辅助电路。

①主电路:主电路是指某一个设备中电器的动力装置电路及保护电路,在该部分电路中通过的是电动机的工作电流,电流较大。主电路通常用实线画在电气原理图的左侧。一般由组合开关、主熔断器、接触器主触点、热继电器的热元件和电动机等组成。

②控制电路:控制电路是指控制主电路工作状态的电路。在该部分电路中通过的电流都较小。控制电路通常用实线画在电气原理图的右侧。

③辅助电路:辅助电路是指包括设备中的信号电路和照明电路等部分的电路。辅助电路通常与控制电路都画在电气原理图右侧。

(2)电气原理图绘制原则

①原理图中的各电气元器件须采用国家统一标准的图形符号和文字符号。

②原理图中主电路画在原理图的左侧,其连接线路用粗实线绘制;控制电路画在原理图的右侧,其连接线路用细实线绘制。

③原理图中电气元器件和设备的可动部分,都按没有通电和没有外力作用时的开闭状态画出。例如,继电器、接触器的触点,按吸引线圈不通电状态画出;主令控制器、万能转换

开关按手柄处于零位时的状态画出;按钮、行程开关的触点按不受外力作用时的状态画出。

④原理图中各个电气元器件和部件在控制线路中的位置,应根据便于阅读的原则安排。同一元器件的各个部件可以不画在一起,但必须采用相同的文字符号标明。例如,接触器、继电器的线圈和触点可以不画在一起。

⑤电气元器件应按功能布置,具有同一功能的电气元器件应集中在一起,并按动作顺序和信号流从上到下、从左到右依次排列。

⑥原理图中有直接电气连接的导线连接点,用黑圆点表示,但要尽量避免线条交叉。

⑦在原理图上方将图分成若干区,并标明该区电路的用途与作用。

(3)主电路和控制电路各接点标记

①三相交流电源采用 L1、L2、L3 标记,中性线用 N 标记。

②电源开关之后的三相电源主电路按 U、V、W 顺序标记,分级电源在 U、V、W 前加数字 1,2,3 来标记,例如 1U、1V、1W。

③分支电路在 U、V、W 后加数字 1,2,3 来标记,如各电动机分支电路 U1、V1、W1,U2、V2、W2。主电路中的各支路,应从上到下,从左到右,每经过一个电气元器件的接线端子后,编号要递增,如 U11、V11、W11、U12、V12、W12。

④电动机绕组的首端分别用 U、V、W 标记,末端用 U′、V′、W′标记。多台电动机引出线的编号,为了不引起混淆,可在字母前冠以数字来区分,如 1U、1V、1W、2U、2V、2W。

⑤控制电路采用不多于 3 位的阿拉伯数字编号,标记方法按等电位原则。在垂直绘制的电路中,标号顺序由上而下、从左到右编号,凡是被线圈、绕组、触头或电阻、电容等元器件所间隔的线段,都应标以不同的电路标号。

(4)符号位置的索引

当一个控制系统有多页图纸时,索引非常有用。在电路图中每个接触器线圈下方画出两条竖直线,分成左、中、右 3 栏,把受其控制而动作的触头所处的图区号填入相应的栏内,对未用的触头,在相应的栏内用记号"×"标出或不标出任何符号,见表 4 - 4;继电器索引表只有两栏,有常开、常闭触点图区号,具体见表 4 - 5。

表 4 - 4　接触器触头在电路图中位置的标记

左栏	中栏	右栏
主触点所在图区号	辅助常开触点所在图区号	辅助常闭触点所在图区号

表 4 - 5　继电器触头在电路图中位置的标记

左栏	右栏
常开触点所在图区号	常闭触点所在图区号

2. 电气元器件布置图

电气元器件布置图是根据电气元器件在控制板上的实际安装位置,采用简化的外形符号(如正方形、矩形、圆形等)而绘制的一种简图。其主要是用来表明电气系统中所有电气元器件的实际位置,为生产机械电气控制设备的制造、安装提供必要的资料。一般的情况下,电气元器件布置图是与电气安装接线图组合在一起使用的,这样既能起到电气安装接线图的作用,又能清晰表示出所使用的电气元器件的实际安装位置。CW6132型车床控制盘电气元器件布置图如图4-17所示。

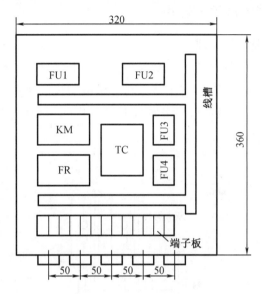

图4-17　CW6132型车床控制盘电气元器件布置图

电气元器件布置图的绘制规则如下:

①体积大和较重的电气元器件应安装在电器板下面,发热元器件安装在电器板的上面。

②强电弱电分开并注意屏蔽,防止外界干扰。

③电气元器件的布置应整齐、美观、对称。外形尺寸与结构类似的电气元器件安放在一起,以便于安装和配线。

④需要经常维护、检修、调整的电气元器件安装位置不宜过高或过低。

⑤电气元器件布置不宜过密,若采用板前走线槽配线方式,应适当加大各排电气元器件间距,以利布线和维护。

⑥图中各电气元器件的文字符号必须与电气原理图和电气安装接线图上的标注相一致。

3.电气安装接线图

电气安装接线图是根据电气设备和电气元器件的实际位置和安装情况绘制的,只用来表示电气设备和电气元器件的位置、配线方式和连接方式,而不明显表示电气动作原理。绘制电气安装接线图应遵循的主要原则如下。

①各电气元器件的位置、文字符号必须和电气原理图中的标注一致,同一个电气元器件的各部件(如同一个接触器的触点、线圈等)必须画在一起,各电气元器件的位置应与实际安装位置一致。

②不在同一安装板或电气柜上的电气元器件或信号的电气连接一般应通过端子排连接，并按照电气原理图中的接线编号连接。

③走向相同、功能相同的多根导线可用单线或线束表示。画连接线时，应标明导线的规格、型号、颜色、根数和穿线管的尺寸。

4.2.2 热继电器的认识与选用

1.热继电器的作用及工作原理

热继电器主要是用于电气设备的过载保护。热继电器是一种利用电流热效应原理动作的装置，主要与接触器配合使用，用于对三相异步电动机的过负荷和断相保护。热继电器的结构、动作原理电路符号及型号规格如图4-18所示。热继电器内部结构原理动画见教学动画资源包二维码。

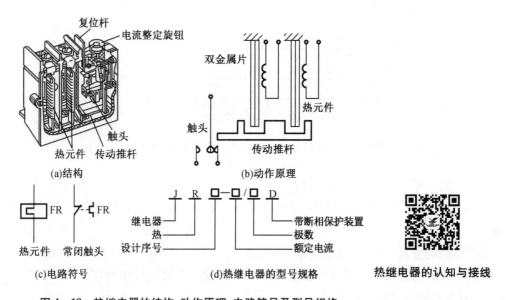

(a)结构　(b)动作原理

(c)电路符号　(d)热继电器的型号规格　热继电器的认知与接线

图4-18　热继电器的结构、动作原理、电路符号及型号规格

三相异步电动机在实际运行中，常会遇到因电气或机械原因等引起的过电流（过载和断相）现象。如果过电流不严重，持续时间短，绕组不超过允许温升，这种过电流是允许的；如果过电流情况严重，持续时间较长，则会加快电动机绝缘老化，甚至烧毁电动机，这种情况是不允许的。因此，在电动机回路中应设置电动机保护装置，常用的电动机保护装置种类很多，使用最多、最普遍的是双金属片式热继电器。目前，双金属片式热继电器均为三相式，有带断相保护和不带断相保护两种。

热继电器中的关键零件是热元件，热元件是由两种热膨胀系数不同的金属片铆接在一起而制成的，又称为双金属片（铁镍合金）。它受热后，两片金属皆要膨胀，但一片膨胀得快，另一片膨胀得慢，当双金属片受热时，会出现弯曲变形，形成一个弧线，随着金属片的热变形的增加，金属片将会通过传动杆推动热继电器的常闭触点，切断电路。

2.热继电器的选用

热继电器主要用于电动机的过载保护,使用中应考虑电动机的工作环境、启动情况、负载性质等因素,具体应按以下几个方面来选择。

①类型选择:一般情况可选择两相或普通三相结构的热继电器,但对于三角形接法的电动机,应选择三相结构并带断相保护功能的热继电器。

②额定电流选择:应根据电动机或用电负载的额定电流选择热继电器和热元件的额定电流,一般热元件的额定电流应等于或稍大于电动机的额定电流。

③热元件动作电流的整定:一般情况下,将整定电流调整为与电动机的额定电流相等即可。但对于启动时负载较重的电动机,整定电流可略大于电动机的额定电流。

④对于反复短时工作的电动机(如起重机电动机),由于电动机不断重复升温、降温,热继电器双金属片的温升跟不上电动机绕组的温升变化,电动机将得不到可靠的过载保护,不宜选用双金属片热继电器,而应选用过电流继电器或热敏电阻式温度继电器进行保护。

TIPS:

热继电器因电动机过载动作后,若要再次启动电动机,必须待热元件冷却后,才能使热继电器复位,一般复位时间:自动复位需 5 min;手动复位需 2 min。

4.2.3　电动机控制电路的保护环节

1. 电动机控制电路的保护类型

保护类型分为电流型保护和电压型保护两种。

电流型保护:短路保护、过电流保护、过载保护、欠电流保护、断相保护。

电压型保护:失压保护、欠压保护、过电压保护。

2. 电流型保护

影响温升因数:电流大小、散热条件、通电时间。

(1)短路保护(几倍到几十倍的额定电流)

危害:高温绝缘损坏,强大的电动应力产生机械性损坏。

保护特性:可靠、瞬动断开电源。

注意:短路保护不应受启动电流的影响而动作。

短路保护装置:自动开关、熔断器。

说明:

①自动开关把测量元件和执行元件装在一起,直接切断电源;

②熔断器的熔体本身就是测量和执行元件,直接切断电源。

(2)过电流保护(不超过 $2.5I_N$)

保护特性:瞬动断开电源。

过载保护装置:过电流继电器。

说明:过电流继电器的过电流保护通过接触器(执行元件)完成,为了能切断过电流,接触器的触点容量需加大。

(3)过载保护(通常 $1.5I_N$ 以内)

保护特性:反时限特性。

过载保护装置:热继电器。

说明:热继电器动作后不能马上复位。

热敏电阻作为测量元件的热继电器,嵌在电动机的绕组或发热元件中,以便更准确地测量温升的部位。当被测部件达到指定的温度时,切断电路进行保护。

(4)欠电流保护(一般在直流电路中)

保护特性:瞬动断开电源。

欠电流保护装置:欠电流继电器。

(5)断相保护(三角形接法)

保护特性:反时限特性。

断相保护装置:带断相保护的热继电器。

TIPS:

反时限保护特性是指保护装置的动作时间与短路电流的大小成反比。当流过继电器的电流越大时,其动作时间就越短;反之动作时间就越长。这种动作时限方式称为反时限,具有这一特性的继电器称为反时限过流继电器。

3.电压型保护

(1)失压保护

失压保护是指电源电压消失后,防止电压恢复时电动机自启动的保护。

自启动的危害:

①造成人身事故、设备事故。

②多台电动机自启动造成电网不允许的过电流及电压降。

失压保护装置:按钮和接触器(自锁)。

(2)欠电压保护

欠电压保护用于电源电压降低到 $0.6 \sim 0.8U_N$ 时,切断电源。

欠电压保护是为了防止电网电压的降低使电器释放,造成电路不正常而进行的保护。

欠压保护装置:按钮和接触器(自锁)、电压继电器。

电压继电器的吸合电压整定:$0.8 \sim 0.85U_{RT}$。

电压继电器的释放电压整定:$0.5 \sim 0.7U_{RT}$。

(3)过电压保护

过电压保护:为感性负载提供放电回路。

欠压保护装置:过电压继电器。

4.2.4　电动机长动控制电路设计与分析

1.电动机全压启动(直接启动)

全压启动:利用刀闸或交流接触器把三相异步电动机的定子绕组直接接到额定电压的电源上。根据电动机电气控制要求和低压电器控制系统的基本知识,设计三相异步电动机全压启动控制电路。

2.电动机长动控制电路分析

(1)电路的组成

主电路:由电源开关 QS、熔断器 FU1、热继电器 FR 的发热元件、交流接触器 KM 的主触头及三相异步电动机 M 组成。

控制电路:由熔断器 FU2、热继电器 FR 的动断触点、启动按钮 SB1、停止按钮 SB2、交流接触器 KM 的线圈及辅助触头组成。

电动机长动控制电路原理图如图 4-19 所示,其动画见教学动画资源包二维码。

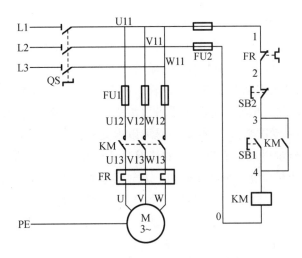

图 4-19　电动机长动控制电路原理图

(2)工作原理分析

合上电源开关 QS。

启动:合上电源开关 QS→按下启动按钮 SB1(有电流通过交流接触器 KM 线圈)→交流接触器 KM 线圈得电→交流接触器 KM 的主触头闭合、交流接触器 KM 辅助常开触头闭合(自锁)→电动机保持运转。

停止:按下停止按钮 SB2→交流接触器 KM 线圈失电→交流接触器 KM 的主触头断开、交流接触器 KM 辅助常开触头断开→电动机失电停转。

自锁:依靠接触器自身辅助常开触头而使线圈保持通电的控制方式,成为自锁控制,起自锁控制作用的辅助常开触点称为自锁触头。

(3)电路的保护环节分析

①短路保护:由熔断器 FU1、FU2 分别实现主电路与控制电路的短路保护。

②过载保护:热继电器 FR 实现电动机的长期过载保护。当电动机出现长期过载时,热继电器动作,串接在控制电路中的常闭触点断开,交流接触器 KM 线圈失电,使电动机脱离电源,实现过载保护。

③欠压保护:采用接触器自锁控制线路就可避免电动机欠压运行,这是因为当线路电压下降到一定值(一般指低于 85% 额定电压)时,接触器线圈两端的电压也同样下降到一定

值,从而使接触器线圈磁通减弱,产生的电磁吸力减小。当电磁吸力减小到小于反作用弹簧的拉力时,动铁芯被迫释放,带动主触头、自锁触头同时断开,自动切断主电路和控制电路,电动机失电停转,达到欠压保护的目的。

④失压(零压)保护:采用接触器自锁控制线路,由于接触器自锁触头和主触头在电源断电时已经断开,使控制电路和主电路都不能接通。所以在电源恢复供电时,电动机就不能自行启动运转,保证了人身和设备的安全。

3.电动机全压启动控制电路应用

电动机全压启动控制电路优点:启动方法简单,不需要专门的启动设备,操作方便,具有较大的启动转矩,能带额定负载启动。

电动机全压启动控制电路缺点:启动瞬间电动机的等效阻抗小,启动电流大,可达额定电流的 4~7 倍。当供电变压器的容量不大时,会使供电变压器的输出电压降低过多,进而影响到自身的启动和接在同一线路上的其他设备的正常工作。

尽管三相异步电动机启动时存在短时间较大的电流,但是三相异步电动机不存在换向问题,对于不频繁启动的三相异步电动机是可以承受的;对于频繁启动的三相异步电动机,只要限制每小时最高启动次数,这一缺点也是可以承受的。

综上所述,三相异步电动机直接启动的情况只适应于供电变压器容量较大,电动机容量小于 7.5 kW 的小容量鼠笼式异步电动机。对于大容量鼠笼式异步电动机和绕线式异步电动机可采用如下方法:①降低定子电压;②加大定子端电阻或电抗。对于绕线式异步电动机还可以采用加大转子端电阻或电抗的方法。对于鼠笼式异步电动机,可以在结构上采取措施,如增大转子导条的电阻,改进转子槽形。

职业素养:

1.电气元器件的安装与布线,一定要按照标准规范进行。

2.对于负责的电气控制系统,一定要先画出电气元器件布置图和电气安装接线图。

 思考:如果要求实现电动机的 A、B 两地启停控制,如何设计控制电路?

【任务实施】

4.2.5 电动机长动控制电路接线与调试

1.实训前的准备

①熟悉电动机基本控制线路的安装步骤和工艺要求。

②分析电气控制原理图,明确线路的构成与工作原理。

③根据任务要求选择合适的设备、工具及仪表,明确电气元器件的数目、种类和规格。

⑤检查电气元器件及电动机性能是否完好。

三相异步电动机长动
控制电路接线

⑥设计电气元器件布置图与安装接线图,如图4-20和图4-21所示。

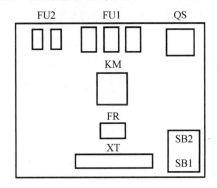

图4-20　电动机全压启动控制电气元器件布置图

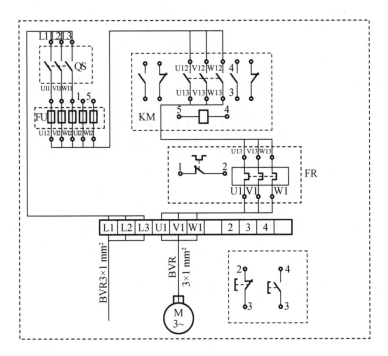

图4-21　电动机全压启动控制安装接线图

 TIPS:导线线径的选择

　　本任务中电动机的额定功率为4 kW,根据电动机配线口诀"1.5加2",即1.5 mm² 的铜芯塑料线,能配3.5 kW及以下的电动机。由于4 kW电动机接近3.5 kW的选取用范围,而且该口诀又有一定的余量,所以在电动机配线速查表中4 kW以下的电动机所选导线皆取1.5 mm²。因此主电路采用BV 1.5 mm²(黑色),控制电路采用BV 1 mm²(红色);按钮线采用BVR 0.75 mm²(红色),接地线采用BVR 1.5 mm²(绿/黄双色线)。

2.仪器和设备

电动机长动控制电路接线与调试的实训仪器和设备见表4-6。

表 4 – 6　实训仪器和设备

名称	代号	型号规格	数量
劳动保护用品	—	工作服、绝缘鞋、安全帽等	
三相四线电源		3 × 380 V/220 V、20 A	
三相异步电动机	M	Y – 112M – 4　4 kW、380 V、△接法	1
低压断路器	QF	DZ47 – 63 C25 脱钩器额定电流 25 A	1
螺旋式熔断器	FU1/ FU2	RL1 – 60/25 配熔体额定电流 25 A RL1 – 15/2 配熔体额定电流 2 A	3/2
交流接触器	KM	CJ10 – 20 线圈电压 380 V	1
热继电器	FR	JR16 – 20/3 整定电流 8.8 A	1
按钮	SB	LA10 – 3H 保护式 380 V、5 A	1
接线端子排	XT	JX2 – 1015 380 V、10 A、15 节	1
兆欧表(摇表)		5050 型 500 V、0 ~ 200 MΩ	1
万用表		M47 型万用表	1
钳形电流表		T301 – A　0 ~ 50 A	1
配线板		(650 × 500 × 50) mm	1
电工通用工具		验电笔、钢丝钳、螺丝刀、电工刀、尖嘴钳、活扳手、剥线钳等	1 套
塑料线槽、号码管			若干
导线			若干

3. 任务实施

根据基于工作过程的实施步骤,按照工作任务单(表 4 – 7),完成工作任务 4.2。

表 4 – 7　工作任务单

任务名称	三相异步电动机长动控制		指导教师	
姓名		班级	学号	
地点		组别	完成时间	
工作过程	实施步骤	学生活动		实施过程 跟踪记录
	资讯	1.电气控制系统图识读。 2.三相异步电动机长动控制电路工作原理。 3.电动机控制电路的保护环节		

表4-7(续)

实施步骤		学生活动	实施过程跟踪记录
工作过程	计划	1. 根据工作任务,确定需要收集的相关信息与资料 2. 分析工作任务,确定实训所需电气元器件、工具及仪器仪表 	器材名称	型号规格	数量
---	---	---
		| 3. 组建任务小组 组长: 组员: 4. 明确任务分工,制订任务实施计划表 | 任务内容	实施要点	负责人	时间
	决策	根据本任务所学的知识点与技能点,按照工作任务单,完成三相异步电动机长动控制电路的安装、接线与运行调试	
	实施	1. 准备实训器材,并检查电气元器件、仪器仪表及实训设备的完好。 2. 分析原理图,看懂线路图中各电气元器件之间的控制关系及连接顺序,正确描述控制工作原理。 3. 绘制电气元器件布置图和电气安装接线图。 4. 根据电器布置图规定位置,将电气元器件固定在安装接线板上。 5. 接线:从电源端起,根据电气原理图,按线号顺序做,先接主电路,然后接控制电路。 6. 根据原理图,进行接线检查,确保接线正确,接线端子牢固。 7. 上电调试运行。 8. 实训结束,拆除电气元器件,将实训器材按规定位置安放整齐,并整理工位	
检查与评价	检查	1. 根据提供的线路图,按照安全规范要求,正确利用工具和仪表,熟练完成电气元器件安装;元器件在配电板上布置合理,安装要准确。 2. 布线美观,电源和电动机配线、按钮接线要接到端子排上,进出线槽的导线要有端子标号	
	评价	根据考核评价表,完成本任务的考核评价	

4. 考核评价

根据考核评价表（表4-8），完成本任务的考核评价。

表4-8 考核评价表

姓名		班级		学号		组别		指导教师		
任务名称		三相异步电动机的长动控制				日期		总分		
考核项目	考核要求		评分标准				配分	自评	互评	师评
信息资讯	根据任务要求，课前做好充分的信息咨询，并做好记录；能够正确回答"资讯"环节布置的问题		课前信息咨询的记录				5			
			课中回答问题				5			
项目设计	按照工作过程"计划"与"决策"进行项目设计，项目实施方案合理		方案论证的充分性				5			
			方案设计的合理性				5			
电器元件选择与检测	正确选择电气元器件，并检查电气元器件性能完好		电气元器件选择不正确，每个扣1分 电气元器件错检或漏检，每个扣1分				5			
项目实施	根据电气原理图，按照标准规范，完成电气元器件的合理布局和正确接线，通电运行正常。		电气元器件布置合理，安装正确，错误1处扣2分				15			
			电气元器件电气连接正确，接线端子接线牢固可靠，不松动，没有露铜，错误1处扣2分				15			
			线路通电工作正常，1次不成功扣5分，若烧毁电气元器件此项不得分				15			
			项目完成时间与质量				10			
职业素养	具有较强的安全生产意识和岗位责任意识，遵守"6S"管理规范；规范使用电工工具与仪器仪表，具有团队合作意识和创新意识		"6S"规范				5			
			团队合作				5			
			创新能力与创新意识				5			
			工具与仪器仪表的使用和保护				5			
合计							100			

【技能拓展】

电气线路检查与调试运行

1. 电气线路检查

对照原理图、接线图，从电源端开始逐段核对端子接线的线号，排除漏接、错接现象，重点检查控制线路中易接错处的线号。检查所有端子上的接线的接触情况,用手一一摇动、拉拔端子上的接线,不允许有松脱现象。避免通电试车时因虚接造成麻烦,将故障排除在通电之前。

电阻测量法检查线路必须断电进行。电阻测量法可以分为分段测量法和分阶测量法。检查时,把万用表拨到电阻挡,若用分段测量法,就逐段测量各个触点之间的电阻。若所测电路并联了其他电路,测量时必须将被测电路与其他电路断开,如图4-22所示。

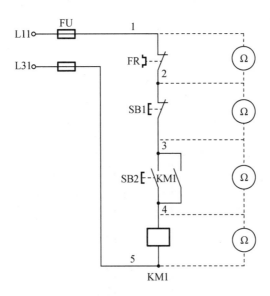

图4-22　电阻测量法检查线路原理图

手动模拟电器的操作动作,根据线路的动作来确定检查步骤和内容;若测得某两点间的电阻很大,说明该触点接触不良或导线断开,对于接触器线圈,其进出线两端的电阻值应与铭牌上标注的电阻值相符,若测得交流接触器KM1线圈间的电阻为无穷大,则线圈断线或接线脱落。若测得交流接触器KM1线圈间的电阻接近0,则线圈内部绝缘损坏,线圈可能短路。具体检查步骤如下。

(1)断开控制电路,检查主电路

断开电源开关,取下控制电路的熔断器的熔体,断开控制电路,用万用表检查下述内容:主电路不带负荷(电动机)时相间应绝缘;摘下灭弧罩,用手按下交流接触器主触点支架,检查接触器主触点动作的可靠性;正反转控制线路的电源换相线路及热继电器热元件是否良好、动作是否正常等。

(2)断开主电路,检查控制电路的动作情况

主要检查下列内容:控制电路的各个控制环节及自锁、联锁装置的动作情况及可靠性;与设备的运动部件联动的元器件(如行程开关、速度继电器等)动作的正确性和可靠性;保护电器动作的准确性等。

2.电动机空运行调试

先切除主电路(可断开主电路熔断器),装好控制电路熔断器,接通三相电源,使线路不

带负荷(电动机)通电操作,以检查辅助电路工作是否正常。

①操作各按钮检查它们对接触器、继电器的控制作用。

②检查接触器的自锁、联锁等控制作用。

③用绝缘棒操作行程开关,检查它的行程控制或限位控制作用。

④同时观察各电器操作动作的灵活性,有无过大的噪声,线圈有无过热等现象。

⑤在空操作试验时,若出现故障,可以采用电压测量法检查故障。电压测量法可以分为分段电压测量法和分阶电压测量法。

(1)分段电压测量法

分段电压测量法如图 4-23 所示。将万用表调到交流 500 V 挡,接通电源,按下启动按钮 SB2,正常时,交流接触器 KM1 吸合并自锁。

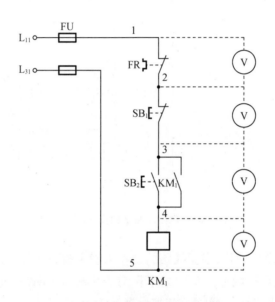

图 4-23 电压测量法检查线路

当触点有故障时,按下按钮 SB2,若交流接触器 KM1 不吸合,先测电源两端的电压,若测得电压为 380 V,说明电源电压正常,熔断器完好。接着测量各触点之间的电压,若测得热继电器触点之间的电压为 380 V,说明热继电器 FR 保护触点已经动作或接触不良,应检查触点本身是否接触不好或接线松脱。若测得交流接触器 KM1(3—4)之间电压为 380 V,则交流接触器 KM1 的触点没有吸合或连接导线断开,依此类推。当线圈有故障时,若各个触点之间的各段电压均为 0,交流接触器 KM1 线圈两端电压为 380 V,而交流接触器 KM1 不吸合,则故障是交流接触器 KM1 线圈或连接导线断开。

(2)分阶电压测量法

分阶电压测量法是将电压表的一根表笔固定在线路电源的一端,如图 4-23 中 5 点,另一根表笔依次按顺序接到 4,3,2,1 的每个接点上。正常时,电压表的读数为电源电压,若没有读数,说明连线断开,将电压表的表笔逐级上移,当移至某点,电压表的读数又为电源电压,说明该点以上的触点接线完好,故障点就是刚跨过的接点。

3.电动机带负荷运行调试

经教师检查无误后,通电试车。

(1)接通电源,合上电源开关 QS

(2)启停实验

按下启动按钮 SB1,交流接触器 KM 线圈得电,交流接触器 KM 主触头闭合,电动机 M 启动运转,松开启动按钮,电动机仍然运转,实现自锁控制,此时观察线路和电动机运行有无异常现象。按下停止按钮 SB2,交流接触器 KM 线圈失电,交流接触器 KM 主触头断开,电动机停止。

(3)模拟过载保护

人为将热继电器的动断接点断开,即可模拟电动机过载后热保护动作切断电动机控制回路,使电动机停止运行。

(4)模拟失压保护

断开电动机三相交流电源后,接触器失压后即返回,电动机停止运行,从而起到失压保护的作用,以备来电时重新启动。

(5)试验结束

①试验工作结束后,应切断电动机的三相交流电源。

②拆除控制线路、主电路和有关试验电器。

③将各电气设备和试验物品按规定位置安放整齐。

任务4.3　三相异步电动机顺序启动控制

【任务引入】

教学动画资源包

完成 CA6140 型车床的主轴电动机和冷却泵电动机的模拟运行控制,要求主轴电动机与冷却泵电动机有必要的联锁关系,即主轴电动机先转动,然后冷却泵电动机转动,主轴电动机停止时,冷却泵电动机马上停止。要求设计有相应的短路、过载、失压和欠压保护。完成元器件在接线板上的安装布置,并进行上电前的电路检测和运行调试。

【任务目标】

能够应用时间继电器设计延时控制电路,能够独立完成三相异步电动机顺序启动控制电路的安装、接线与运行调试。

【知识点】

1.闸刀开关的认识与选用。

2.时间继电器的认识与选用。

3.电动机顺序启动控制电路的设计与分析。

【技能点】

1. 能够对闸刀开关进行合理选型和安装接线。
2. 能够对时间继电器进行合理选型及安装接线。
3. 能够应用时间继电器设计延时控制电路。
4. 能够根据工艺要求对电动机顺序启动控制电路进行安装、接线与调试。

【知识链接】

4.3.1 闸刀开关的认识与选用

1. 闸刀开关的作用

闸刀开关(图4-24)是一种手动配电电器,主要用来隔离电源或手动接通与断开交直流电路,也可用于不频繁地接通与分断额定电流以下的负载,如小型电动机、电炉等。

2. 闸刀开关结构

闸刀开关的结构图及电气符号如图4-25所示。闸刀开关有的装有保险丝,起到短路保护作用。闸刀开关在使用时必须有胶盖,胶盖的主要作用有:①避免操作人员触及带电部分;②将各极隔开,防止因极间飞弧导致电源短路;③防止电弧飞出盖外,灼伤操作人员。

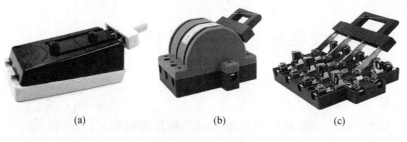

(a)　　　　　(b)　　　　　(c)

图4-24　闸刀开关

闸刀开关的认知

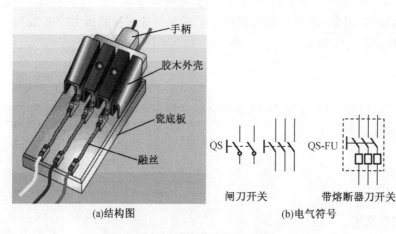

(a)结构图　　　　　(b)电气符号

图4-25　闸刀开关结构图及电气符号

闸刀开关结构原理

3. 闸刀开关技术参数与选择

闸刀开关种类很多,有两极的(额定电压250 V)和三极的(额定电压380 V),额定电流由10 A至100 A不等,其中60 A及以下的用来控制电动机。常用的闸刀开关型号有HK1、HK2系列。HK系列闸刀开关型号规格如图4-26所示。表4-9列出了HK1、HK2系列部分技术数据。

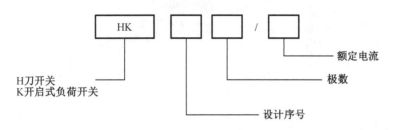

图 4 - 26　HK 系列闸刀开关型号规格

表 4 - 9　HK1、HK2 系列部分技术数据

型号	额定电流/A	极数	额定电压/V	可控制电动机容量/kW	配熔丝线径/mm
HK1	15	2	220	1.5	1.45 ~ 1.59
	30			3.0	2.30 ~ 2.52
	60			4.5	3.36 ~ 4.00
	15	3	380	2.2	1.45 ~ 1.59
	30			4.0	2.30 ~ 2.52
	60			5.5	3.36 ~ 4.00
HK2	10	2	220	1.1	0.25
	15			1.5	0.41
	30			3.0	0.56
	10	3	380	2.2	0.45
	15			4.0	0.71
	30			5.5	1.12

正常情况下,对于普通负载,可根据负载的额定电流来选择闸刀开关的额定电流。对于用闸刀开关控制电动机时,考虑其启动电流可达额定电流的4 ~ 7倍,闸刀开关的额定电流,宜选电动机额定电流的3倍左右。

4. 闸刀开关安装(图4 - 27)

安装时底板应垂直于地面,手柄应向上合闸。不能倒装或平装,因为闸刀在切断电源时,刀片和夹座之间会产生电弧(电火花),将手柄向上合闸时,在电弧的电磁力和上升热空气的作用下,向上拉长而易于熄灭。倒装时,当闸刀拉开后,因受某种震动或闸刀的自重,使闸刀自动落下,引起失误合闸,会使断电部分重新带电,影响安全。

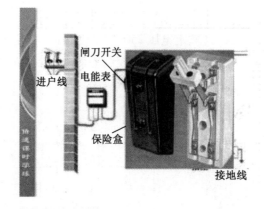

图 4-27　闸刀开关安装

5. 闸刀开关接线

应把电源接在开关上方的进线座上,电动机等负载的引线接到下方的出线座上。接线时还应将螺丝拧紧,否则当电流通过导线连接处时因接触电阻大而产生高温,使接触弹片"退火"(降低金属硬度),引起接触不良或打火事故,严重时会引起火灾,烧坏负载。在实际操作中,因接触螺钉松动而引起三相负载单相运行的事故很多,应特别注意。

职业素养:

　　1. 闸刀开关打开胶盖,进行更换保险丝或检修时,要防止金属零件掉落在闸刀上形成极间短路。

　　2. 闸刀开关不可倒装,否则当闸刀拉开后,因受某种震动或闸刀的自重,使闸刀自动落下,引起失误合闸,会使断电部分重新带电,影响安全。

　　3. 应把电源接在开关上方的进线座上,电动机等负载的引线接到下方的出线座上,这样当闸刀拉开后,更换熔丝时就不会发生触电事故。

4.3.2　继电器的认识

1. 继电器的作用与结构特点

继电器是根据某些信号的变化来接通或断开小电流控制电路,实现远距离控制和保护的自动控制电器。继电器和接触器的结构和工作原理大致相同。二者的主要区别在于:接触器的主触点可以通过大电流;继电器的触点容量小,触点数目多,且只能通过小电流。所以,继电器一般用于控制电路中。

2. 继电器的工作原理

继电器一般由感测机构、中间机构和执行机构三个基本部分组成。一般来说,继电器通过测量环节输入外部信号(比如电压、电流等电量或温度、压力、速度等非电量)并传递给中间机构,将它与设定值(即整定值)进行比较,当达到设定值时(过量或欠量),中间机构就使执行机构产生输出动作,从而闭合或分断电路,达到控制电路的目的。

3.继电器分类

继电器的种类很多,按输入信号的性质分为电压继电器、电流继电器、时间继电器、热继电器、速度继电器、压力继电器等;按输出形式分为有触点继电器和无触点继电器两类;按用途分为控制用继电器与保护用继电器等。

4.电压继电器与电流继电器

电压继电器/电流继电器通过与设定值比较自动判断工作电压(电流)是否超限,控制执行元件(触点)分断电路,来达到保护工作电路的目的。电压继电器与电流继电器图形符号如图4-28所示。

(1)电压继电器

电压继电器用于电力拖动系统的电压保护和控制。其线圈并联接入主电路,感测主电路的线路电压,触点接于控制电路,为执行元件。按吸合电压的大小,电压继电器可分为过电压继电器和欠电压继电器,分别用于电路的过电压保护和欠电压保护。

(2)电流继电器

电流继电器用于电力拖动系统的电流保护和控制。其线圈串联接入主电路,用来感测主电路中线路电流的变化,触点接入控制电路,为执行元件。常用的电流继电器有过电流继电器和欠电流继电器,分别用于电路的过电流保护和欠电流保护。

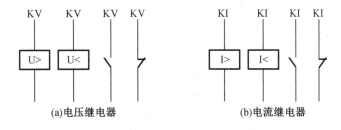

图4-28　电压继电器与电流继电器图形符号

4.3.3　时间继电器的认识与选用

1.时间继电器认识

时间继电器是利用电磁原理或机械动作原理实现触点延时接通或断开的自动控制电器。时间继电器从得到输入信号(线圈通电或断电)起,经过一段时间延时后才动作,适用于定时控制。其按照原理分为电磁式时间继电器、电动式时间继电器、空气阻尼式时间继电器、晶体管时间继电器、电子式时间继电器等;按照延时分为通电延时时间继电器和断电延时时间继电器。时间继电器的

时间继电器结构原理

外形及型号规格如图4-29所示。时间继电器原理动画见教学动画资源包二维码。

通电延时时间继电器工作原理:线圈得电时,延时常闭触头延时断开,延时常开触头延时闭合。线圈失电时,延时常闭触头立即恢复闭合,延时常开触头立即恢复断开。其电路符号如图4-30所示。

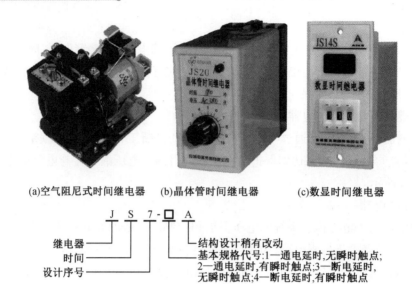

(a)空气阻尼式时间继电器　　(b)晶体管时间继电器　　(c)数显时间继电器

图 4 – 29　时间继电器的外形及型号规格

通电延时线圈　　线圈通电延时闭合常开触头　　线圈通电延时断开常闭触头　　常开触头　　常闭触头

图 4 – 30　通电延时时间继电器电路符号

断电延时时间继电器工作原理:线圈得电时,延时常闭触头立即断开,延时常开触头立即闭合。线圈失电时,延时常闭触头延时恢复闭合,延时常开触头延时恢复断开。其电路符号如图 4 – 31 所示。

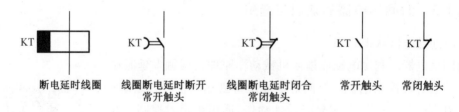

断电延时线圈　　线圈断电延时断开常开触头　　线圈断电延时闭合常闭触头　　常开触头　　常闭触头

图 4 – 31　断电延时时间继电器电路符号

2. 几种时间继电器特性比较

电磁式时间继电器:结构简单,价格低廉,延时较短,且只能用于直流断电延时。

电动式时间继电器:延时精度高,延时范围大(可达几十小时),价格贵。

空气阻尼式时间继电器:结构简单,价格低廉,延时范围较大(0.4 ~ 180 s),有通电延时和断电延时两种,延时误差大。

晶体管时间继电器:延时范围(几分钟 ~ 几十分钟)比空气阻尼式时间继电器长,比电动式时间继电器短;延时精度比空气阻尼式时间继电器好,比电动式时间继电器略差。

3. 时间继电器选用原则

①根据系统的延时范围和精度选择时间继电器的类型和系列。在延时精度要求不高的场合,可选用空气阻尼式时间继电器;在延时精度要求高、延时范围要求较大的场合,可选用晶体管时间继电器。目前电气设备中较多使用晶体管时间继电器。

②根据控制电路的要求选择时间继电器的延时方式(通电延时型或断电延时型)。

③时间继电器电磁线圈的电压应与控制电路电压等级相同。

TIPS:

在设计利用时间继电器进行延时控制动作的电路时要注意:在定时任务完成后,要将时间继电器线圈断电,否则时间继电器线圈长时间得电,一方面造成电能的浪费,另一方面,造成线圈发热,影响使用寿命。

4.3.4　两台电动机顺序启动控制电路的设计与分析

在装有多台电动机的生产机械上,各电动机所起的作用是不同的,有时须按一定的顺序启动或停止,才能保证操作过程的合理和工作的安全可靠。例如,CA6140 型车床的主轴电动机转动后,冷却泵电动机才能再启动;X62W 型万能铣床上要求主轴电动机启动后,进给电动机才能启动;M7130 型平面磨床的冷却泵电动机,要求当砂轮电动机启动后才能启动。像这种要求几台电动机的启动或停止必须按一定的先后顺序来完成的控制方式,叫作电动机的顺序控制。

如图 4 - 32 所示,电路采用了时间继电器,属于按时间顺序控制的电路。时间继电器的延时时间可调,即可预置电动机 M1 启动 n 秒后电动机 M2 再启动。

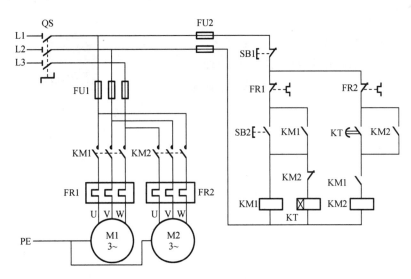

图 4 - 32　两台电动机顺序启动控制电路

两台电动机顺序启
动电气控制原理

工作过程分析:合上电源开关 QS,按下启动按钮 SB2,交流接触器 KM1 线圈、时间继电器 KT 线圈同时通电,且由交流接触器 KM1 辅助常开触点形成自锁,电动机 M1 启动。延时 n 秒时间到,时间继电器 KT 延时闭合触点闭合,交流接触器 KM2 线圈通电并自锁,电动机 M2 启动,同时交流接触器 KM2 的常闭触点断开,切断时间继电器 KT 线圈支路,完成电动机 M1、M2 按预定时间的顺序启动控制。

 思考:图 4-32 中两台电动机顺序启停控制电路中,时间继电器 KT 线圈上面交流接触器 KM2 的作用是什么?

职业素养:

1. 为了使延时控制电路时间控制准确可靠,时间继电器在使用前,应该进行严格检查,尤其对于空气阻尼式时间继电器。

2. 时间继电器有通电延时时间继电器和断电延时时间继电器,其控制延时效果不同,使用时不能选错。

3. 控制电路设计要尽量减少电器的数量,采用标准件,并尽可能选用相同的型号;

4. 控制电路应减少不必要的触点,以简化电路;

5. 控制电路在工作时,除必要的电器需通电外,其余的尽量不通电,以节约电能。

【任务实施】

4.3.5　两台电动机顺序启动控制电路接线与调试

1. 实训前的准备

①熟悉电动机基本控制线路的安装步骤和工艺要求。

②分析电气控制原理图,明确线路的构成与工作原理。

③根据任务要求选择合适的设备、工具及仪表,明确电气元器件的数目、种类和规格。

④检查电气元器件及电动机性能是否完好。

⑤设计电气安装接线图,如图 4-33 所示。

2. 仪器和设备

两台电动机顺序启动控制电路接线与调试的实训仪器和设备见表 4-10。

两台电动机顺序启动
控制电路接线

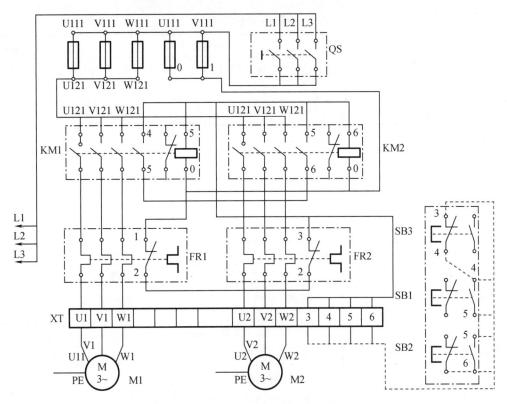

图4-33 两台电动机顺序启动安装接线图

表4-10 实训仪器和设备表

名称	代号	型号规格	数量
劳动保护用品		工作服、绝缘鞋、安全帽等	
三相四线电源		3×380 V/220 V、20 A	
三相异步电动机	M	Y-112M-4 4 kW、380 V、△接法	1
电源隔离开关	QS	HZ10-25-3 额定电流25 A	1
低压断路器	QF	DZ47-63 C25 脱钩器额定电流25 A	1
螺旋式熔断器	FU1/ FU2	RL1-60/25 配熔体额定电流25 A RL1-15/2 配熔体额定电流2 A	3/2
交流接触器	KM	CJ10-20 线圈电压380 V	1
热继电器	FR	JR16-20/3 整定电流8.8 A	1
按钮	SB	LA10-3H 保护式380 V、5 A	1
接线端子排	XT	JX2-1015 380 V、10 A、15 节	1
兆欧表(摇表)		5050型 500 V、0~200 MΩ	1
万用表		M47型万用表	1
钳形电流表		T301-A 0~50 A	1
配线板		(650×500×50)mm	1

表4-10(续)

名称	代号	型号规格	数量
电工通用工具		验电笔、钢丝钳、螺丝刀、电工刀、尖嘴钳、活扳手、剥线钳等	1套
塑料线槽、号码管			若干
导线			若干

3.任务实施

根据基于工作过程的实施步骤,按照工作任务单(表4-11),完成工作任务4.3。

表4-11 工作任务单

任务名称		三相异步电动机顺序启动控制		指导教师	
姓名		班级		学号	
地点		组别		完成时间	
工作过程	实施步骤	学生活动			实施过程跟踪记录
	资讯	1.时间继电器的认识。 2.三相异步电动机顺序启动控制电路工作原理			
	计划	1.根据工作任务,确定需要收集的相关信息与资料 2.分析工作任务,确定实训所需电气元器件、工具及仪器仪表 器材名称|型号规格|数量 3.组建任务小组 组长: 组员: 4.明确任务分工,制订任务实施计划表 任务内容|实施要点|负责人|时间			
	决策	根据本任务所学的知识点与技能点,按照工作任务单,完成两台电动机顺序启动控制电路的安装、接线与运行调试			

表 4 –11（续）

	实施步骤	学生活动	实施过程跟踪记录
工作过程	实施	1. 准备实训器材,并检查电气元器件、仪器仪表及实训设备的完好。 2. 分析原理图,看懂线路图中各电气元器件之间的控制关系及连接顺序,正确描述控制工作原理。 3. 绘制电气元器件布置图和电气安装接线图。 4. 根据电器布置图规定位置,将电气元器件固定在安装接线板上。 5. 接线:从电源端起,根据电气原理图,按线号顺序做,先接主电路,然后接控制电路。 6. 根据原理图,进行接线检查,确保接线正确,接线端子牢固。 7. 上电调试运行。 8. 实训结束,拆除电气元器件,将实训器材按规定位置安放整齐,并整理工位	
检查与评价	检查	1. 根据提供的线路图,按照安全规范要求,正确利用工具和仪表,熟练完成电气元器件安装;元器件在配电板上布置合理,安装要准确。 2. 布线美观,电源和电动机配线、按钮接线要接到端子排上,进出线槽的导线要有端子标号	
	评价	根据考核评价表,完成本任务的考核评价	

4. 考核评价

根据考核评价表(表 4 – 12),完成本任务的考核评价。

表 4 – 12　考核评价表

姓名		班级		学号		组别		指导教师			
任务名称		三相异步电动机顺序启动控制				日期		总分			
考核项目	考核要求		评分标准				配分	自评	互评	师评	
信息资讯	根据任务要求,课前做好充分的信息咨询,并做好记录;能够正确回答"资讯"环节布置的问题		课前信息咨询的记录				5				
			课中回答问题				5				
项目设计	按照工作过程"计划"与"决策"进行项目设计,项目实施方案合理		方案论证的充分性				5				
			方案设计的合理性				5				

表 4 - 12（续）

考核项目	考核要求	评分标准	配分	自评	互评	师评
电器元件选择与检测	正确选择电气元器件,并检查电气元器件性能完好	电气元器件选择不正确,每个扣1分 电气元器件错检或漏检,每个扣1分	5			
项目实施	根据电气原理图,按照标准规范,完成电气元器件的合理布局和正确接线,通电运行正常	电气元器件布置合理,安装正确,错误1处扣2分	15			
		电气元器件电气连接正确,接线端子接线牢固可靠,不松动,没有露铜,错误1处扣2分	15			
		线路通电工作正常,1次不成功扣5分,若烧毁电气元器件此项不得分	15			
		项目完成时间与质量	10			
职业素养	具有较强的安全生产意识和岗位责任意识,遵守"6S"管理规范;规范使用电工工具与仪器仪表,具有团队合作意识和创新意识	"6S"规范	5			
		团队合作	5			
		创新能力与创新意识	5			
		工具与仪器仪表的使用和保护	5			
合计			100			

任务4.4　三相异步电动机正反转控制

【任务引入】

安装并调试三相异步电动机正反转控制电路。控制要求:按下正转启动按钮,电动机连续正转工作,按下反转启动按钮,电动机连续反转工作,并且正反转可以直接转换,按下停止按钮,电动机停转。控制系统要求有完善的短路保护、过载保护、失压保护及欠压保护措施。

教学动画资源包

【任务目标】

掌握电动机正反转控制原理,能够独立完成三相异步电动机正反转控制电路的安装、接线与运行调试。

【知识点】

1. 万能转换开关的认识与选用。

2. 行程开关的认识与选用。

3.电动机正反转控制电路的实现。

4.电动机正反转控制电路的设计与分析。

【技能点】

1.能够对万能转换开关进行合理选型和安装接线。

2.能够对行程开关进行合理选型和安装接线。

3.能够对电动机的正反转控制电路进行安装、接线和运行调试。

4.能够检修电动机正反转控制电路常见电气故障。

【知识链接】

4.4.1　万能转换开关

万能转换开关是一种多挡式、控制多回路的主令电器。万能转换开关主要用于各种控制线路的转换,电压表、电流表的换相测量控制,配电装置线路的转换和遥控等。万能转换开关还可以用于直接控制小容量电动机的启动、调速和换向。如图4-34所示为万能转换开关外形和单层结构示意图。万能转换开关原理动画见教学动画资源包二维码。

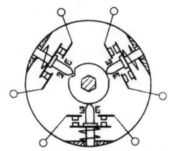

(a)万能转换开关外形　　　　　　(b)万能转换开关单层结构示意图

图4-34　万能转换开关外形和单层结构示意图

万能转换开关的常用产品有 LW5 和 LW6 系列。LW5 系列可控制 5.5 kW 及以下的小容量电动机,LW6 系列只能控制 2.2 kW 及以下的小容量电动机。万能转换开关由于其触点的数量多,其触点的分合状态与操作手柄的位置有关,所以在电路图中触点的闭合或断开是采用展开图来表示的。操作手柄的位置用虚线表示,虚线上的黑圆点表示操作手柄转到此位置时,该对触点闭合;如无黑圆点,表示该对触点断开。

此外,还应表示出操作手柄与触点分合状态的关系,即需要列出“触点闭合表”,表中用“×”表示触点闭合,无此标记表示触点断开。其图形符号和触点闭合情况如图4-35所示。当万能转换开关打向左45°时,触点1-2、3-4、5-6闭合,触点7-8打开;打向0°时,只有触点5-6闭合;打向右45°时,触点7-8闭合,其余打开。

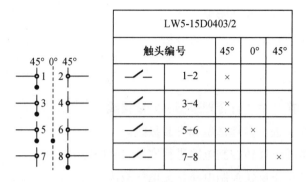

图 4-35　万能转换开关的图形符号与触点闭合情况

4.4.2　行程开关

　　行程开关是位置控制开关,是利用运动部件的撞击来闭合和切断控制电路,从而实现工作机械的运动行程控制,行程开关广泛用于各类机床和起重机械中以控制其行程。

　　行程开关作用与按钮开关相同,只是其触点的动作不是靠手动来完成,而是利用生产机械运动部件的碰撞使其触点动作来接通或者分断电路,从而限定机械运动的行程、位置或改变机械运动部件的运动方向和状态,达到自动控制的目的。

　　行程开关按其结构可分为按钮式、单轮式和双轮式等,也有常开触点和常闭触点。滚轮式行程开关动作原理:当运动部件与滚轮相撞时,压下滚轮,发出触点通断的信号。行程开关在选用时,主要根据被控电路的特点、机械位置对开关形式的要求和控制线路对触点的数量要求,以及电流、电压等级来确定其种类和型号。

　　行程开关的外形、电路符号及型号规格如图 4-36 所示。行程开关结构原理动画见教学动画资源包二维码。

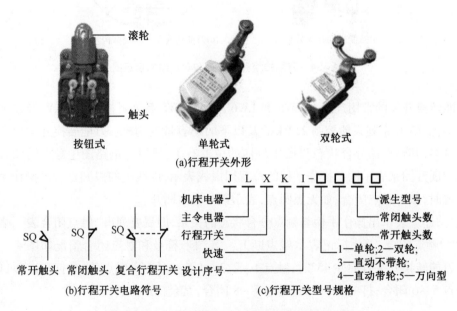

图 4-36　行程开关的外形、电路符号及型号规格

TIPS：

行程开关主要有两方面应用,一种是作为行程保护或行程限定使用,此时一般要接行程开关的常闭触点,当运动部件触碰到行程开关后,断开运动控制电路。第二种是作为原点开关,此时应接行程开关的常开触点。

4.4.3 三相异步电动机正反转手动控制

1. 正反转控制电路的实现

生产机械的运动部件往往要求实现正反两个方向的运动,例如铣床工作台的前进与后退、主轴的正转与反转、磨床砂轮架的升降和起重机的提升与下降等,这就要求电气传动系统中的电动机可做正反向运转。

对于三相异步电动机来说,要实现正反转控制,只要改变接入电动机三相电源的相序即可。控制系统的短路保护、过载保护、失压保护及欠压保护与电动机全压启动控制电路相同。电动机正反转控制原理图如图 4-37 所示。

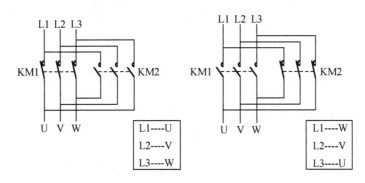

图 4-37 电动机正反转控制原理图

2. 三相异步电动机正反转手动控制电路设计与分析

图 4-38 所示为电动机正反转手动开关控制电路。图中转换开关 SA 有 4 对触点、3 个工作位置。当 SA 置于上方、下方不同位置时,通过其触点改变三相电源相序,从而改变电动机的旋转方向。

3. 控制电路分析

正反转控制:按下启动按钮 SB2,交流接触器 KM 线圈得电并自锁,将手动转换开关置于上方,三相电源的相序按 L1、L2、L3 接入电动机,电动机正转。将手动转换开关置于下方,三相电源的相序按 L3、L2、L1 接入电动机,电动机反转。

停止过程:按下停止按钮 SB1,交流接触器 KM 线圈断电,与启动按钮 SB2 并联的交流接触器 KM 的辅助触点断开,串联在电动机回路中的交流接触器 KM 的主触点断开,切断电动机定子电源,电动机停转。

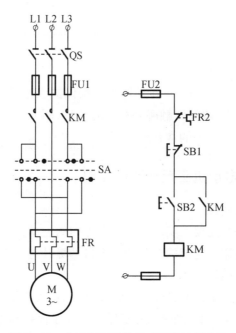

图 4-38　电动机正反转手动开关控制电路

电动机的短时停止:将手动转换开关置于中间位置,三相电源与电动机定子断开,电动机停止。但这时接触器线圈仍然有电,若长时间停机,需要按下停止按钮 SB1。

注意事项:注意转换时的间歇时间,不可在转子正保持惯性正向旋转时立即启动反转,要尽量等转子停止转动后再逆向启动,防止启动阻力大导致线圈发热甚至烧毁电动机。

4.4.4　三相异步电动机正反转电气互锁控制

1.控制电路设计

三相异步电动机正反转电气互锁(接触器联锁)控制电路如图 4-39 所示。

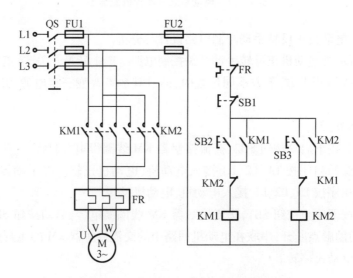

图 4-39　电动机正反转电气互锁控制电路

2. 控制电路分析

(1)电气互锁(接触器联锁)控制

交流接触器 KM1 与 KM2 常闭触点分别串接在对方线圈电路中,确保交流接触器 KM1 和 KM2 线圈不能同时通电,形成相互制约的控制,这种控制称为互锁或联锁控制。利用交流接触器常闭触点,在控制线路中一条电路接通,而保证另一条电路断开的互锁控制,称为电气互锁,也称为接触器联锁。

(2)控制电路分析

图 4－39 中采用两个交流接触器,即正转用的交流接触器 KM1 和反转用的交流接触器 KM2。当交流接触器 KM1 的 3 对主触头接通时,三相电源的相序按 L1、L2、L3 接入电动机。而当交流接触器 KM2 的 3 个主触头接通时,三相电源的相序按 L3、L2、L1 接入电动机,电动机即反转。

线路要求交流接触器 KM1 和 KM2 不能同时得电,否则它们的主触点就会一起闭合,将造成 L1 和 L3 两相电源短路,为此在交流接触器 KM1 和 KM2 线圈各自支路中相互串联一个动断辅助触点,以保证交流接触器 KM1 和 KM2 的线圈不会同时得电。交流接触器 KM1 和 KM2 这两个动断辅助触点在线路中所起的作用称作联锁或互锁作用,这两个动断触点就称作联锁或互锁触点。

正向启动过程:按下启动按钮 SB2,交流接触器 KM1 线圈通电,与启动按钮 SB2 并联的交流接触器 KM1 的辅助常开触点闭合,以保证交流接触器 KM1 线圈持续通电,串联在电动机回路中的交流接触器 KM1 的主触点持续闭合,电动机 M 连续正向运转。同时交流接触器 KM1 的联锁触点断开,保证交流接触器 KM2 线圈断电。

停止过程:按下停止按钮 SB1,交流接触器 KM1 线圈断电,与启动按钮 SB2 并联的交流接触器 KM1 的辅助触点断开,以保证交流接触器 KM1 线圈持续失电,串联在电动机回路中的交流接触器 KM1 的主触点持续断开,切断电动机定子电源,电动机 M 停转。

反向启动过程:按下反转按钮 SB3,交流接触器 KM2 线圈通电,与反转按钮 SB3 并联的交流接触器 KM2 的辅助常开触点闭合,以保证交流接触器 KM2 线圈持续通电,串联在电动机回路中的交流接触器 KM2 的主触点持续闭合,电动机 M 连续反向运转。同时交流接触器 KM2 的联锁触点断开,保证交流接触器 KM1 线圈断电。

这种线路的缺点是操作不方便,因为要改变电动机的转向,必须先按停止按钮 SB1,再按反转按钮 SB3 才能使电动机反转。因电气互锁控制电路只能实现电动机的正转→停止→反转的控制,使正反转切换操作很不方便。

4.4.5　三相异步电动机正反转机械互锁控制电路设计与分析

1. 控制电路设计

利用机械按钮,在控制电路中保证一条电路接通而另一条电路断开的互锁控制,称为按钮互锁或机械互锁。它是将正反转启动按钮常闭触点串入对方接触器线圈电路中的一种互锁控制,这种控制线路可实现电动机正反转直接转换。三相异步电动机正反转机械互锁(按钮联锁)控制电路如图 4－40 所示。

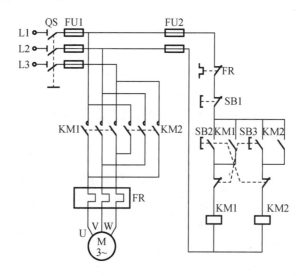

图4-40 三相异步电动机正反转机械互锁控制电路

2. 控制电路分析

（1）正转→停止→反转控制

正向启动过程：按下启动按钮 SB2，交流接触器 KM1 线圈通电，与启动按钮 SB2 并联的交流接触器 KM1 的辅助常开触点闭合，以保证交流接触器 KM1 线圈持续通电，串联在电动机回路中的交流接触器 KM1 的主触点持续闭合，电动机 M 连续正向运转。同时串联在交流接触器 KM2 线圈电路中的启动按钮 SB2 断开，保证交流接触器 KM2 线圈断电。

停止过程：按下停止按钮 SB1，交流接触器 KM1 线圈断电，与启动按钮 SB2 并联的交流接触器 KM1 的辅助触点断开，以保证交流接触器 KM1 线圈持续失电，串联在电动机回路中的交流接触器 KM1 的主触点持续断开，切断电动机定子电源，电动机 M 停转。

反向启动过程：按下反转按钮 SB3，交流接触器 KM2 线圈通电，与反转按钮 SB3 并联的交流接触器 KM2 的辅助常开触点闭合，以保证交流接触器 KM2 线圈持续通电，串联在电动机回路中的交流接触器 KM2 的主触点持续闭合，电动机 M 连续反向运转。同时串联在交流接触器 KM1 线圈电路中的反转按钮 SB3 断开，保证交流接触器 KM1 线圈断电。

（2）正反转直接转换控制

由于采用了复合按钮，即当按下反转按钮 SB3 时，则使接在正转控制线路中的反转按钮 SB3 动断触点先断开，正转交流接触器 KM1 线圈失电，其主触点断开，电动机 M 断电。接着反转按钮 SB3 的动合触点闭合，使反转交流接触器 KM2 线圈得电，其主触点闭合，电动机 M 反转启动。这样既保证了正反转交流接触器 KM1 和 KM2 失电，又可不按停止按钮 SB1 而直接按反转按钮 SB3 进行反转启动。由反转运行转换成正转运行，直接按正转启动按钮 SB2 即可。

这种线路的优点是操作方便，缺点是易产生短路故障。如正转交流接触器 KM1 主触点发生熔焊故障而分断不开时，若按反转按钮 SB3 进行换向，则会产生短路故障。

4.4.6　三相异步电动机正反转双重互锁控制电路分析

1. 控制电路设计

根据电动机电气控制要求和低压电器控制系统的基本知识,设计三相异步电动机正反转双重互锁控制电路,如图4-41所示。电动机正反转双重互锁控制电路演示动画见教学动画资源包二维码。

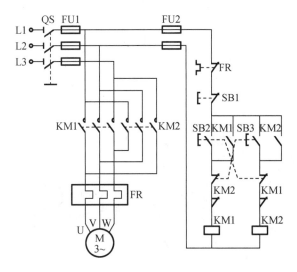

电动机正反转双重互锁控制电路原理分析

图4-41　三相异步电动机正反转双重互锁控制电路

2. 控制电路分析

电动机正反转控制电路既有电气互锁(接触器联锁),又有机械互锁(按钮),所以称为具有双重互锁的电动机正反转控制电路。由于电气互锁控制电路不能实现电动机正反转的直接切换,而机械互锁电路易出现短路故障,所以在电力拖动控制系统中普遍采用双重互锁的电动机正反转控制电路。这个电路是把上述两个电路的优点结合起来,即可以不按停止按钮而直接按反转按钮进行反向启动,而且,当正转交流接触器发生熔焊故障时又不会发生相间短路故障。

　思考:电动机正反转双重互锁控制电路中,当主触点熔焊时,是否可以发生短路故障?

【实例分析】

在生产中,某些机床的工作台需要自动往复运动。自动往复运动通常是利用行程开关来检测往复运动的相对位置,进而控制电动机的正反转来实现控制。根据图4-42的控制要求,设计机床工作台自动往复运动控制电路。

1. 控制电路设计

根据图4-42,行程开关SQ1、SQ2分别安装在机身两端,用来确定加工的起点与终点。撞块A和B固定在工作台上,跟随工作台一起移动,分别压下行程开关SQ1、SQ2,从而改变控制电路的通断状态,由此实现电动机的正反向运转,实施工作台的往复运动。开关 SQ3、SQ4 为极限保护开关。根据控制要求,设计机床工作台自动往复运动控制电路如图 4-43 所示。机床工作台自动往复运动控制电路原理动画见教学动画资源包二维码。

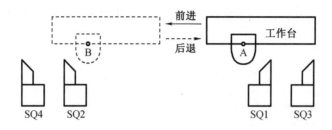

图 4-42　机床工作台自动往复运动示意图

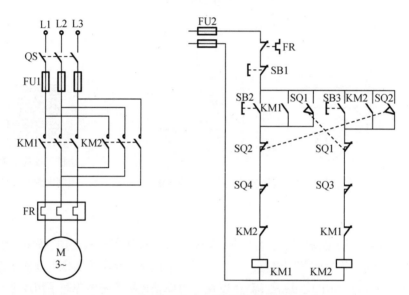

图 4-43　机床工作台自动往复运动控制电路

2. 控制电路分析

(1)启动与前进

合上电源开关 QS,按下正转启动按钮 SB2,交流接触器 KM1 线圈得电并自锁,电动机 M 正转,工作台前进。

(2)正向换向

当前进到位时,撞块 B 压下行程开关 SQ2,其常闭触点断开、常开触点闭合,使交流接触器 KM1 线圈断电、交流接触器 KM2 线圈通电并自锁,电动机 M 由正转变为反转,工作台后退。

(3)后退换向

当后退到位时,撞块 A 压下行程开关 SQ1,使交流接触器 KM2 断电、交流接触器 KM1 通电并自锁,电动机 M 由反转变为正转,工作台又前进,如此周而复始自动往复工作。

(4)停止与限位保护

按下停止按钮 SB1,电动机 M 停止工作,工作台停止运动。当行程开关 SQ1 或 SQ2 失灵时,则由极限保护开关 SQ3 或 SQ4 实现保护,避免工作台超出极限位置而发生事故。

职业素养:

　1.电动机正反转控制电路需要用两个交流接触器,将任意两个相线进行调换,如果接错,很容易造成相间短路,因此接线后一定要按照电气原理图,用万用表检查无误后,方可通电。

　2.注意交流电压线圈通常不能串联使用,即使是两个同型号电压线圈也不能串联后接在两倍线圈额定电压的交流电源上,以免电压分配不均引起工作不可靠。

【任务实施】

4.4.7 三相异步电动机正反转控制电路接线与调试

1.实训前的准备

①熟悉电动机基本控制线路的安装步骤和工艺要求。

②分析电气控制原理图,明确线路的构成与工作原理。

③根据任务要求选择合适的设备、工具及仪表,明确电气元器件的数目、种类和规格。

④检查电气元器件及电动机性能是否完好。

⑤设计电气安装接线图,如图 4-44 所示。

三相异步电动机正反转
控制电路接线

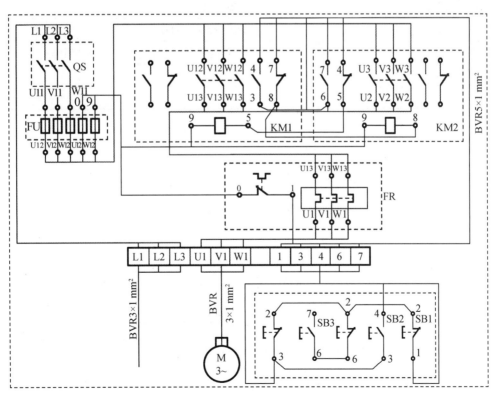

图 4-44 三相异步电动机正反转控制安装接线图

2. 仪器和设备

三相异步电动机正反转控制电路接线与调试的实训仪器和设备见表4-13。

表4-13 实训仪器和设备表

名称	代号	型号规格	数量
劳动保护用品		工作服、绝缘鞋、安全帽等	
三相四线电源		3×380 V/220 V、20 A	
三相异步电动机	M	Y-112M-4 4 kW、380 V、△接法	2
电源隔离开关	QS	HZ10-25-3 额定电流25 A	1
低压断路器	QF	DZ47-63 C25 脱钩器额定电流25 A	1
螺旋式熔断器	FU1/ FU2	RL1-60/25 配熔体额定电流25 A RL1-15/2 配熔体额定电流2 A	3/2
交流接触器	KM	CJ10-20 线圈电压380 V	2
热继电器	FR	JR16-20/3 整定电流8.8 A	1
按钮	SB	LA10-3H 保护式380 V、5 A	1
接线端子排	XT	JX2-1015 380 V、10 A、15 节	1
兆欧表(摇表)		5050 型 500 V、0~200 MΩ	1
万用表		M47 型万用表	1
钳形电流表		T301-A 0~50 A	1
配线板		(650×500×50)mm	1
电工通用工具		验电笔、钢丝钳、螺丝刀、电工刀、尖嘴钳、活扳手、剥线钳等	1 套
塑料线槽、号码管			若干
导线			若干

3. 任务实施

根据基于工作过程的实施步骤,按照工作任务单(表4-14),完成工作任务4.4。

表4-14 工作任务单

任务名称	三相异步电动机正反转控制		指导教师	
姓名		班级	学号	
地点		组别	完成时间	
工作过程	实施步骤	学生活动		实施过程 跟踪记录
	资讯	1. 万能转换开关与行程开关的认知。 2. 三相异步电动机正反转控制电路工作原理		

表 4 – 14（续）

	实施步骤	学生活动	实施过程跟踪记录
工作过程	计划	1. 根据工作任务,确定需要收集的相关信息与资料 2. 分析工作任务,确定实训所需电气元器件、工具及仪器仪表 | 器材名称	型号规格	数量 | |---|---|---| | | | | | | | | 3. 组建任务小组 组长: 组员: 4. 明确任务分工,制订任务实施计划表 | 任务内容 | 实施要点 | 负责人 | 时间 | |---|---|---|---| | | | | | | | | | |	
	决策	根据本任务所学的知识点与技能点,按照工作任务单,完成三相异步电动机正反转控制电路的安装、接线与运行调试	
	实施	1. 准备实训器材,并检查电气元器件、仪器仪表及实训设备的完好。 2. 分析原理图,看懂线路图中各电气元器件之间的控制关系及连接顺序,正确描述控制工作原理。 3. 绘制电气元器件布置图和电气安装接线图。 4. 根据电器布置图规定位置,将电气元器件固定在安装接线板上。 5. 接线:从电源端起,根据电气原理图,按线号顺序做,先接主电路,然后接控制电路。 6. 根据原理图,进行接线检查,确保接线正确,接线端子牢固。 7. 上电调试运行。 8. 实训结束,拆除电气元器件,将实训器材按规定位置安放整齐,并整理工位	
检查与评价	检查	1. 根据提供的线路图,按照安全规范要求,正确利用工具和仪表,熟练完成电气元器件安装;元器件在配电板上布置合理,安装要准确。 2. 布线美观,电源和电动机配线、按钮接线要接到端子排上,进出线槽的导线要有端子标号	
	评价	根据考核评价表,完成本任务的考核评价	

4.考核评价

根据考核评价表(表4-15),完成本任务的考核评价。

表4-15 考核评价表

姓名		班级		学号		组别		指导教师			
任务名称		三相异步电动机正反转控制				日期		总分			
考核项目	考核要求		评分标准					配分	自评	互评	师评
信息资讯	根据任务要求,课前做好充分的信息咨询,并做好记录;能够正确回答"资讯"环节布置的问题		课前信息咨询的记录					5			
			课中回答问题					5			
项目设计	按照工作过程"计划"与"决策"进行项目设计,项目实施方案合理		方案论证的充分性					5			
			方案设计的合理性					5			
电器元件选择与检测	正确选择电气元器件,并检查电气元器件性能完好		电气元器件选择不正确,每个扣1分 电气元器件错检或漏检,每个扣1分					5			
项目实施	根据电气原理图,按照标准规范,完成电气元器件的合理布局和正确接线,通电运行正常		电气元器件布置合理,安装正确,错误1处扣2分					15			
			电气元器件电气连接正确,接线端子接线牢固可靠,不松动,没有露铜,错误1处扣2分					15			
			线路通电工作正常,1次不成功扣5分,若烧毁电气元器件此项不得分					15			
			项目完成时间与质量					10			
职业素养	具有较强的安全生产意识和岗位责任意识,遵守"6S"管理规范;规范使用电工工具与仪器仪表,具有团队合作意识和创新意识		"6S"规范					5			
			团队合作					5			
			创新能力与创新意识					5			
			工具与仪器仪表的使用和保护					5			
合计								100			

任务4.5　三相异步电动机降压启动控制

【任务引入】

安装、调试三相异步电动机星形－三角形(Y－△)降压启动控制电路。控制要求为:按下启动按钮,电动机绕组接成星形降压启动运行,待转速接近额定转速时,自动将绕组换接成三角形全压正常运行,按下停止按钮,电动机停转。控制系统要求有完善的短路保护、过载保护、失压保护及欠压保护措施。

教学动画资源包

【任务目标】

熟悉中间继电器的使用,能够完成电动机降压启动控制电路的设计,并能够进行接线与运行调试。

【知识点】

1. 中间继电器的认识与选用。
2. 电动机两种启动方式的优缺点及应用。
3. 电动机降压启动控制电路的设计与分析。

【技能点】

1. 能够设计应用中间继电器的控制电路。
2. 能够设计电动机的降压启动控制电路,并进行接线与调试。
3. 能够根据工艺要求对电动机 Y－△降压启动控制电路进行安装、接线与调试。

【知识链接】

4.5.1　中间继电器的认识

中间继电器触头数量较多,在电路中主要是起中间放大作用,可分为交流中间继电器和直流中间继电器。中间继电器本质上仍然是电压继电器,结构原理与接触器相似,主要用于控制线路。

中间继电器的外形结构如图4－45所示,其图形符号及规格参数如图4－46所示。

中间继电器一般是由铁芯、线圈、衔铁、触点簧片等组成的,只要在线圈两端加上一定的电压,线圈中就会流过一定的电流,从而产生电磁效应,衔铁就会在电磁力吸引的作用下克服返回弹簧的拉力吸向铁芯,从而带动衔铁的动触点与静触点(常开触点)吸合。当线圈断电后,电磁的吸力也随之消失,衔铁就会在弹簧的反作用力下返回原来的位置,使动触点与原来的静触点(常闭触点)吸合。

(a)　　　　　　　　　(b)　　　　　　　　　(c)　　　　　　　　　(d)

图4-45　中间继电器的外形结构

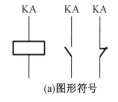

(a)图形符号

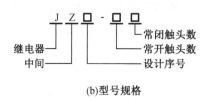

(b)型号规格

图4-46　中间继电器图形符号及型号规格

中间继电器的认知与接线

4.5.2　电动机启动方式

1. 电动机的直接启动(全压启动)

电动机启动时加在电动机定子绕组上的电压为电动机额定电压。电动机的全压启动,所需电气元器件少,线路简单,维修量小;但启动电流大(额定电流的4~7倍),使电动机发热,加速绝缘老化并缩短电动机的使用寿命。如果电源变压器容量不够大而电动机功率较大时,全压启动将导致电源变压器输出电压下降,这样不仅会减小电动机本身启动转矩,还会影响同一供电线路中其他电气设备的正常工作,因此功率较大的电动机,须采用降压启动,以减小启动电流。

一般功率小于10 kW的三相异步电动机常采用直接启动;功率大于10 kW的三相异步电动机是否采用直接启动,可按经验公式判定。若满足下式,即可直接启动:

$$\frac{I_{ST}}{I_N} \le \frac{3}{4} + \frac{S}{4P}$$

式中　I_{ST}——电动机全压启动电流,A;

　　　I_N——电动机额定电流,A;

　　　S——电源变压器容量,kW;

　　　P——电动机额定功率,kW。

2. 电动机的降压启动

降压启动是利用启动设备将电压适当地降低后加到电动机的定子绕组上进行启动,待电动机启动运转后,再使其电压恢复到额定值正常运转。

优点:由于电流随电压的降低而减小,故减小了启动电流;缺点:由于电动机转矩与电压的平方成正比,所以降压启动也将导致电动机的启动转矩大为减小。常见的降压启动方法有:定子绕组串接电阻降压启动;自耦变压器降压启动;Y-△降压启动;延边△降压启动。

4.5.3 定子绕组串接电阻降压启动控制电路设计与分析

1. 控制电路设计

电动机启动时在三相定子电路中串接电阻,使电动机定子绕组电压降低,启动结束后再将电阻短接,电动机在额定电压下正常运行,这种启动方式由于不受电动机接线形式的限制,设备简单,因而在中小型机床中有应用。图4-47为定子绕组串接电阻降压启动控制电路,图中KM1为接通电源接触器,KM2为短接电阻接触器,KT为时间继电器,R为降压启动电阻。

该方法是缺点是减小了电动机启动转矩,启动时电阻消耗功率较大。所以定子绕组串接电阻降压启动方法,只适用于启动要求平稳、启动次数不频繁的空载或轻载启动。

2. 控制电路分析

控制电路工作情况如下:合上电源开关QS,按启动按钮SB2,接通电源接触器KM1通电并自锁,同时时间继电器KT通电,电动机定子串入降压启动电阻R进行降压启动,经时间继电器KT延时,其常开延时闭合触头闭合,短接电阻接触器KM2通电,将降压启动电阻R短接,电动机M进入全电压正常运行。

电动机M进入正常运行后,接通电源接触器KM1、时间继电器KT始终通电工作,这样不但消耗了电能,而且增加了出现故障的概率。若发生时间继电器触点不动作故障,将使电动机长期在降压下运行,从而造成电动机无法正常工作,甚至烧毁电动机。若要使启动结束后只需短接电阻接触器KM2工作,而接通电源接触器KM1和时间继电器KT只在启动时短时工作,这样即可以减少能量损耗,又能延长接触器和继电器的使用寿命,其控制线路如图4-47(b)所示。定子串电阻降压启动控制动画见教学动画资源包二维码。

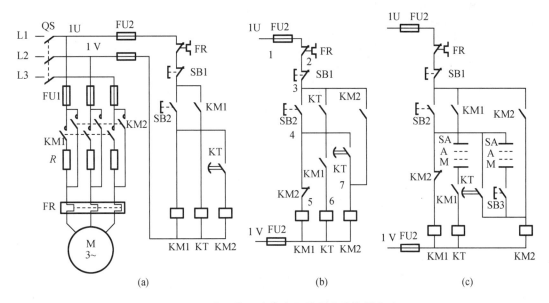

图4-47 定子绕组串接电阻降压启动控制电路

图4-47(c)为具有手动和自动控制串接电阻降压启动控制电路,它是在图4-47(a)

电路的基础上增设了一个选择开关 SA，其手柄有两个位置，当手柄置于 M 位时为手动控制；当手柄置于 A 位时为自动控制。一旦发生时间继电器 KT 触点闭合不上，可将选择开关 SA 扳至 M 位置，按下升压按钮 SB3，短接电阻接触器 KM2 通电，电动机 M 便可进入全压下工作，使电路更加安全可靠。

4.5.4 自耦变压器降压启动控制电路设计与分析

1. 控制电路设计

自耦变压器降压启动是将自耦变压器的一次侧接电源，二次侧低压接定子绕组。电动机启动时，定子绕组接到自耦变压器的二次侧，待电动机的转速接近额定转速时，把自耦变压器切除，将额定电压直接加到电动机定子绕组，电动机进入全压正常运行。这种启动方法可通过选择自耦变压器的分接头位置来调节电动机的端电压。

图 4－48 为自耦变压器降压启动控制电路。KM1、KM2 为降压启动接触器，KM3 为正常运行接触器，KT 为时间继电器，KA 为中间继电器。

自耦变压器降压启动的优点：启动转矩和启动电流可以调节；缺点：自耦变压器设备庞大，成本较高，不允许频繁启动。因此，这种方法适用于额定电压为 220 V/380 V、接法为星形或三角形、容量较大的三相异步电动机的降压启动。

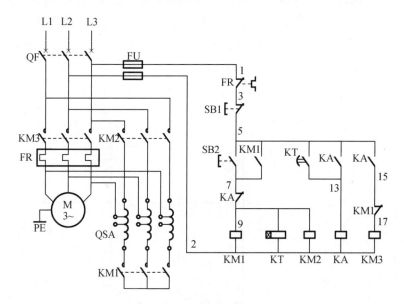

图 4－48　自耦变压器降压启动控制电路

自耦变压器降压启动
控制电路分析

2. 控制电路分析

合上空气开关 QF，接通三相电源，按下启动按钮 SB2，降压启动接触器 KM1、KM2 和时间继电器 KT 线圈同时通电并自锁，接入自耦变压器，电动机 M 降压启动，同时时间继电器 KT 开始定时。当电动机转速接近额定转速时，时间继电器 KT 定时时间到，其常开触点闭合，中间继电器 KA 线圈通电并自锁。中间继电器 KA 的常闭触点断开，使降压启动接触器

KM1、KM2 和时间继电器 KT 线圈均断电,将自耦变压器切除;中间继电器 KA 的常开触点闭合,使正常运行接触器 KM3 线圈通电,其主触点闭合,电动机 M 全压正常运行。

自耦变压器降压启动的启动转矩比 Y – △降压启动时的启动转矩大,并且可调。自耦变压器二次侧有电源电压的 65%、73%、85%、100% 等抽头供选择,可以获得全压启动时的 42%、53%、72% 及 100% 的启动转矩(启动转矩正比于电压的平方)。但是自耦变压器价格较贵、体积大,且不允许频繁启动。因此,自耦变压器降压启动适用于启动转矩较大、不能使用 Y – △降压启动的电动机的降压启动。

4.5.5　Y – △降压启动控制电路分析设计与分析

1. 控制电路设计

鼠笼式三相异步电动机定子绕组有星形连接和三角形连接两种接法,如图 4 – 49 所示,Y – △降压启动控制电路启动时,定子绕组首先接成星形,待转速上升到接近额定转速时,再将定子绕组的接线换成三角形,电动机进入全电压正常运行状态。根据电动机电气控制要求和低压电器控制系统的基本知识,设计三相异步电动机 Y – △降压启动控制电路,如图 4 – 50 所示。三相异步电动机 Y – △降压启动控制电路工作原理动画见教学动画资源包二维码。

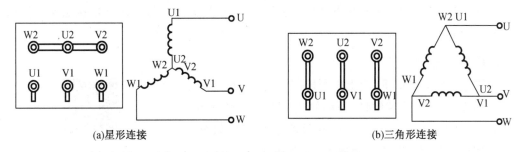

(a)星形连接　　　　　　　　　　　　　　(b)三角形连接

图 4 – 49　三相异步电动机定子绕组的接法

该线路由三个交流接触器、一个热继电器、一个时间继电器和两个按钮组成。交流接触器 KM1 做引入电源用,交流接触器 KM2 和 KM3 分别做星形降压启动用和三角形运行用,时间继电器 KT 用作控制星形降压启动时间和完成 Y – △自动切换。SB2 是启动按钮,SB1 是停止按钮,FU1 做主电路的短路保护,FU2 做控制电路的短路保护,FR 做过载保护。

优点:星形启动电流只是原来三角形接法的 1/3,启动电流特性好,减小了启动电流对电网的影响。缺点:启动转矩也相应下降为原来三角形接法的 1/3,转矩特性差,因而本线路适用于电网电压 380 V,额定电压 660 V/380 V,Y – △接法的电动机轻载启动的场合。

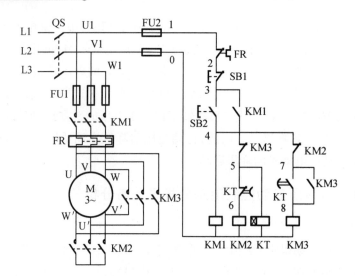

图 4-50　三相异步电动机 Y-△降压启动控制电路

TIPS：

目前我国生产的三相异步电动机，功率在 4 kW 以下的一般采用星形接法，4 kW 以上的一般都采用三角形接法，此时可以考虑采用 Y-△降压启动。

---

2. 控制电路分析

线路的工作原理如下：合上电源控制开关 QS，按下启动按钮 SB2，交流接触器 KM1 线圈通电，其常开主触点闭合、辅助触点闭合并自锁。同时星形控制交流接触器 KM2 和时间继电器 KT 的线圈通电，交流接触器 KM2 主触点闭合，电动机 M 做星形连接启动。同时交流接触器

三相异步电动机 Y-△降压启动控制电路工作原理分析

KM2 常闭互锁触点断开，使三角形控制交流接触器 KM3 线圈不能得电，实现电气互锁。经过一定时间后，时间继电器 KT 的常闭延时触点打开，常开延时触点闭合，使交流接触器 KM2 线圈断电，其常开主触点断开、常闭辅助触点闭合，使交流接触器 KM3 线圈通电，其常开主触点闭合、常开辅助触点闭合并自锁，电动机 M 恢复三角形连接全压运行。同时交流接触器 KM3 的常闭互锁触点断开，切断时间继电器 KT 线圈电路，并使交流接触器 KM2 不能得电，实现电气互锁。

必须指出，交流接触器 KM2 和 KM3 实行电气互锁的目的，是为了避免交流接触器 KM2 和 KM3 同时通电吸合而造成的严重的短路事故。

职业素养：

在电路中采用小容量的继电器触点来断开或接通大容量接触器线圈时，要分析触点容量的大小，若不够时，必须加大继电器容量或增加中间继电器，否则会导致工作不可靠。

【任务实施】

4.5.6　三相异步电动机 Y - △ 降压启动控制电路接线与调试

1. 实训前的准备

①熟悉电动机基本控制线路的安装步骤和工艺要求。

②分析电气控制原理图,明确线路的构成与工作原理。

③根据任务要求选择合适的设备、工具及仪表,明确电气元器件的数目、种类和规格。

④检查电气元器件及电动机性能是否完好。

⑤设计电气安装接线图,如图 4 - 51 所示。

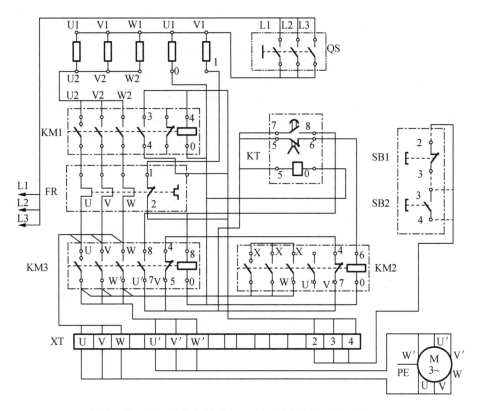

图 4 - 51　三相异步电动机 Y - △ 降压启动控制安装接线图

2. 仪器和设备

三相异步电动机 Y - △ 降压启动控制电路接线与调试的实训仪器和设备见表 4 - 16。

表4-16　实训仪器和设备表

名称	代号	型号规格	数量
劳动保护用品		工作服、绝缘鞋、安全帽等	
三相四线电源		3×380 V/220 V、20 A	
三相异步电动机	M	Y-112M-4　4 kW、380 V、△接法	1
电源隔离开关	QS	HZ10-25-3 额定电流25 A	1
螺旋式熔断器	FU1/ FU2	RL1-60/25 配熔体额定电流25 A RL1-15/2 配熔体额定电流2 A	3/2
交流接触器	KM	CJ10-20 线圈电压380 V	3
热继电器	FR	JR16-20/3 整定电流8.8 A	1
时间继电器	KT	JS7-2A 线圈电压380 V	1
按钮	SB	LA10-3H 保护式380 V、5 A	1
接线端子排	XT	JX2-1015 380 V、10 A、15 节	1
兆欧表(摇表)		5050 型 500 V、0~200 MΩ	1
万用表		M47 型万用表	1
钳形电流表		T301-A　0~50 A	1
配线板		(650×500×50)mm	1
电工通用工具		验电笔、钢丝钳、螺丝刀、电工刀、尖嘴钳、活扳手、剥线钳等	1 套
塑料线槽、号码管			若干
导线			若干

3.任务实施

根据基于工作过程的实施步骤,按照工作任务单(表4-17),完成工作任务4.5。

表4-17　工作任务单

任务名称		三相异步电动机降压启动		指导教师	
姓名			班级	学号	
地点			组别	完成时间	
工作过程	实施步骤	学生活动			实施过程 跟踪记录
	资讯	1.中间继电器的认知。 2.三相异步电动机降压启动控制电路工作原理			

表4-17(续)

实施步骤		学生活动	实施过程跟踪记录
工作过程	计划	1. 根据工作任务,确定需要收集的相关信息与资料 2. 分析工作任务,确定实训所需电气元器件、工具及仪器仪表 器材名称　型号规格　数量 3. 组建任务小组 组长: 组员: 4. 明确任务分工,制订任务实施计划表 任务内容　实施要点　负责人　时间	
	决策	根据本任务所学的知识点与技能点,按照工作任务单,完成三相异步电动机 Y-△降压启动控制电路的安装、接线与运行调试	
	实施	1. 准备实训器材,并检查电气元器件、仪器仪表及实训设备的完好。 2. 分析原理图,看懂线路图中各电气元器件之间的控制关系及连接顺序,正确描述控制工作原理。 3. 绘制电气元器件布置图和电气安装接线图。 4. 根据电器布置图规定位置,将电气元器件固定在安装接线板上。 5. 接线:从电源端起,根据电气原理图,按线号顺序做,先接主电路,然后接控制电路。 6. 根据原理图,进行接线检查,确保接线正确,接线端子牢固。 7. 上电调试运行。 8. 实训结束,拆除电气元器件,将实训器材按规定位置安放整齐,并整理工位	
检查与评价	检查	1. 根据提供的线路图,按照安全规范要求,正确利用工具和仪表,熟练完成电气元器件安装;元器件在配电板上布置合理,安装要准确。 2. 布线美观,电源和电动机配线、按钮接线要接到端子排上,进出线槽的导线要有端子标号	
	评价	根据考核评价表,完成本任务的考核评价	

4.考核评价

根据考核评价表(表4-18),完成本任务的考核评价。

表4-18 考核评价表

姓名		班级		学号		组别		指导教师			
任务名称		三相异步电动机降压启动				日期		总分			
考核项目	考核要求		评分标准				配分	自评	互评	师评	
信息资讯	根据任务要求,课前做好充分的信息咨询,并做好记录;能够正确回答"资讯"环节布置的问题		课前信息咨询的记录				5				
			课中回答问题				5				
项目设计	按照工作过程"计划"与"决策"进行项目设计,项目实施方案合理		方案论证的充分性				5				
			方案设计的合理性				5				
电器元件选择与检测	正确选择电气元器件,并检查电气元器件性能完好		电气元器件选择不正确,每个扣1分 电气元器件错检或漏检,每个扣1分				5				
项目实施	根据电气原理图,按照标准规范,完成电气元器件的合理布局和正确接线,通电运行正常		电气元器件布置合理,安装正确,错误1处扣2分				15				
			电气元器件电气连接正确,接线端子接线牢固可靠,不松动,没有露铜,错误1处扣2分				15				
			线路通电工作正常,1次不成功扣5分,若烧毁电气元器件此项不得分				15				
			项目完成时间与质量				10				
职业素养	具有较强的安全生产意识和岗位责任意识,遵守"6S"管理规范;规范使用电工工具与仪器仪表,具有团队合作意识和创新意识		"6S"规范				5				
			团队合作				5				
			创新能力与创新意识				5				
			工具与仪器仪表的使用和保护				5				
合计							100				

任务4.6　三相异步电动机制动控制

【任务引入】

安装、调试三相异步电动机制动控制电路。控制要求为:按下启动按钮,电动机启动运转,切断电源后,使电动机迅速停转。控制系统要求有完善的短路保护、过载保护、失压保护及欠压保护措施,设计控制电路并进行连接调试。

教学动画资源包

【任务目标】

熟悉速度继电器的使用,能够完成电动机制动控制电路的设计,并能够进行接线与运行调试。

【知识点】

1.速度继电器的认识与选用。

2.电动机机械制动控制电路的设计与分析。

3.电动机电气制动控制电路的设计与分析。

【技能点】

1.能够设计应用速度继电器的控制电路。

2.能够设计电动机的制动控制电路,并进行接线与调试。

3.能够根据工艺要求对电动机制动控制电路进行安装、接线与调试。

【知识链接】

4.6.1　速度继电器的认识

1.速度继电器工作原理

速度继电器是反应转速和转向的继电器,其主要作用是以旋转速度的快慢作为指令信号,与接触器配合实现对电动机的反接制动控制,故也称为反接制动继电器。速度继电器主要由转子、转轴、定子和触点等部分组成,转子是一个圆柱形永久磁铁,定子是一个笼形空心圆环,并装有笼形绕组。速度继电器是当转速达到规定值时触头动作的继电器,主要用于电动机反接制动控制电路中,当反接制动的转速下降到接近零时能自动地及时切断电源。其外形、结构、电路符号及型号规格如图4-52所示。速度继电器结构原理动画见教学动画资源包二维码。

2.速度继电器的选用

速度继电器主要根据电动机的额定转速来选择。常用的速度继电器有 JY1 型和 JFZ0 型两种。其中,JY1 型速度继电器可在 700~3 600 r/min 可靠地工作;JFZ0-1 型速度继电器适用于300~1 000 r/min;JFZ0-2型速度继电器适用于1 000~3 600 r/min。它们具有两个常开触点、两个常闭触点,触电额定电压为380 V,额定电流为2 A。一般速度继电器的转轴在130 r/min左右即能动作,在100 r/min时触头即能恢复到正常位置。可以通过螺钉的调节来改变速度继电器动作的转速,以适应控制电路的要求。

JY1型速度继电器是利用电磁感应原理工作的感应式速度继电器,广泛用于生产机械运动部件的速度控制和反接控制快速停车,如车床主轴、铣床主轴等。JY1型速度继电器具有结构简单、工作可靠、价格低廉等特点,故仍被众多生产机械所采用。

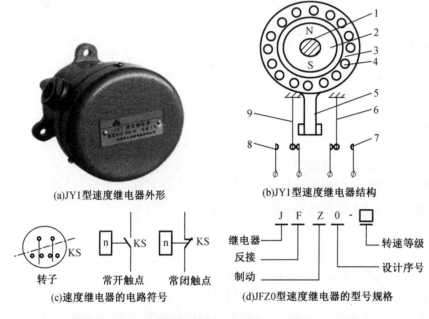

(a)JY1型速度继电器外形　　(b)JY1型速度继电器结构

(c)速度继电器的电路符号　　(d)JFZ0型速度继电器的型号规格

1—转轴;2—转子;3—定子;4—绕组;5—摆锤;6,9—簧片;7,8—静触点。

图4-52　速度继电器的外形、结构、电路符号及规格型号

4.6.2　三相异步电动机机械制动控制电路设计及分析

在实际生产中,为了保证工作设备的可靠性和人身安全,为了实现快速、准确停车,缩短辅助时间,提高生产机械效率,对要求停转的电动机采取措施,强迫其迅速停车,这就叫"制动"。电动机制动的方式有机械制动和电气制动两大类。机械制动是利用电磁铁操纵机械进行制动,如电磁抱闸制动器;电气制动是产生一个与原来转动方向相反的制动转矩,常用的电气制动的方法有反接制动和能耗制动。

电磁抱闸制动器分为断电制动和通电制动两种类型。在电梯、起重机、卷扬机等升降机械上,通常采用断电制动,其优点是能够准确定位,同时可防止电动机突然断电或线路出现故障时重物的自行坠落。在机床等生产机械中采用通电制动,以便在电动机未通电时,可以用手扳动主轴以调整和对刀。

1.电磁抱闸断电制动控制

电磁抱闸制动工作原理:电动机停机时,压力弹簧通过杠杆使摩擦闸瓦紧紧抱住制动闸轮实现制动;电动机启动时,抱闸电磁铁通电,克服弹簧的阻力,使摩擦闸瓦与制动闸轮分开,从而保证电动机正常启动。

(1)控制电路设计

电磁抱闸断电制动工作原理:当制动电磁铁的线圈得电时,制动器的闸瓦与闸轮分开,无制动作用;当线圈失电时,闸瓦紧紧抱住闸轮制动。其广泛用于电梯、起重机等设备中,使设备不至于因电流中断或电气故障而降低制动的可靠性和安全性。其控制电路如图4－53所示。

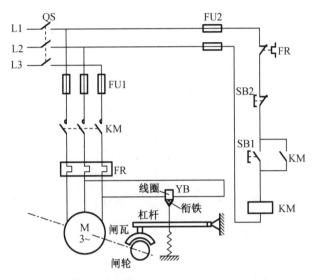

图4－53　电磁抱闸制动器断电制动控制电路图

电磁抱闸制动器断电制动控制
电路工作原理分析

(2)控制电路分析

先合上电源开关QS。

启动运转:按下启动按钮SB1,交流接触器KM线圈得电,其自锁触头和主触头闭合,电动机M接通电源,同时电磁抱闸制动器YB线圈得电,衔铁与铁芯吸合,衔铁克服弹簧拉力,迫使制动杠杆向上移动,从而使制动器的闸瓦与闸轮分开,电动机M正常运转。

制动停转:按下停止按钮SB2,交流接触器KM的线圈失电,其自锁触头和主触头分断,电动机M失电,同时电磁抱闸制动器线圈YB也失电,衔铁与铁芯分开,在弹簧拉力的作用下闸瓦紧紧抱住闸轮,使电动机M迅速制动而停转。

2.电磁抱闸通电制动控制

(1)控制电路设计

电磁抱闸通电制动工作原理:当线圈得电时,闸瓦紧紧抱住闸轮制动;当线圈失电时,闸瓦与闸轮分开,无制动作用。其控制电路如图4－54所示,原理动画见教学动画资源包二维码。

(2)控制电路分析

先合上电源开关QS。

启动运转:按下启动按钮 SB1,交流接触器 KM1 线圈得电,其自锁触头和主触头闭合,电动机 M 启动运转。由于交流接触器 KM1 联锁触头分断,使交流接触器 KM2 不能得电动作,所以电磁抱闸制动器 YB 线圈无电,衔铁与铁芯分开,在弹簧拉力的作用下,闸瓦与闸轮分开,电动机 M 不受制动正常运转。

制动停转:按下复合按钮 SB2,其常闭触头先分断,使交流接触器 KM1 线圈失电,其自锁触头和主触头分断,电动机 M 失电,交流接触器 KM1 联锁触头恢复闭合,待复合按钮 SB2 常开触头闭合后,交流接触器 KM2 线圈得电,其主触头闭合,电磁抱闸制动器 YB 线圈得电,铁芯吸合衔铁,衔铁克服弹簧拉力,带动杠杆向下移动,使闸瓦紧抱闸轮,电动机 M 被迅速制动而停转。交流接触器 KM2 联锁触头断开交流接触器 KM1 线圈控制电路。

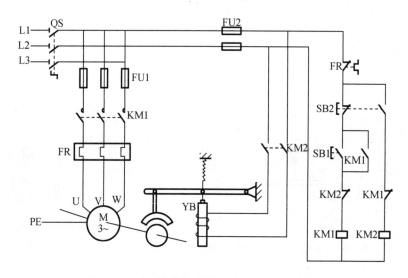

图 4-54　电磁抱闸制动器通电制动控制电路图

4.6.3　三相异步电动机电气制动控制电路设计与分析

1.反接制动控制

(1)控制电路设计

反接制动是通过改变定子绕组中的电源相序,使其产生一个与转子旋转方向相反的电磁转矩来实现制动。反接制动时,电动机定子绕组中电流很大,相当于直接启动时的两倍,因此为了限制制动电流,通常在定子绕组中串入反接制动电阻。但在制动到转速接近零时,应迅速切断电动机电源,以防电动机反向再启动。通常采用速度继电器来检测电动机的转速,并控制电动机反向电源断开。电动机反接制动控制电路如图 4-55 所示,其原理动画见教学动画资源包。

反接制动的优点是制动转矩大、制动迅速;缺点是能量耗损大,制动时冲击大,易损坏传动零件,制动准确度差。因此反接制动一般用于制动要求迅速、系统惯性较大、不经常启动与制动的场合,如铣床、镗床、中型车床等主轴的制动控制。

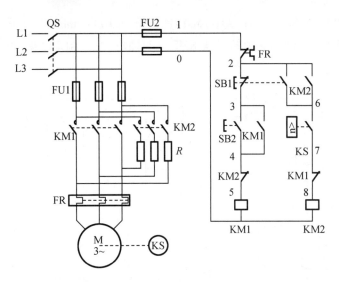

图 4-55 电动机反接制动控制电路

（2）控制电路分析

启动运转：合上电源开关 QS，按下启动按钮 SB2，交流接触器 KM1 线圈通电并自锁，电动机 M 全压启动运行。当转速达到 120 r/min 以上时，速度继电器 KS 的常开触点闭合，为制动做好准备。

停止运转：按下停止按钮 SB1，交流接触器 KM1 断电释放，其主触点断开，交流接触器 KM2 通电并自锁，电动机 M 定子串入制动电阻，并接通反相序电源进行反接制动，电动机 M 转速迅速下降。当转速下降至 100 r/min 以下时，速度继电器 KS 的常开触点复位，交流接触器 KM2 线圈断电释放，制动过程结束，电动机 M 自然停转。

2. 可逆运行反接制动控制

（1）控制电路设计

图 4-56 为电动机可逆运行反接制动控制电路。图中 KM1、KM2 为正、反转交流接触器，KM3 为短接电阻接触器，KA1～KA3 为中间继电器，KS 为速度继电器，其中 KS1 为正转闭合触点，KS2 为反转闭合触点，R 为启动与制动电阻。

（2）控制电路分析

正向启动运转：合上电源开关 QS，按下正转启动按钮 SB2，交流接触器 KM1 通电并自锁，电动机 M 串入电阻接入正序电源启动，当转速升高到一定值时，正转闭合触点 KS1 闭合，交流接触器 KM3 通电，短接电阻，电动机 M 在全压下启动进入正常运行。

正向停止运转：按下停止按钮 SB1，交流接触器 KM1、KM3 断电，电动机 M 脱离正序电源并串入电阻，同时中间继电器 KA3 通电，其常闭触点又再次切断该电路，使其无法通电，保证电阻 R 串接在定子电路中，由于电动机惯性仍以很高速度旋转，正转闭合触点 KS1 仍保持闭合，使中间继电器 KA1 通电，触点

三相异步电动机反接制动
控制电路原理分析

KA1（3～12）闭合使交流接触器 KM2 通电，电动机 M 串接电阻接上反序电源，实现反接制动；另一触点 KA1（3～19）闭合，使中间继电器 KA3 仍通电，确保交流接触器 KM3 始终处于

断电状态,电阻 R 始终串入。当电动机 M 转速下降到 100 r/min 时,正转闭合触点 KS1 断开,中间继电器 KA1、KA3 和交流接触器 KM2 同时断电,反接制动结束,电动机 M 停止。

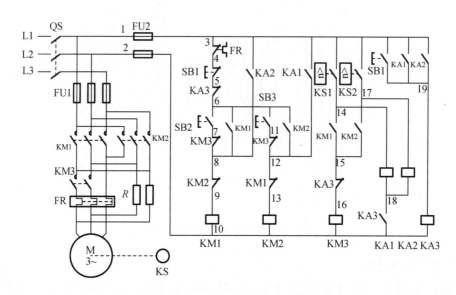

图 4 – 56　电动机可逆运行反接制动控制电路

电动机反向启动和停车反接制动过程与上述工作过程相同,读者自己分析。

3. 能耗制动控制

(1)控制电路设计

能耗制动就是在运行中的三相异步电动机停车时,在切除三相交流电源的同时,将一直流电源接入电动机定子绕组中的任意两个绕组中,以获得大小和方向都不变的恒定磁场,使仍在惯性转动的转子在磁场中切割磁力线,从而产生一个与电动机原来的转矩方向相反的电磁转矩,以实现制动。当电动机转速下降到零时,再切除直流电源。电动机能耗制动控制电路如图 4 – 57 所示,原理动画见教学动画资源包二维码。

能耗制动没有反接制动强烈,制动平稳,制动电流比反接制动小得多,所以消耗的能量较小。能耗制动的缺点是须附加直流电源装置,设备费用较高,制动力较弱,在低速时制动力矩小。其通常适用于电动机容量较大,启动、制动操作频繁,要求制动准确、平稳的场合,如磨床、立式铣床等的控制线路中。

(2)控制电路分析

启动运转:合上电源开关 QF,按下启动按钮 SB2,接触器 KM1 线圈通电并自锁,电动机 M 全压启动运行。

停止运转:按下停止按钮 SB1,其常开触点断开,使交流接触器 KM1 线圈断电,切断电动机 M 电源,停止按钮 SB1 的常开触点闭合,交流接触器 KM2、时间继电器 KT 线圈通电并自锁,交流接触器 KM2 主触点闭合,给电动机两相定子绕组通入直流电源,进行能耗制动。当达到时间继电器 KT 的整定值时,其延时触点断开,使交流接触器 KM2 线圈断电释放,切断直流电源,能耗制动结束。

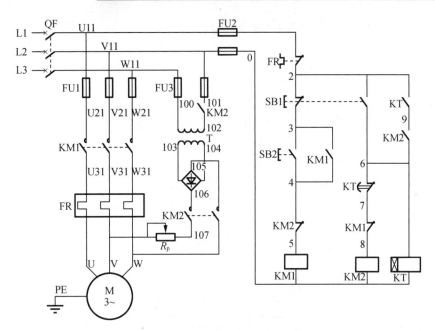

图4-57　电动机能耗制动控制电路

线路中时间继电器 KT 的整定值即为制动过程时间。可调电阻 R_p 用来调节制动电流。制动电流越大,制动转矩就越大;但电流太大会对定子绕组造成损坏,一般根据要求可将制动电流调节为电动机空载电流的 3 ~ 5 倍。交流接触器 KM1 和 KM2 的常闭触点进行互锁,目的是将交流电和直流电隔离,防止同时通电。

三相异步电动机能耗制动
控制电路原理分析

职业素养:
　　速度继电器的安装要注意:速度继电器的转轴应与电动机同轴连接,正反向的触点不能接错,否则不能起到反接制动时接通和断开反向电源的作用。

【任务实施】

4.6.4　三相异步电动机反接制动控制电路接线与调试

1. 实训前的准备

①熟悉电动机基本控制线路的安装步骤和工艺要求。

②分析电气控制原理图,明确线路的构成与工作原理。

③根据任务要求选择合适的设备、工具及仪表,明确电气元器件的数目、种类和规格。

④检查电气元器件及电动机性能是否完好。

三相异步电动机反接
制动控制电路安装接线

⑤设计电气安装接线图,如图4-58所示。

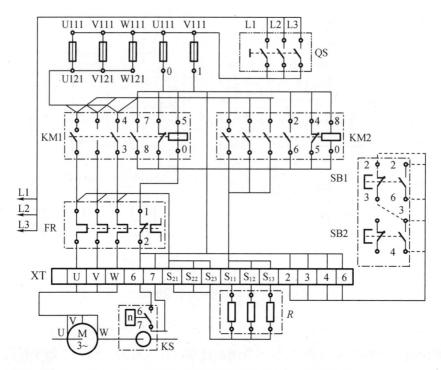

图4-58 电动机反接制动控制电路电气安装接线图

2.仪器和设备

三相异步电动机反接制动控制电路接线与调试的实训仪器和设备见表4-19。

表4-19 实训仪器和设备表

名称	代号	型号规格	数量
劳动保护用品		工作服、绝缘鞋、安全帽等	
三相四线电源		3×380 V/220 V、20 A	
三相异步电动机	M	Y-112M-4 4 kW、380 V、△接法	1
低压断路器	QF	DZ47-63 C25 脱钩器额定电流25 A	1
电源隔离开关	QS	HZ10-25-3 额定电流25 A	1
螺旋式熔断器	FU1/ FU2	RL1-60/25 配熔体额定电流25 A RL1-15/2 配熔体额定电流2 A	3/2
交流接触器	KM	CJ10-20 线圈电压380 V	2
热继电器	FR	JR16-20/3 整定电流8.8 A	1
速度继电器	KS	JY1	1

表4-19(续)

名称	代号	型号规格	数量
按钮	SB	LA10-3H 保护式 380 V、5 A	1
接线端子排	XT	JX2-1015 380 V、10 A、15 节	1
兆欧表(摇表)		5050 型 500 V、0~200 MΩ	1
万用表		M47 型万用表	1
钳形电流表		T301-A 0~50 A	1
配线板		(650×500×50)mm	1
电工通用工具		验电笔、钢丝钳、螺丝刀、电工刀、尖嘴钳、活扳手、剥线钳等	1 套
塑料线槽、号码管			若干
导线			若干

3.任务实施

根据基于工作过程的实施步骤,按照工作任务单(表4-20),完成工作任务4.6。

表4-20 工作任务单

任务名称		三相异步电动机制动控制		指导教师	
姓名		班级		学号	
地点		组别		完成时间	
工作过程	实施步骤	学生活动			实施过程跟踪记录
	资讯	1.速度继电器的认知。 2.三相异步电动机降压启动控制电路工作原理			
工作过程	实施步骤	学生活动			实施过程跟踪记录
	计划	1.根据工作任务,确定需要收集的相关信息与资料 2.分析工作任务,确定实训所需电气元器件、工具及仪器仪表 表格:器材名称 / 型号规格 / 数量 3.组建任务小组 组长: 组员: 4.明确任务分工,制订任务实施计划表 表格:任务内容 / 实施要点 / 负责人 / 时间			

表 4 – 20（续）

工作过程	决策	根据本任务所学的知识点与技能点,按照工作任务单,完成三相异步电动机反接制动控制电路的安装、接线与运行调试	
	实施	1. 准备实训器材,并检查电气元器件、仪器仪表及实训设备的完好。 2. 分析原理图,看懂线路图中各电气元器件之间的控制关系及连接顺序,正确描述控制工作原理。 3. 绘制电气元器件布置图和电气安装接线图。 4. 根据电器布置图规定位置,将电气元器件固定在安装接线板上。 5. 接线:从电源端起,根据电气原理图,按线号顺序做,先接主电路,然后接控制电路。 6. 根据原理图,进行接线检查,确保接线正确,接线端子牢固。 7. 上电调试运行。 8. 实训结束,拆除电气元器件,将实训器材按规定位置安放整齐,并整理工位	
检查与评价	检查	1. 根据提供的线路图,按照安全规范要求,正确利用工具和仪表,熟练完成电气元器件安装;元器件在配电板上布置合理,安装要准确。 2. 布线美观,电源和电动机配线、按钮接线要接到端子排上,进出线槽的导线要有端子标号	
	评价	根据考核评价表,完成本任务的考核评价	

4. 考核评价

根据考核评价表(表 4 – 21),完成本任务的考核评价。

表 4 – 21 考核评价表

姓名		班级		学号		组别		指导教师			
任务名称		三相异步电动机制动控制				日期		总分			
考核项目	考核要求		评分标准				配分	自评	互评	师评	
信息资讯	根据任务要求,课前做好充分的信息咨询,并做好记录;能够正确回答"资讯"环节布置的问题		课前信息咨询的记录				5				
			课中回答问题				5				
项目设计	按照工作过程"计划"与"决策"进行项目设计,项目实施方案合理		方案论证的充分性				5				
			方案设计的合理性				5				

表 4 – 21（续）

电器元件选择与检测	正确选择电气元器件,并检查电气元器件性能完好	电气元器件选择不正确,每个扣1分 电气元器件错检或漏检,每个扣1分	5			
项目实施	根据电气原理图,按照标准规范,完成电气元器件的合理布局和正确接线,通电运行正常	电气元器件布置合理,安装正确,错误1处扣2分	15			
		电气元器件电气连接正确,接线端子接线牢固可靠,不松动,没有露铜,错误1处扣2分	15			
		线路通电工作正常,1次不成功扣5分,若烧毁电气元器件此项不得分	15			
		项目完成时间与质量	10			
职业素养	具有较强的安全生产意识和岗位责任意识,遵守"6S"管理规范;规范使用电工工具与仪器仪表,具有团队合作意识和创新意识	"6S"规范	5			
		团队合作	5			
		创新能力与创新意识	5			
		工具与仪器仪表的使用和保护	5			
合计			100			

任务4.7　三相异步电动机调速控制

【任务引入】

安装、调试双速电动机调速控制电路,要求按下低速启动按钮,双速电动机低速运行;按下高速启动按钮,双速电动机高速运行;高、低速之间可以直接转换,旋转方向一致,按下停止按钮,双速电动机停止。控制系统要求有完善的短路保护、过载保护、失压保护及欠压保护措施。

【任务目标】

熟悉双速电动机的使用,能够完成双速电动机的调速控制电路的设计,并能够进行接线、安装与运行调试。

【知识点】

1.三相异步电动机的调速方法。

2.双速电动机变极调速控制工作原理。

【技能点】

1. 能够正确设计与分析双速电动机变极调速控制电路。
2. 掌握双速电动机变极调速的安装与接线。

【知识链接】

4.7.1 三相异步电动机调试方法

在金属切削机床中,应根据加工工件的材料、刀具种类、工件尺寸及工艺要求的不同选择不同的加工速度,这样要求机床主轴和进给运动的速度可以调节。机床主轴和进给的调速方法有机械调速和电气调速。机械调速主要通过齿轮变速箱来实现,电气调速主要有变极调速、变频调速、变转差率调速等。双速电动机的调速属于变极调速方法。

根据前面所需内容,可知三相异步电动机转速的公式:

$$n = (1-S)\frac{60f}{p} \qquad (4-1)$$

式中　　n——电动机的转速,r/min;

　　　　p——电动机磁极对数;

　　　　f——供电电源频率,Hz;

　　　　s——异步电动机的转差率。

由式(4-1)分析,通过改变供电电源频率f、磁极对数p及转差率s都可以实现三相异步电动机的速度调节,因此改变电动机转速具体可以归纳为变频调速、变转差率调速和变极调速三大类,而变转差率调速又包括调压调速、转子串电阻调速、串级调速等,它们都属于转差功率消耗型的调速方法。

1. 变频调速

变频调速主要是依靠变频器来实现的。其原理是通过改变三相异步电动机供电电源频率f从而改变同步转速n来调速的。图4-59为变频器与变频调速方框图。变频调速装置(变频器)主要由整流器和逆变器组成。通过整流器先将50 Hz的交流电变换成电压可调的直流电,直流电再通过逆变器变成频率连续可调的三相交流电。在变频装置(变频器)的支持下,即可实现三相异步电动机的无级调速。但这一方法技术复杂,造价高,维护检验困难,故适用于要求精度高、调速性能较好的场合。

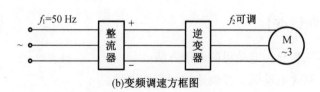

(a)变频器　　　　　　　　　　(b)变频调速方框图

图4-59　变频器与变频调速方框图

近年来,交流变频调速在国内外发展非常迅速,由于晶闸管变流技术日趋成熟和可靠,交流变频调速在工农业生产和日常家电中应用非常广泛,打破了直流拖动在电动机调速领域中的统治地位。交流变频调速需要专门的变频设备,尽管成本高,但由于调速范围大,平滑性好,适应面广,能做到无级调速,因此它的应用将日益广泛。

2. 变转差率调速

变转差率调速是通过在调速过程中保持电动机同步转速 n 不变,改变转差率 s 来进行调速的。在电动机转子绕组电路中接入一个调速电阻,通过改变调速电阻即可实现调速(实质是改变了转子绕组中的电流)。变转差率调速方法只适用于绕线转子电动机。这种调速方法能平滑地实现电动机调速,但能耗大,效率低,目前主要应用在起重设备中。

3. 变极调速

这种调速方法是用改变定子绕组的接线方式来改变定子磁极对数,从而达到调速目的。改变定子绕组的磁极对数 p,同步转速 n 就发生变化,例如磁极对数增加一倍,同步转速就下降一半,随之电动机的转速也约下降一半。显然,这种调速方法只能做到一级一级地改变转速,而不是平滑调速,变极调速方法一般仅适用于笼型异步电动机,因其比较经济简单,故在金属切削机床中广泛应用,为了扩大调速范围,常与减速齿轮箱配合调速。双速电动机、三速电动机是变极调速中最常用的两种形式。

改变定子绕组磁极对数的方法是将一相绕组中一半线圈的电流方向反过来,如图4－60所示,图4－60(a)中两组线圈正向串联,形成四级磁场,图4－60(b)中两组线圈反向并联,改变了一组线圈(A2、X2)的电流方向,便构成了两个磁极。

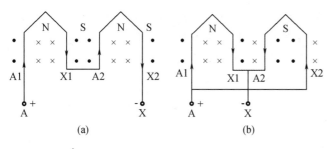

图4－60　变极调速原理图　　　　　　　　双速异步电动机变极调速原理

4.7.2　双速电动机变极调速控制电路设计与分析

1. 双速电动机的接线

双速电动机是通过改变定子绕组接线的方法,改变磁极对数 p,以获得两个同步转速。图4－61为4/2极双速电动机定子绕组接线示意图。双速电动机每相绕组都有两组线圈,图中分别用①、②来表示。我们把每组线圈串联的接头定义为整个绕组的尾端,即 U2、V2、W2;三相绕组的收尾连线接头定义为整个绕组的首端,即 U1、V1、W1。把绕组的首端 U1、V1、W1 接电源,尾端 U2、V2、W2 悬空,这种接法叫三角形接法,如图4－61(a)所示。这时旋转磁场具有 4 个磁极(即两对磁极,也即 $p=2$),这样电动机是一个转速(低速)。

我们改变一下接法,把绕组首端 U1、V1、W1 连在一起,而把尾端 U2、V2、W2 接电源,即每相绕组的两个线圈并联,就变成了双星形(Y－Y)接法了,如图4－61(b)所示。这时的旋转磁场的磁极数变为两个(即一对磁极,也即 $p=1$),电动机又是另一个转速,变为高速了。

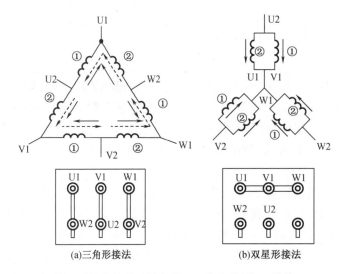

(a)三角形接法　　　　(b)双星形接法

图 4 – 61　4/2 极双速电动机定子绕组接线示意图　　双速异步电动机定子绕组接线

2. 双速电动机高低速控制电路设计与分析

图 4 – 62 为双速电动机高低速控制电路。主电路中交流接触器 KM1 的主触点构成三角形连接方式的低速接法,交流接触器 KM2、KM3 用于将电动机接线端的 U1、V1、W1 端短接,并在 U2、V2、W2 端通入三相交流电源,构成双星形连接方式的高速接法。若按下启动按钮 SB1,交流接触器 KM1 通电并自锁,则双速电动机接成三角形接法,电动机低速运行。若按下启动按钮 SB2,交流接触器 KM1 断电,交流接触器 KM2、KM3 通电并自锁,则双速电动机接成双星形接法,电动机高速运行。

双速异步电动机高低速
控制电路分析

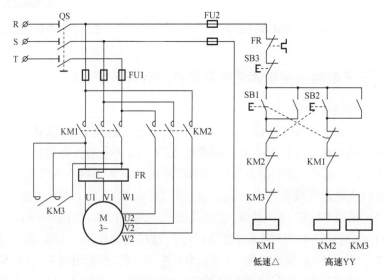

图 4 – 62　双速电动机高低速控制电路

TIPS：

电动机变极调速时,电动机旋转磁场的旋转方向会改变,要使电动机仍保持变速前的转向,在变极的同时要改变电源相序。

4.7.3 双速电动机变极调速控制电路接线与调试

1. 实训前的准备

①熟悉电动机基本控制线路的安装步骤和工艺要求。

②分析电气控制原理图,明确线路的构成与工作原理。

③根据任务要求选择合适的设备、工具及仪表,明确电气元器件的数目、种类和规格。

④检查电气元器件及电动机性能是否完好。

⑤设计电气安装接线图,如图4-63所示。

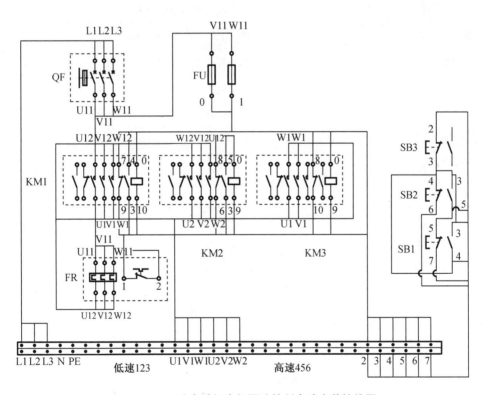

图4-63 双速电动机变极调速控制电路安装接线图

2. 仪器和设备

双速电动机变极调速控制电路接线与调试的实训仪器和设备见表4-22。

表 4 - 22　实训仪器和设备表

名称	代号	型号规格	数量
劳动保护用品		工作服、绝缘鞋、安全帽等	
三相四线电源		3×380 V/220 V、20 A	
双速电动机	M	YD801 - 4/2　0.45 kW	1
低压断路器	QF	DZ47 - 63 C25 脱钩器额定电流25 A	1
电源隔离开关	QS	HZ10 - 25 - 3 额定电流25 A	1
螺旋式熔断器	FU1/ FU2	RL1 - 60/25 配熔体额定电流25 A RL1 - 15/2 配熔体额定电流2 A	3/2
交流接触器	KM	CJ10 - 20 线圈电压380 V	3
热继电器	FR	JR16 - 20/3 整定电流8.8 A	1
按钮	SB	LA10 - 3H 保护式380 V、5 A	1
接线端子排	XT	JX2 - 1015 380 V、10 A、15 节	1
兆欧表(摇表)		5050 型 500 V、0～200 MΩ	1
万用表		M47 型万用表	1
钳形电流表		T301 - A　0～50 A	1
配线板		(650×500×50) mm	1
电工通用工具		验电笔、钢丝钳、螺丝刀、电工刀、尖嘴钳、活扳手、剥线钳等	1 套
塑料线槽、号码管			若干
导线			若干

3. 任务实施

根据基于工作过程的实施步骤,按照工作任务单(表4 - 23),完成工作任务4.7。

表 4 - 23　工作任务单

任务名称		三相异步电动机调速控制		指导教师		
姓名			班级		学号	
地点			组别		完成时间	
工作过程	实施步骤	学生活动				实施过程 跟踪记录
	资讯	1.三相异步电动机调速方法。 2.双速电动机变极调速控制电路工作原理				

表 4 – 23(续)

实施步骤		学生活动	实施过程 跟踪记录
工作过程	计划	1. 根据工作任务,确定需要收集的相关信息与资料 2. 分析工作任务,确定实训所需电气元器件、工具及仪器仪表 表格1 3. 组建任务小组 组长: 组员: 4. 明确任务分工,制订任务实施计划表 表格2	
	决策	根据本任务所学的知识点与技能点,按照工作任务单,完成双速电动机变极调速控制电路的安装、接线与运行调试	
	实施	1. 准备实训器材,并检查电气元器件、仪器仪表及实训设备的完好。 2. 分析原理图,看懂线路图中各电气元器件之间的控制关系及连接顺序,正确描述控制工作原理。 3. 绘制电气元器件布置图和电气安装接线图。 4. 根据电器布置图规定位置,将电气元器件固定在安装接线板上。 5. 接线:从电源端起,根据电气原理图,按线号顺序做,先接主电路,然后接控制电路。 6. 根据原理图,进行接线检查,确保接线正确,接线端子牢固。 7. 上电调试运行。 8. 实训结束,拆除电气元器件,将实训器材按规定位置安放整齐,并整理工位	
检查与评价	检查	1. 根据提供的线路图,按照安全规范要求,正确利用工具和仪表,熟练完成电气元器件安装;元器件在配电板上布置合理,安装要准确。 2. 布线美观,电源和电动机配线、按钮接线要接到端子排上,进出线槽的导线要有端子标号	
	评价	根据考核评价表,完成本任务的考核评价	

嵌入表格1:

器材名称	型号规格	数量

嵌入表格2:

任务内容	实施要点	负责人	时间

4.考核评价

根据考核评价表(表4－24),完成本任务的考核评价。

表4－24　考核评价表

姓名		班级		学号		组别		指导教师			
任务名称		三相异步电动机调速控制				日期		总分			
考核项目	考核要求		评分标准			配分	自评	互评	师评		
信息资讯	根据任务要求,课前做好充分的信息咨询,并做好记录;能够正确回答"资讯"环节布置的问题		课前信息咨询的记录			5					
			课中回答问题			5					
项目设计	按照工作过程"计划"与"决策"进行项目设计,项目实施方案合理		方案论证的充分性			5					
			方案设计的合理性			5					
电器元件选择与检测	正确选择电气元器件,并检查电气元器件性能完好		电气元器件选择不正确,每个扣1分 电气元器件错检或漏检,每个扣1分			5					
项目实施	根据电气原理图,按照标准规范,完成电气元器件的合理布局和正确接线,通电运行正常		电气元器件布置合理,安装正确,错误1处扣2分			15					
			电气元器件电气连接正确,接线端子接线牢固可靠,不松动,没有露铜,错误1处扣2分			15					
			线路通电工作正常,1次不成功扣5分,若烧毁电气元器件此项不得分			15					
			项目完成时间与质量			10					
职业素养	具有较强的安全生产意识和岗位责任意识,遵守"6S"管理规范;规范使用电工工具与仪器仪表,具有团队合作意识和创新意识		"6S"规范			5					
			团队合作			5					
			创新能力与创新意识			5					
			工具与仪器仪表的使用和保护			5					
合计						100					

项目5　典型机床电气控制系统分析与检修

任务5.1　CA6140型车床电气控制与检修

【任务引入】

现有一台 CA6140 型车床在使用中出现交流接触器 KM1 不吸合、主轴电动机不工作的电气故障,请予检修。

【任务目标】

了解 CA6140 型车床电力拖动特点,熟悉其电气控制系统组成及控制原理,能够检修常见电气故障。

【知识点】

1. CA6140 型车床的运动形式及电力拖动特点。
2. CA6140 型车床电气控制原理。
3. CA6140 型车床故障分析与检修方法。

【技能点】

1. 能够识读和分析 CA6140 型车床电气控制原理图。
2. 能根据 CA6140 型车床故障现象,分析故障范围,查找故障点,制订维修方案。
3. 能够查阅机床相关的国家技术标准和质量标准。
4. 能够查阅并分析设备使用说明书等技术手册。

【知识链接】

5.1.1　CA6140 型车床的结构及电力拖动特点

1. CA6140 型车床结构

车床是机械加工中使用最广泛的一种机床。在各种车床中普通车床是应用最多的一种,它主要用来车削工件的外圆、内圆、端面和螺纹等,并可以装上钻头、铰刀等进行加工。CA6140 型卧式车床是机械加工中应用极为广泛的金属切削机床,能够车削外圆、内圆、端面、螺纹、切断及割槽等,并可以装上钻头或铰刀进行钻孔和铰孔等的加工。车床主轴由一台主电动机拖动,并经过机械传动链,实现对工件切削主运动和刀具进给运动的联动输出,其运动速度可通过手柄操作变速齿轮箱进行切换。刀具的快速移动以及冷却系统和液压系统的拖动,则采用单独的电动机拖动。

图 5-1 是 CA6140 型车床外观结构图。主轴变速箱的功能是支承主轴,传动主轴旋转,主轴变速箱包括主轴及其轴承、传动机构、启停及换向装置、制动装置、操纵机构及润滑装置。

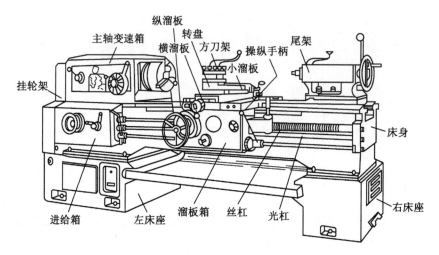

图 5-1　CA6140 型车床的外观结构图

CA6140 型车床简介　　CA6140 型车床结构与运动形式　　CA6140 型车床电力拖动特点

进给箱的作用是变换被加工螺纹的种类和导程,以及获得所需的各种进给量。它通常由变换螺纹导程和进给量的变速机构、变换螺纹种类的移换机构、丝杠和光杠转换机构以及操纵机构等组成。

溜板箱的作用是将丝杠或光杠传来的旋转运动转变为直线运动并带动刀架进给,控制刀架运动的接通、断开和换向等。刀架则用来安装车刀并带动其做纵向、横向和斜向进给运动。

2. CA6140 型车床的主要运动形式

(1)主运动

工件的旋转运动是由主轴通过卡盘或顶尖带动的。主轴变速主要通过主轴电动机经皮带传递到主轴变速箱来实现。CA6140 型车床的主传动可使主轴获得 24 级正转转速(10～1 400 r/min)和 12 级反转转速(14～1 580 r/min)。

(2)进给运动

刀架带动刀具的直线运动是车床的进给运动。溜板箱把丝杆或光杆的转动传递给刀架部分,变换溜板箱外的手柄位置,经刀架部分使车刀做纵向或横向进给。中、小型普通车床的主运动和进给运动一般是采用一台电动机驱动的。

（3）辅助运动

机床上除切削运动以外的其他一切必需的运动，如溜板和刀架的快速移动、尾架的移动及工件的夹紧与放松等。

3. CA6140 型车床电力拖动特点及电气控制要求

①主拖动电动机从经济性、可靠性考虑，一般选用三相异步电动机，不进行电气调速，并采用机械变速，主拖动电动机与主轴间采用齿轮变速箱。

②为车削螺纹，主轴要求正、反转，小型车床由电动机正、反转来实现，CA6140 型车床则靠摩擦离合器来实现，电动机只做单向旋转。

③CA6140 型车床的主轴电动机采用直接启动方式，停车时为实现快速停车，一般采用机械制动或电气制动。

④车削加工时，需用切削液对刀具和工件进行冷却。为此，设有一台冷却泵电动机，拖动冷却泵输出冷却液。

⑤冷却泵电动机与主轴电动机有着联锁关系，即冷却泵电动机应在主轴电动机启动后才可选择启动与否；而当主轴电动机停止时，冷却泵电动机立即停止。

⑥为实现溜板箱的快速移动，由单独的快速移动电动机拖动，且采用点动控制。

⑦电路应有必要的保护环节、安全可靠的照明电路和信号电路，必须使用 36 V 或 24 V 的安全电压。

5.1.2　CA6140 型车床电气控制系统分析

1. 机床电气控制系统分析的内容

电气控制线路是电气控制系统各种技术资料的核心文件。分析的具体内容和要求主要包括以下几个方面：

（1）设备说明书

设备说明书由机械（包括液压部分）与电气两部分组成。

（2）电气控制原理图

这是控制电路分析的中心内容。电气控制原理图主要由主电路、控制电路和辅助电路等部分组成。

CA6140 型车床电气
控制系统分析

（3）电气设备总装接线图

阅读分析电气设备总装接线图，可以了解系统的组成分布状况，各部分的连接方式，主要电气部件的布置和安装要求，导线和穿线管的型号规格。这是安电气装设备不可缺少的资料。

（4）电气元器件布置图与接线图

这是制造、安装、调试和维护电气设备必须具备的技术资料。在调试和检修中可通过电气元器件布置图和接线图方便地找到各种电气元器件和测试点，进行必要的调试、检测和维修保养。

2. 电路原理图中功能栏、图区栏、触头分布区

①功能栏：即将电路图按电路功能划分成若干个单元，并用文字将其功能标注在电路图上方的功能栏内。

②图区栏：在电路图下方划分若干个图区，并从左向右依次用阿拉伯数字编号标注在

图区栏内,通常是一条回路或一条支路划为一个图区。

③触头分布区:在电路图中把每个接触器线圈下方画出两条竖直线,分成左、中、右三栏,把受其线圈控制而动作的触头所处的图区号填入相应的栏内,对备而未用的触头,在相应的栏内用"×"记号标出或不标出任何符号,左、中、右三栏分别表示主触头、常开辅助触头和常闭辅助触头在电路图中的位置。

3. 主电路分析

CA6140 型车床电气控制原理图如图 5-2 所示,图中 M1 为主轴及进给电动机,拖动主轴和工件旋转,并通过进给机构实现车床的进给运动,电动机 M1 只需做正转,而主轴的正、反转是由摩擦离合器改变传动链来实现的。M2 为冷却泵电动机,拖动冷却泵输出冷却液,对切削刀具进行冷却。M3 为刀架快速移动电动机,拖动溜板实现快速移动。

主轴及进给电动机 M1 由交流接触器 KM1 控制,热继电器 FR1 做过载保护,断路器 QF 做短路保护,接触器做失压和欠压保护;冷却泵电动机 M2 由交流接触器 KM2 控制,热继电器 FR2 做它的过载保护,熔断器 FU1 做短路保护;刀架快速移动电动机 M3 由交流接触器 KM3 控制,熔断器 FU2 做短路保护,由于是点动控制,短时工作,故不需要过载保护。

4. 控制电路分析

(1)主轴及进给电动机 M1 的控制

由于电动机 M1、M2、M3 功率小于 10 kW,故都采用全压直接启动。按下启动按钮 SB1,交流接触器 KM1 得电吸合,其辅助动断触头闭合自锁,主触头闭合,主轴及进给电动机 M1 启动。同时其辅助动合触头闭合,作为交流接触器 KM2 得电的先决条件。按下停止按钮 SB2,交流接触器 KM1 失电释放,主轴及进给电动机 M1 停转。主轴的正、反转是由摩擦离合器改变传动链来实现的。

(2)冷却泵电动机 M2 的控制

采用两台电动机 M1、M2 顺序连锁控制的典型环节,以满足生产要求,使主轴及进给电动机 M1 启动后,冷却泵电动机 M2 才能启动;当主轴及进给电动机 M1 停止运行时,冷却泵电动机 M2 也自动停止运行。主轴及进给电动机 M1 启动后,即在交流接触器 KM1 得电吸合的情况下,其辅助动合触头闭合,因此合上开关 SA1,使交流接触器 KM2 线圈得电吸合,冷却泵电动机 M2 才能启动。由于开关 SA1 具有定位作用,故不设自锁触点。

(3)刀架快速移动电动机 M3 的控制

按下按钮 SB3,交流接触器 KM3 得电吸合,其主触头闭合,对刀架快速移动电动机 M3 实施点动控制。刀架快速移动电动机 M3 经传动系统,驱动溜板带动刀架快速移动。松开按钮 SB3,交流接触器 KM3 失电释放,刀架快速移动电动机 M3 停转。

5. 照明、信号电路分析

控制变压器 TC 的二次侧分别输出 24 V 和 6 V 电压,作为车床低压照明灯和信号灯的电源。EL 作为车床的低压照明灯,由按钮 SB4 控制;HL 为电源信号灯;FU5 和 FU4 作为短路保护。

6. 保护环节

①电路电源开关是带有开关锁 SA2 的断路器 QF。当须合上电源时,先将开关锁 SA2 右旋打开,使断路器 QF 线圈断电,再扳动断路器 QF 将其合上,机床电源接通。

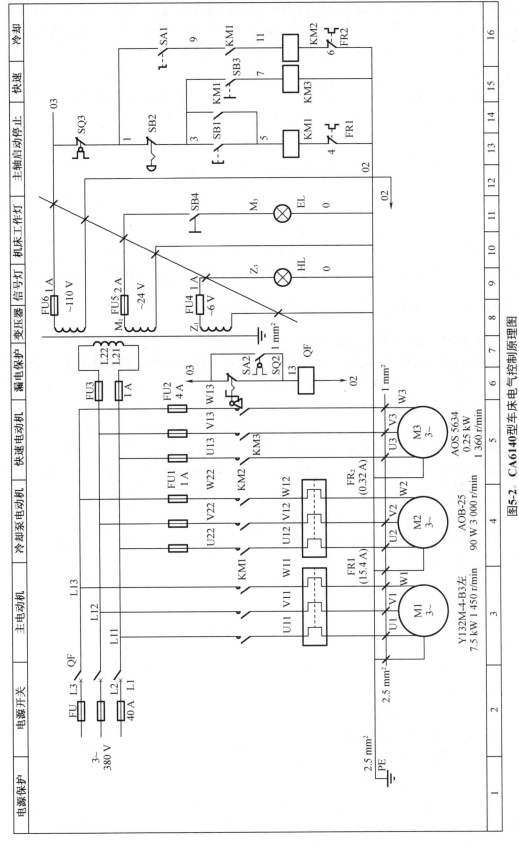

图5-2 CA6140型车床电气控制原理图

若将开关锁 SA2 左旋,则触头 SA2(03—13)闭合,断路器 QF 线圈通电,断路器 QF 跳开,机床断电。若出现误操作,又将断路器 QF 合上,断路器 QF 线圈将再次通电,断路器 QF 将再次跳闸。由于机床接通电源时需用开关操作,应先断开断路器 QF 线圈,再合上开关,增加安全性。

②在机床控制配电盘壁龛门上,装有安全开关 SQ2。当打开配电盘壁龛门时,安全开关触头 SQ2(03—13)闭合,使断路器 QF 线圈通电而自动跳闸,断开电源,确保人身安全。

③机床床头皮带罩处设有安全开关 SQ1,当打开皮带罩时,安全开关触头 SQ1(03—1)断开,将交流接触器 KM1、KM2、KM3 线圈电路切断,电动机将停止旋转,以确保人身安全。

④为满足打开机床控制配电盘壁龛门进行带电检修的需要,可将安全开关 SQ2 传动杆拉出,使其触头 SQ2(03—13)断开,此时断路器 QF 线圈断电,断路器 QF 开关仍可合上。带电检修完毕,关上壁龛门后,将安全开关 SQ2 传动杆复位,保护作用照常起作用。

⑤电动机 M1、M2 由热继电器 FR1、FR2 实现电动机长期过载保护;断路器 QF 实现电路的过流保护、欠压保护和过载保护;熔断器 FU、FU1～FU6 实现各电路的短路保护。

5.1.3　CA6140 型车床常见电气故障分析与检修

1. 机床电气故障检修的一般步骤

电气故障检修的一般步骤大致分为调查检修前的故障原因、分析故障范围、选择合适的检测方法确定故障点、故障点修复及通电试车等几个步骤。

(1)调查检修前的故障原因

在检修前,一般通过问、看、听、摸、闻来了解故障前后的操作情况和故障发生后出现的故障现象,以便能根据故障现象快速判断出故障发生的部位,进而准确地排除故障。

问:询问操作者故障前后电路的操作、运行状况及故障发生后的异常现象,如设备是否有异常的响声、冒烟、火花等;故障发生前有无违规、错误操作和频繁地启动、停止、制动等情况;有无经过保养检修或更改线路情况等。

看:观察故障发生后是否有明显的外观灼伤痕迹;熔断器是否熔断;保护电器是否脱扣动作;接线有无脱落;触头是否烧蚀或熔焊;线圈是否过热烧毁等。

听:在不扩大线路故障范围,不损坏电器、设备的前提下可以通电试车,细听电动机、接触器和继电器等电器的声音是否正常;观察各电器动作顺序是否正确。

摸:在刚切断电源后,尽快触摸检查电动机、变压器、电磁线圈及熔断器等,看是否有过热现象。

闻:在故障发生后可以闻一闻,电动机、接触器和继电器线圈绝缘漆及导线的橡胶塑料层是否因过载或短路等故障而发出烧焦味。

(2)分析故障范围

根据电气设备的工作原理和故障现象,采用逻辑分析法结合外观检查法、通电试验法等来缩小故障可能发生的范围。

(3)选择合适的检测方法确定故障点

常用的检测方法有:直观法、电压测量法、电阻测量法、短接法等。查找故障必须在确定的故障范围内,顺着检修思路逐点检查,直到找出故障点。

（4）故障点修复

针对不同故障情况和部位应采取合适的方法修复故障。对于不能修复的，在更换新的电气元器件时要注意尽量使用相同的规格、型号，并进行性能检测，确认性能完好后方可替换，在故障排除中还要注意周围的元器件、导线等，不可再扩大故障。

（5）通电试车

故障修复后，还应重新通电试车，检查生产机械的各项操作是否符合各项技术要求。

2.CA6140型车床常见电气故障检修

（1）主轴电动机不能启动

故障原因及排除方法：发生主轴电动机不能启动的故障时，首先检查故障是发生在主电路还是控制电路，若按下启动按钮，交流接触器KM1不吸合，此故障则发生在控制电路，主要应检查熔断器FU6是否熔断，过载保护热继电器FR1是否动作，交流接触器KM1的线圈接线端子

CA6140型车床常见
电气故障检修

是否松脱，按钮SB1、SB2的触点接触是否良好。若故障发生在主电路，应检查车间配电箱及主电路开关的熔断器的熔丝是否熔断，导线连接处是否有松脱现象，交流接触器KM1主触点的接触是否良好。

（2）主轴电动机缺相运行

现象：按下启动按钮，电动机不启动或转运很慢，并发出"嗡嗡"声。

故障原因及排除方法：出现缺相运行，应立即切断电源，以免烧毁电动机。故障原因是三相电源中有一相断路，检查断路点，排除故障。

（3）启动后不能自锁

现象：按下启动按钮，电动机运转，松开启动按钮，电动机停转。

故障原因及排除方法：拉下电源开关，检查交流接触器的常开辅助触点接头是否松动或接触不良，如果接触正常，再检查接触器自锁触点是否并联在启动按钮两侧，最后检查自锁触点接线是否良好。

（4）照明灯不亮

故障原因及排除方法：故障原因可能是照明电路熔丝烧断，灯泡损坏或照明电路出现断路。应首先检查照明变压器接线，排除变压器接线松脱或初、次级线圈断线等故障，更换熔断器或灯泡，便可恢复正常照明。

（5）冷却泵电动机不能启动

故障原因及排除方法：开关SA1触点不能闭合，应更换；交流接触器KM1辅助触点不能闭合，应修复或更换；熔断器FU1熔体熔断，应更换；热继电器FR2已过动作，应修复或更换；交流接触器KM2线圈或触点已损坏，应修复或更换；冷却泵电动机已损坏，应修复或更换。

（6）快速移动电动机不能启动

故障原因及排除方法：按钮SB3内的触点接触不良，应修复或更换按钮；交流接触器KM3线圈或触点已损坏，应修复或更换；快速移动电动机已损坏，应修复或更换。

【例 5.1】 CA6140 型车床电动机缺相不能运转的检修

（1）故障检修步骤

①机床启动后，交流接触器 KM1 吸合后电动机 M1 不能运转，判断电动机有无"嗡嗡"声，电动机外壳有无微微振动的感觉，如有即为缺相运行，应立即停机。

②用万用表的 AC 500～750 V 挡测量断路器 QF 的进出三相线之间的电压应为 380 V ±10%。

③拆除电动机 M1 的接线启动机床。

④用万用表的 AC 500～750 V 检查交流接触器 KM1 的进出线三相之间的电压应为 380 V ±10%。

⑤若以上无误，切断电源拆开电动机三角形接线端子，用兆欧表检测电动机的三相绕组。

（2）技术要求及注意事项

①电动机有"嗡嗡"声，说明电动机缺相运行，若电动机不运行，则可能是无电源。

②断路器 QF 的电源进线缺相，应检查电源，若出现缺相，应检修断路器 QF 开关。

③交流接触器 KM1 进线电源缺相则电力线路有断点，若出线缺相则交流接触器 KM1 的主触点损坏，需要更换触点。

④带电操作要注意安全，防止仪表的指针造成短路。

⑤万用表的挡位要选择正确以免损坏万用表。

职业素养：

控制电路按照"查线读图法"，即从执行电路—电动机着手，从主电路上看有哪些元器件的触点，根据其组合规律看控制方式。然后在控制电路中由主电路控制元器件的主触点的文字符号找到有关的控制环节及环节间的联系。接着从按启动按钮开始，查找线路，观察元器件的触点信号是如何控制其他控制元器件动作的，再查看这些被带动的控制元器件触点是如何控制执行电器或其他控制元器件动作的，并随时注意控制元器件的触点使执行电器有何种运动或动作，进而驱动被控机械进行何种运动。

【任务实施】

5.1.4 CA6140 型车床主轴电动机不工作电气故障检修

1. 准备工作

（1）分析 CA6140 型普通车床的电气控制原理图，明细电气控制工作原理。

（2）参照电气原理图和电气安装接线图，熟悉车床电气元器件的分布位置和走线情况。

（3）熟悉 CA6140 型车床常见故障电气检修的步骤和方法。

（4）根据任务要求选择合适的设备、工具及仪器仪表。

2. 仪器和设备

CA6140 型车床主轴电动机不工作电气故障检修的实训仪器和设备见表 5 –1。

表 5 - 1　实训仪器和设备表

名称	规格型号	数量
劳动保护用品	工作服、绝缘鞋、安全帽等	
三相四线电源	3 × 380 V/220 V、20 A	
车床实物或模拟实训装置	CA6140 型	1
兆欧表	ZC25 型　500 V	1
万用表	M47 型万用表	1
钳形电流表	MG24　0 ~ 50 A	1
校验灯	220V、40 W	1
电工通用工具	验电笔、钢丝钳、螺丝刀、电工刀、尖嘴钳、活扳手、剥线钳等	1 套

3. 机床故障检修步骤及要求

（1）在有故障的 CA6140 型车床上或人为设置故障的 CA6140 型车床上，由教师示范检修，把检修步骤及要求贯穿其中，直至故障排除。

（2）由教师设置让学生知道的故障点，指导学生如何从故障现象着手进行分析，逐步引导学生采用正确的检查步骤和检修方法排除故障。

（3）教师设置人为的故障，由学生检修。具体要求如下：

①根据故障现象，先在电路图上用虚线正确标出最小范围的故障部位，然后采用正确的检修方法，在规定时间内查出并排除故障。

②检修过程中，分析、排除故障的思路要正确，不得采用更换电气元器件、借用触头或改动线路的方法修复故障。

③检修时，严禁扩大故障范围或产生新的故障，不得损坏电气元器件或设备。

（4）设置故障时应注意以下几点：

①人为设置的故障必须是模拟车床在使用中受外界因素影响而造成的故障；

②切忌设置更改线路或更换元器件等由于人为原因而造成的故障；

③设置的故障应与学生具备的能力相适应；

④学生检修故障时，教师必须在现场密切观察学生操作，随时做好采取应急措施的准备。

4. 主轴电动机不工作电气故障检修步骤

首先根据故障现象在电气原理图上标出可能的最小故障范围，然后按下面的步骤进行检查，直至找出故障点。检修步骤如下：

①接通电源开关，观察电路中的各元器件有无异常，如发热、焦味、异常声响等，如有异常现象的发生，应立即切断电源，重点检查异常部位，并采取相应的措施。

②用万用表的 AC 500 ~ 750 V 挡检查 1—6 和 1—PE 间的电压应为 127 V，判断熔断器 FU6 及变压器 TC 是否有故障。

③用万用表的 AC 500 ~ 750 V 挡检查 1—2、1—3、1—4、1—5 各点的电压值，判断安全行程开关 SQ1、停止按钮 SB2、热继电器 FR1 的常闭触点及交流接触器 KM1 的线圈是否有故障。

④切断电源开关,用万用表的 $R \times 1$ 电阻挡的表笔接到6—3两点,分别按启动按钮 SB1 及交流接触器 KM1 的触头使之闭合,检查启动按钮 SB1 的触点、交流接触器 KM1 的自锁触点是否有故障。

⑤用万用表 $R \times 1$ 电阻挡测量1—2、1—3、4—5 点的电阻值,用 $R \times 10$ 挡测量5—6 点之间的电阻值。

5. 任务实施

根据基于工作过程的实施步骤,按照工作任务单(表5－2),完成工作任务5.1。

表5－2 工作任务单

任务名称	CA6140 型车床主轴电动机不工作电气故障检修		指导教师	
姓名		班级	学号	
地点		组别	完成时间	
工作过程	**实施步骤**	**学生活动**		**实施过程跟踪记录**
	资讯	1. CA6140 型车床电力拖动特点。 2. CA6140 型车床电气控制原理		
	计划	1. 根据工作任务,确定需要收集的相关信息与资料 2. 分析工作任务,确定实训所需电气元器件、工具及仪器仪表 表格:器材名称 | 型号规格 | 数量 3. 组建任务小组 组长: 组员: 4. 明确任务分工,制订任务实施计划表 表格:任务内容 | 实施要点 | 负责人 | 时间		
	决策	根据本任务所学的知识点与技能点,按照工作任务单,完成 CA6140 型车床主轴电动机不工作电气故障检修		

表5-2(续)

实施步骤		学生活动	实施过程 跟踪记录
工作过程	实施	1. 准备实训器材,并检查仪器仪表及实训设备的完好。 2. 分析机床电气控制原理图,明细电气控制工作原理。 3. 熟悉车床电气元器件的分布位置和走线情况。 4. 首先根据故障现象在电气原理图上标出可能的最小故障范围,然后按检修步骤进行检查,直至找出故障点,完成下表。 | 步骤	故障排查位置	检修方法	是否为故障点 | |---|---|---|---|
1			
2			
3				 5. 试车运行,确保机床运行工作正常。 6. 实训结束,机床断电,整理实训器材及工位	
检查与评价	检查	1. 正确分析故障原因。 2. 准确的查找到电气故障点,并予以故障排除。 3. 机床电气故障检修的规范操作	
	评价	根据考核评价表,完成本任务的考核评价	

6. 考核评价

根据考核评价表(表5-3),完成本任务的考核评价。

表5-3 考核评价表

姓名		班级		学号		组别		指导教师			
任务名称	CA6140 型车床主轴电动机不工作电气故障检修					日期		总分			
考核项目	考核要求		评分标准					配分	自评	互评	师评
信息资讯	根据任务要求,课前做好充分的信息咨询,并做好记录;能够正确回答"资讯"环节布置的问题		课前信息咨询的记录					5			
			课中回答问题					5			
项目设计	按照工作过程"计划"与"决策"进行项目设计,项目实施方案合理		方案论证的充分性					5			
			方案设计的合理性					5			

表 5 – 3(续)

考核项目	考核要求	评分标准	配分	自评	互评	师评
项目实施	1. 根据具体电气故障,结合机床电气控制原理图分析,按照安全规范要求,正确利用工具和仪表,分析故障范围,正确查找故障点。2. 对故障点的故障进行故障原因分析,并正确排除故障	正确分析故障原因	10			
		根据故障现象,标出故障范围线段,查找故障点	15			
		正确修复故障	15			
		机床通电工作正常,1 次不成功扣 5 分,若烧毁电气元器件此项不得分	10			
		项目完成时间与质量	10			
职业素养	具有较强的安全生产意识和岗位责任意识,遵守"6S"管理规范;规范使用电工工具与仪器仪表,具有团队合作意识和创新意识	"6S"规范	5			
		团队合作	5			
		创新能力与创新意识	5			
		工具与仪器仪表的使用和保护	5			
合计			100			

TIPS:机床电气故障检修注意事项

(1)检修前要认真阅读电路图,熟练掌握各个控制环节的原理及作用,弄清机床线路走向及元件部位,并认真观摩教师的示范检修。

(2)带电操作时,应做好安全防护,穿绝缘鞋,身体各部分不得碰触机床,并且需要由老师监护。

(3)正确使用仪表,各点测试时表笔的位置要准确,不得与相邻点相碰撞,防止发生短路事故。一定要在断电的情况下使用万用表的欧姆挡测电阻。

(4)发现故障部位后,必须用另一种方法复查,准确无误后,方可修理或更换有故障的元器件。更换时要采用原型号规格的元器件。

(5)在操作中若发出不正常声响,应立即断电,查明故障原因待修。故障噪声主要来自电动机缺相运行,接触器、继电器吸合不正常等。

(6)检修时,严禁扩大故障范围或产生新的故障。

任务 5.2　M7130 型平面磨床电气控制与检修

【任务引入】

一台 M7130 型平面磨床通电运行后,电磁吸盘无吸力,请予以检修。

【任务目标】

了解 M7130 型平面磨床电力拖动特点,熟悉其电气控制系统组成及控制原理,能够检修常见电气故障。

【知识点】

1. M7130 型平面磨床的运动形式及电力拖动特点。

2. M7130 型平面磨床电气控制原理。

3. M7130 型平面磨床故障分析与检修方法。

【技能点】

1. 能够识读和分析 M7130 型平面磨床电气控制原理图。

2. 能根据 M7130 型平面磨床故障现象,分析故障范围,查找故障点,制订维修方案。

3. 能够查阅并分析设备使用说明书等技术手册。

【知识链接】

5.2.1　M7130 型平面磨床的结构及电力拖动特点

1. M7130 型平面磨床结构

机械加工中,当对零件表面的光洁度要求较高时,就需要用磨床进行加工,磨床是用砂轮的周边或端面对工件的表面进行机械加工的一种精密机床。磨床的种类很多,根据用途不同可分为平面磨床、内圆磨床、外圆磨床、无心磨床等。M7130 型平面磨床是平面磨床中使用较为普遍的一种机床,该磨床操作方

M7130 型平面磨床简介

便,磨削精度和光洁度都比较高,适于磨削各类精密零件,并可做镜面磨削。M7130 型平面磨床外形结构如图 5 – 3 所示。

M7130 型平面磨床主要由床身、工作台、电磁吸盘、砂轮箱、滑座和立柱等组成。磨床的工作台面有 T 形槽,可以用螺钉和压板将工件直接固定在工作台上,也可以在工作台上装上电磁吸盘,用来吸持铁磁性工件。砂轮与砂轮电动机均装在砂轮箱内,砂轮直接由砂轮电动机带动旋转;砂轮箱装在滑座上,而滑座装在立柱上。

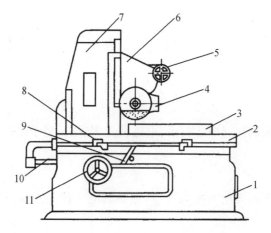

1—床身；2—工作台；3—电磁吸盘；4—砂轮箱；5—砂轮箱横向移动手轮；6—滑座；7—立柱；8—工作台换向撞块；

9—工作台往复运动换向手柄；10—活塞杆；11—砂轮箱垂直进刀手轮。

图 5－3　M7130 型平面磨床外形结构

2. M7130 型平面磨床的主要运动形式

M7130 型平面磨床主运动是砂轮的旋转运动。进给运动有：垂直进给，即砂轮箱和滑座在立柱上的上下运动；横向进给，即砂轮箱沿滑座上的燕尾槽水平运动；纵向进给，即工作台沿床身的往复运动。工作台每完成一次往复运动时，砂轮箱做一次间断性的垂直进给。矩形工作台平面磨床工作图如图 5－4 所示。

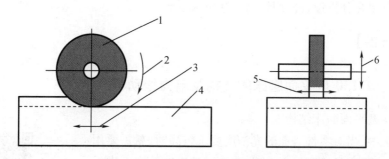

1—砂轮；2—主运动；3—纵向进给运动；4—工作台；5—横向进给运动；6—垂直进给运动。

图 5－4　矩形工作台平面磨床工作图

3. M7130 型平面磨床电力拖动特点及电气控制要求

（1）M7130 型平面磨床的砂轮电动机、液压泵电动机和冷却泵电动机，全部采用普通三相笼型异步电动机。

（2）砂轮电动机完成磨床的主运动。对砂轮电动机没有调速要求，也不需要反转，可直接启动。

（3）平面磨床的纵向和横向进给运动一般采用液压传动，需要一台液压泵电动机驱动，对液压泵电动机也没有调速、反转要求，可直接启动。

（4）平面磨床需要一台冷却泵电动机提供冷却液，冷却泵电动机与砂轮电动机需要顺

M7130 型平面磨床
电力拖动特点

序控制,要求砂轮电动机启动后才能启动冷却泵电动机。

（5）平面磨床采用电磁吸盘来吸持工件。电磁吸盘需要有直流电源,还要有充磁和退磁电路,同时为防止磨削加工时因电磁吸盘吸力不足而造成工件飞出,还要求有弱磁保护;为保证安全,电磁吸盘与三台电动机之间还要有电气联锁装置,即电磁吸盘吸合后,电动机才能启动。

（6）必须具有短路、过载、失压和欠压等必要的保护装置。

（7）具有安全的局部照明装置。

5.2.2　M7130 型平面磨床电气控制系统分析

1. 主电路分析

M7130 型平面磨床电气控制原理图如图 5 - 5 所示。QS1 为电源开关,主电路中有三台电动机,M1 为砂轮电动机,M2 为冷却泵电动机,M3 为液压泵电动机,它们共用一组熔断器 FU1 作为短路保护。砂轮电动机 M1 用交流接触器 KM1 控制,用热继电器 FR1进行过载保护。由于冷却泵电动机 M2 工作于砂轮电动机 M1 之

M7130 型平面磨床
电气控制系统分析

后,所以冷却泵电动机 M2 的控制电路接在交流接触器 KM1 主触点下方,通过接插件 X1 将冷却泵电动机 M2 和砂轮电动机 M1 电源线相连,并且冷却泵电动机 M2 和砂轮电动机 M1在主电路实现顺序控制。冷却泵电动机 M2 的容量较小,没有单独设置过载保护,与砂轮电动机 M1 共用热继电器 FR1;液压泵电动机 M3 由交流接触器 KM2 控制,由热继电器 FR2 做过载保护。

2. 控制电路分析

控制电路采用交流 380 V 电压供电,由熔断器 FU2 做短路保护。由按钮 SB1、SB2 和交流接触器 KM1 构成了砂轮电动机 M1 单向启动和停止控制电路;由按钮 SB3、SB4 和交流接触器 KM2 构成了液压泵电动机 M3 单向启动和停止控制电路。实现两台电动机独立操作控制。

在电动机的控制电路中,串接着转换开关 QS2 的动合触点和欠电流继电器 KA 的动合触点,因此,三台电动机启动的条件是转换开关 QS2 或欠电流继电器 KA 的动合触点闭合,欠电流继电器 KA 线圈串接在电磁吸盘 YH 工作电路中,所以当电磁吸盘 YH 得电工作时,欠电流继电器 KA 线圈得电吸合,接通砂轮电动机 M1 和液压泵电动机 M3 的控制电路,这样就保证了加工工件被电磁吸盘 YH 吸住的情况下,砂轮和工作台才能进行磨削加工,保证了人身及设备的安全。

3. 电磁吸盘控制电路分析

M7130 型平面磨床电路与其他机床电路的主要不同点在于电磁吸盘电路。电磁吸盘是利用线圈通电时产生磁场的特性吸牢铁磁材料工件的一种工具,相对于机械夹紧装置,它具有夹紧迅速,操作快速、简便,不损伤工件,一次能吸牢多个小工件,以及磨削中工件发热可自由伸缩、不会变形等优点;不足之处是只能吸住铁磁材料的工件,不能吸牢非磁性材料（如铝、铜等）的工件。电磁吸盘结构如图 5 - 6 所示。

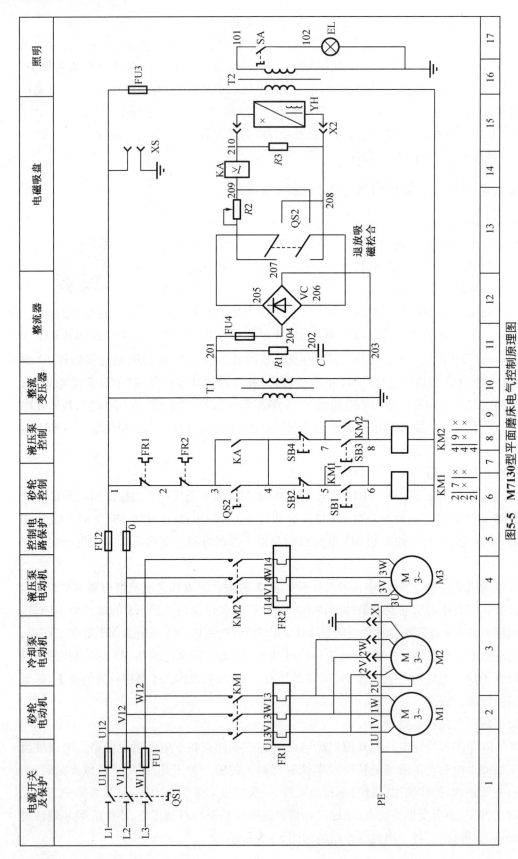

图5-5 M7130型平面磨床电气控制原理图

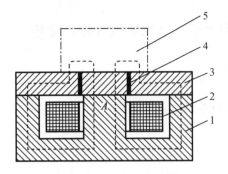

1—钢制吸盘体;2—线圈;3—钢制盖板;4—隔磁板;5—工件。

图5-6　电磁吸盘结构

电磁吸盘 YH 的外壳由钢制箱体和盖板组成。在箱体内部均匀排列的多个凸起的芯体上绕有线圈,盖板则用非磁性材料隔离成若干钢条。当线圈通入直流电后,凸起的芯体和隔离的刚体均被磁化形成磁极。当工件放在电磁吸盘上时也将被磁化,并产生与吸盘相异的磁极,工件被牢牢地吸住。电磁吸盘控制电路包括整流电路、控制电路和保护电路三部分。

整流变压器 T1 将 220 V 的交流电压降为 145 V,经桥式整流器 VC 整流后输出约 110 V 的直流工作电压。转换开关 QS2 是电磁吸盘 YH 的转换控制开关(又叫退磁开关),有"吸合""放松"和"退磁"三个位置。当转换开关 QS2 扳至"吸合"位置时,其触头(205—208 和 206—209)闭合,110 V 直流电压接入电磁吸盘 YH,工件被牢牢吸住。此时,欠电流继电器 KA 线圈得电吸合,其常开触头闭合,接通砂轮电动机和液压泵电动机的控制电路。待工件加工完毕,先把转换开关 QS2 扳到"放松"位置,切断电磁吸盘 YH 的直流电源。此时工件具有剩磁而不能取下,因此,必须进行退磁。将转换开关 QS2 扳到"退磁"位置(205—209 和 206—208),触头退磁结束,将转换开关 QS2 扳回到"放松"位置,即可将工件取下。如果有些工件不易退磁,可将附件退磁器的插头插入插座 XS,使工件在交变磁场的作用下进行退磁。

如果将工件夹在工作台上,不需要电磁吸盘时,则应将电磁吸盘 YH 的插头 X2 从插座上拔下,同时将转换开关 QS2 扳到"退磁"位置,这时,接在控制电路中的转换开关 QS2 的常开触头(3—4)闭合,接通电动机的控制电路。

电磁吸盘的保护电路由放电电阻 $R3$ 和欠电流继电器 KA 组成。电磁吸盘的电感很大,当电磁吸盘从"吸合"状态转变为"放松"状态的瞬间,线圈两端将产生很大的自感电动势,易使线圈或其他电器由于过电压而损坏,因此需要用放电电阻 $R3$ 在电磁吸盘断电瞬间给线圈提供放电通路,吸收线圈释放的磁场能量。欠电流继电器 KA 用来防止电磁吸盘断电时工件脱出,以免发生事故。电阻 $R1$ 与电容器 C 的作用是防止电磁吸盘回路交流侧的过电压。熔断器 FU4 为电磁吸盘提供短路保护。

4.照明电路分析

照明变压器 T2 将 380 V 的交流电压降为 36 V 的安全电压供给照明电路。EL 为照明灯,其一端接地,由开关 SA 控制。熔断器 FU3 做照明电路的短路保护。

5.2.3 M7130 型平面磨床常见电气故障与检修

1. 三台电动机都不能启动

①欠电流继电器 KA 的常开触点接触不良和转换开关 QS2 的触头(3—4)接触不良、接线松脱或有油垢。

**M7130 型平面磨床
常见电气故障检修**

检修故障时,应将转换开关 QS2 扳至"吸合"位置,检查欠电流继电器 KA 常开触头(3—4)的接通情况,不通,则修理或更换元器件,可排除故障;否则,将转换开关 QS2 扳到"退磁"位置,拔掉电磁吸盘插头,检查转换开关 QS2 的触头(3—4)的通断情况,不通,则修理或更换转换开关。

②若欠电流继电器 KA 和转换开关 QS2 的触头(3—4)无故障,电动机仍不能启动,可检查热继电器 FR1、FR2 常闭触头是否动作或接触不良。

2. 电磁吸盘无吸力

首先用万用表测三相电源电压是否正常。若电源电压正常,再检查熔断器 FU1、FU2、FU4 有无熔断现象,接触是否正常。常见的故障是熔断器 FU4 熔断,造成电磁吸盘电路断开,使吸盘无吸力。

如果上述检查均未发现故障,则进一步依次检查电磁吸盘 YH 的线圈、插头 X2、欠电流继电器 KA 的线圈有无断路或接触不良的现象。检修故障时,可使用万用表测量各点电压,查出故障元器件,进行修理或更换,即可排除故障。

3. 电磁吸盘吸力不足

引起这种故障的常见原因是电磁吸盘损坏或整流器输出电压不正常。

电磁吸盘的电源电压由整流器 VC 供给。空载时,整流器直流输出电压应为 130 ~ 140 V,负载时不应低于 110 V。若整流器空载输出电压正常,带负载时电压远低于 110 V,则表明电磁吸盘线圈已短路,短路点多发生在线圈各绕组间的引线接头处。这是由于吸盘密封不好,切削液流入,从而引起绝缘损坏,造成线圈短路。若短路严重,过大的电流会使整流元器件和整流变压器烧坏。出现这种故障,必须更换电磁吸盘线圈,并且要处理好线圈绝缘,安装时要完全密封好。

若电磁吸盘电源电压不正常,多是由整流元器件短路或断路造成的。应检查整流器 VC 的交流侧电压及直流侧电压。若交流侧电压正常,直流输出电压不正常,则表明整流器发生元器件短路或断路故障。如某一桥臂的整流二极管发生断路,将使整流输出电压降低到额定电压的一半;若两个相邻的二极管都断路,则输出电压为零。

排除此类故障时,可用万用表测量整流器的输出及输入电压,判断出故障部位,查出故障元器件,进行更换或修理即可。

4. 电磁吸盘退磁不充分,工件取下困难

(1)故障原因分析

①退磁电路断路,根本没有退磁:应检查转换开关 QS2 接触是否良好,退磁电阻 $R2$ 是否损坏;

②退磁电压过高:应调整退磁电阻 $R2$,使退磁电压为 5 ~ 10 V;

③退磁时间太长或太短:对于不同材质的工件,所需的退磁时间不同,注意掌握好退磁

时间。

（2）故障检修步骤（图5-7）

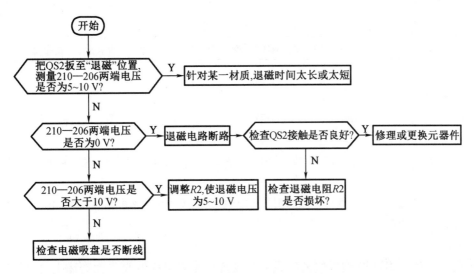

图5-7　M7130型平面磨床电磁吸盘退磁不充分故障检修步骤框图

职业素养：

　　对于有故障的电气设备，不应急于动手，应先询问产生故障的前后经过及故障现象。对于生疏的设备，还应先熟悉电路原理和结构特点，遵守相应规则。拆卸前要充分熟悉每个电气部件的功能、位置、连接方式，以及与四周其他器件的关系，在没有组装图的情况下，应一边拆卸，一边画草图，并记上标记。

【任务实施】

5.2.4　M7130型平面磨床电磁吸盘无吸力电气故障检修

1.仪器和设备

M7130型平面磨床电磁吸盘无吸力电气故障检修的实训仪器和设备见表5-4。

表5-4　实训仪器和设备表

名称	规格型号	数量
劳动保护用品	工作服、绝缘鞋、安全帽等	
三相四线电源	3×380 V/220 V、20 A	
平面磨床实物或模拟实训装置	M7130型	1
兆欧表	ZC25型　500 V	1
万用表	M47型万用表	1

表 5 - 4(续)

名称	规格型号	数量
钳形电流表	MG24　0～50 A	1
校验灯	220 V、40 W	1
电工通用工具	验电笔、钢丝钳、螺丝刀、电工刀、尖嘴钳、活扳手、剥线钳等	1 套

2. 准备工作

①以挂图或者多媒体的形式展现 M7130 型平面磨床的电路图。结合实物详细讲解 M7130 型平面磨床电气控制原理。

②在教师的指导下,对 M7130 型平面磨床进行操作,了解平面磨床的各种工作状态及操作方法。

③在教师的指导下,参照电气原理图和电气安装接线图,熟悉平面磨床电气元器件的分布位置和走线情况。

3. 故障检修步骤

①在有故障的 M7130 型平面磨床或人为设置故障的 M7130 型平面磨床上,由教师示范检修,把检修步骤及要求贯穿其中,直至故障排除。

②由教师设置让学生知道的故障点,指导学生如何从故障现象着手进行分析,逐步引导学生采用正确的检查步骤和检修方法排除故障。

③教师设置人为的故障,由学生检修。

4. 电气故障检修

(1)电路分析

根据故障现象,从电气原理图上分析,故障可能出现在以下电路部分:一是电动机及控制回路,具体包括电动机本身故障,熔断器 FU1、FU2 及交流接触器 KM2 的故障,以及线路连接问题;二是电磁吸盘和整流电路部分。根据故障现象,可以初步判断故障极有可能在电磁吸盘和整流电路部分。

(2)检查线路

首先进行断电检查:用万用表对电磁吸盘及其引出线和插头、插座进行检查,看是否断线或接触不良,有断线或接触不良应解决处理。若处理好后,故障仍然存在,同时发现吸盘仍无吸力,就要进行通电检查,看整流电路有无输出。其故障检修步骤如图 5 - 8 所示。

5. 注意事项

①检修前要认真阅读电路图,熟练掌握各个控制环节的原理及作用,弄清机床线路走向及元器件部位,并认真观摩教师的示范检修。

②带电操作时,应做好安全防护,穿绝缘鞋,身体各部分不得碰触机床,并且需要由教师监护。

③通电检查时,最好将电磁吸盘拆除,用 220 V、40 W 的白炽灯做负载。一是便于观察整流电路直流输出情况,二是因为整流二极管为电流元器件,通电检查必须要接入负载。

④检修整流电路时,不可将二极管的极性接错。若接错一个二极管,将会发生整流器和电源变压器的短路事故。

⑤电磁吸盘的工作环境恶劣,容易发生故障,检修时应特别注意电磁吸盘及其线路。

⑥正确使用仪表,各点测试时表笔的位置要准确,不得与相邻点相碰撞,以防止发生短路事故。一定要在断电的情况下使用万用表的欧姆挡测量电阻。

⑦发现故障部位后,必须用另一种方法复查,准确无误后,方可修理或更换有故障的元器件。更换时要采用原型号规格的元器件。

⑧在操作中若发出不正常声响,应立即断电,查明故障原因。故障噪声主要来自电动机缺相运行,接触器、继电器吸合不正常等。

⑨检修时,严禁扩大故障范围或产生新的故障。

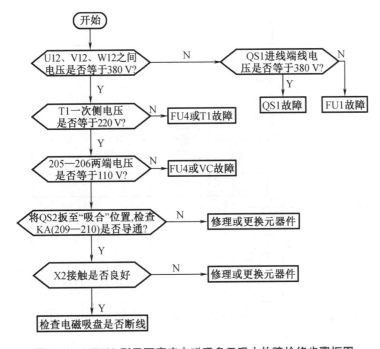

图5-8　M7130型平面磨床电磁吸盘无吸力故障检修步骤框图

6.任务实施

根据基于工作过程的实施步骤,按照工作任务单(表5-5),完成工作任务5.2。

表5-5　工作任务单

任务名称	M7130型平面磨床电磁吸盘无吸力电气故障检修		指导教师	
姓名		班级	学号	
地点		组别	完成时间	
工作过程	实施步骤	学生活动		实施过程跟踪记录
	资讯	1. M7130型平面磨床电力拖动特点。 2. M7130型平面磨床电气控制原理		

表 5 – 5(续)

实施步骤		学生活动	实施过程 跟踪记录
工作过程	计划	1. 根据工作任务,确定需要收集的相关信息与资料 2. 分析工作任务,确定实训所需电气元器件、工具及仪器仪表 | 器材名称	型号规格	数量 | |---|---|---| | | | | | | | | 3. 组建任务小组 组长: 组员: 4. 明确任务分工,制订任务实施计划表 | 任务内容	实施要点	负责人	时间 | |---|---|---|---| | | | | | | | | | |	
	决策	根据本任务所学的知识点与技能点,按照工作任务单,完成 M7130 型平面磨床电磁吸盘无吸力电气故障检修	
	实施	1. 准备实训器材,并检查仪器仪表及实训设备的完好。 2. 分析机床电气控制原理图,明细电气控制工作原理。 3. 熟悉车床电气元器件的分布位置和走线情况。 4. 首先根据故障现象在电气原理图上标出可能的最小故障范围,然后按检修步骤进行检查,直至找出故障点,完成下表。 	步骤	故障排查位置	检修方法	是否为故障点	 |---|---|---|---| | 1 | | | | | 2 | | | | | 3 | | | | 5. 试车运行,确保机床运行工作正常。 6. 实训结束,机床断电,整理实训器材及工位	
检查与评价	检查	1. 正确分析故障原因。 2. 准确的查找到电气故障点,并予以故障修复。 3. 机床电气故障检修的规范操作	
	评价	根据考核评价表,完成本任务的考核评价	

7. 考核评价

根据考核评价表(表5-6),完成本任务的考核评价。

表5-6　考核评价表

姓名		班级		学号		组别		指导教师			
任务名称	M7130型平面磨床电磁吸盘无吸力电气故障检修					日期		总分			
考核项目	考核要求		评分标准					配分	自评	互评	师评
信息资讯	根据任务要求,课前做好充分的信息咨询,并做好记录;能够正确回答"资讯"环节布置的问题		课前信息咨询的记录					5			
			课中回答问题					5			
项目设计	按照工作过程"计划"与"决策"进行项目设计,项目实施方案合理		方案论证的充分性					5			
			方案设计的合理性					5			
项目实施	1. 根据具体电气故障,结合机床电气控制原理图分析,按照安全规范要求,正确利用工具和仪表,分析故障范围,正确查找故障点。 2. 对故障点的故障进行故障原因分析,并正确排除故障		正确分析故障原因					10			
			根据故障现象,标出故障范围线段,查找故障点					15			
			正确修复故障					15			
			机床通电工作正常,1次不成功扣5分,若烧毁电气元器件此项不得分					10			
			项目完成时间与质量					10			
职业素养	具有较强的安全生产意识和岗位责任意识,遵守"6S"管理规范;规范使用电工工具与仪器仪表,具有团队合作意识和创新意识		"6S"规范					5			
			团队合作					5			
			创新能力与创新意识					5			
			工具与仪器仪表的使用和保护					5			
合计								100			

任务5.3　Z3040型摇臂钻床电气控制与检修

【任务引入】

现有一台Z3040型摇臂钻床在使用中出现摇臂不能升降的故障,请予以检修。

【任务目标】

了解Z3040型摇臂钻床电力拖动特点,熟悉电气控制系统组成及控制原理,能够检修常见电气故障。

【知识点】

1. Z3040 型摇臂钻床的运动形式及电力拖动特点。

2. Z3040 型摇臂钻床电气控制原理。

3. Z3040 型摇臂钻床故障分析与检修方法。

【技能点】

1. 能够识读和分析 Z3040 型摇臂钻床电气控制原理图。

2. 能根据 Z3040 型摇臂钻床故障现象,分析故障范围,查找故障点,制订维修方案。

3. 能够查阅并分析设备使用说明书等技术手册。

【知识链接】

5.3.1 Z3040 型摇臂钻床的结构及电力拖动特点

1. Z3040 型摇臂钻床认识

机械加工过程中经常需要加工各种各样的孔,钻床就是一种孔加工设备,可用来钻孔、扩孔、铰孔、攻丝及修刮端面等多种形式的加工。按用途和结构分类,钻床可分为立式钻床、台式钻床、多轴钻床、摇臂钻床及其他专用钻床等。在各类钻床中,摇臂钻床操作方便、灵活,适用范围广,具有典型性,特别适用于单件或批量生产带有多孔大型零件的孔加工,是一般机械加工车间常见的机床。Z3040 型摇臂钻床与其他同类型摇臂钻床相比,在结构、运动形式、电气传动特点及控制要求上基本类似,但 Z3040 型摇臂钻床的夹紧与放松是由电动机配合液压装置自动进行的。

Z3040 型摇臂钻床简介

(1)Z3040 型摇臂钻床结构

Z3040 型摇臂钻床的主要结构及运动情况如图 5-9 所示。在底座上的一端固定着内立柱,内立柱的外面套着外立柱,外立柱可以绕内立柱回转。摇臂的一端为套筒,它套在外立柱上,通过丝杠的正反转可使摇臂沿外立柱做升降移动。摇臂与外立柱之间不能做相对转动,摇臂只能和外立柱一起绕内立柱回转。主轴箱由主传动电动机、主轴传动机构、进给和变速机构以及机床操作机构等组成。可以通过操作手轮使主轴箱在摇臂上沿导轨做水平移动。

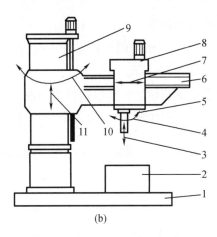

(a)　　　　　　　　　　　　(b)

1—底座;2—工作台;3—主轴纵向进给;4—主轴旋转运动;5—主轴;6—摇臂;7—主轴箱沿摇臂径向运动;

8—主轴箱;9—内外立柱;10—摇臂回转运动;11—摇臂垂直运动。

图 5 – 9　Z3040 型摇臂钻床的主要结构及运动情况示意图

（2）Z3040 型摇臂钻床的运动形式

当进行加工时,由特殊的夹紧装置将主轴箱紧固在摇臂导轨上,而外立柱紧固在内立柱上,摇臂紧固在外立柱上,然后进行钻削加工。钻削加工时,钻头一边进行旋转切削,一边进行纵向进给,其运动形式为:

①主运动:主轴带动钻头的旋转运动。

②进给运动:为主轴的纵向进给及钻头的上下移动。

③辅助运动:摇臂沿外立柱的垂直移动,主轴箱沿摇臂的水平移动,摇臂与外立柱一起绕内立柱的回转运动。

2. Z3040 型摇臂钻床电力拖动特点及电气控制要求

①摇臂钻床运动部件较多,为了简化传动装置,采用多台电动机拖动。Z3040 型摇臂钻床采用 4 台电动机拖动,他们分别是主轴电动机 M1、摇臂升降电动机 M2、液压泵电动机 M3 和冷却泵电动机 M4,这些电动机都采用直接启动方式。

Z3040 型摇臂钻床
电力拖动特点

②为了适应多种形式加工,要求主轴旋转及进给运动有较大的调速范围。主轴在一般速度下的钻削加工常为恒功率负载;而低速时主要用于扩孔、铰孔、攻螺纹等加工,这时则为恒转矩负载。

③摇臂钻床的主运动与进给运动皆为主轴的运动,由一台主轴电动机拖动,分别经过主轴传动机构、进给传动机构实现主轴旋转和进给运动。

④在加工螺纹时,要求主轴能正反转。摇臂钻床主轴正反转一般采用机械方法实现,因此主轴电动机仅需要单向旋转。

⑤摇臂升降电动机要求能正、反向旋转。

⑥内外立柱的夹紧与放松、主轴箱与摇臂的夹紧与放松采用电气—液压装置控制方法,由液压泵电动机拖动液压泵供出压力油来实现。液压泵电动机要求能正、反向旋转,并

根据要求采用点动控制。

⑦摇臂的移动严格按照摇臂松开→摇臂移动→摇臂夹紧的程序进行。因此摇臂的夹紧与升降按自动控制进行。

⑧冷却泵电动机带动冷却泵提供冷却液,只要求单向旋转。

⑨具有联锁与保护环节,以及安全照明、信号指示电路。

5.3.2 Z3040 型摇臂钻床控制电路分析

1. 主电路分析

Z3040 型摇臂钻床电气控制原理图如图 5 - 10 所示,电源由空气隔离开关 QS 引入,熔断器 FU1 用作系统的短路保护,主轴电动机 M1 由交流接触器 KM1 控制,热继电器 FR1 做过载保护,摇臂升降电动机 M2 由交流接触器 KM2、KM3 控制正反转;液压泵电动机 M3 正反转由交流接触器 KM4、KM5 的主触点控制,热继电器 FR2 做过载保护;冷却泵电动机 M4 的工作由组合开关 SA1 控制,熔断器 FU2 用作电动机 M2、M3 主电路的过流和短路保护。

2. 控制电源分析

考虑安全可靠和满足照明指示灯的要求,采用控制变压器 TC 降压供电,其一次侧电压为交流 380 V,二次侧为 127 V、36 V、6.3 V,其中 127 V 电压供给控制电路,36 V 电压作为局部照明电源,6.3 V 作为信号指示电源。

3. 控制电路的设计

(1)主轴电动机 M1 的控制设计

根据设计要求,主轴电动机 M1 的启停由按钮 SB1、SB2 和交流接触器 KM1 线圈及自锁触点来控制。当主轴电动机 M1 过载时,热继电器 FR1 起过载保护作用。

(2)摇臂升降电动机 M2 和液压泵电动机 M3 的控制设计

摇臂通常处于夹紧状态,以免丝杠承担吊挂。在控制摇臂升降时,除摇臂升降电动机 M2 需转动外,还需要摇臂夹紧机构、液压系统协调配合,完成夹紧→松开→夹紧动作。

根据设计要求,这两个电动机须完成升降和夹紧的工作任务,所以,要用行程开关 SQ(1—4)和按钮 SB(3—6)来控制两个电动机的启停和正反转,SQ3、SQ4 分别为松开与夹紧限位开关,SQ1、SQ2 分别为摇臂升降极限开关,SB3、SB4 分别为上升与下降按钮,SB5、SB6 分别为立柱、主轴箱夹紧装置的松开与夹紧按钮。

4. 局部照明及信号指示电路的设计

局部照明设备由照明灯 EL、灯开关 SA2 和照明回路熔断器 FU3 组成。信号指示电路由三路构成:一路为"主电动机工作"指示灯 HL3(绿),在电源接通后,交流接触器 KM1 线圈得电,其辅助常开触点闭合后绿灯立即亮,表示主电动机处于供电状态;一路为"夹紧"指示灯 HL2(黄),若开关 SQ4 被压下,动合触点闭合,动断触点断开,黄灯亮,表示摇臂夹紧;一路为"松开"指示灯 HL1(红),若开关 SQ4 复位,动断触点合上,红灯亮,表示摇臂放松。

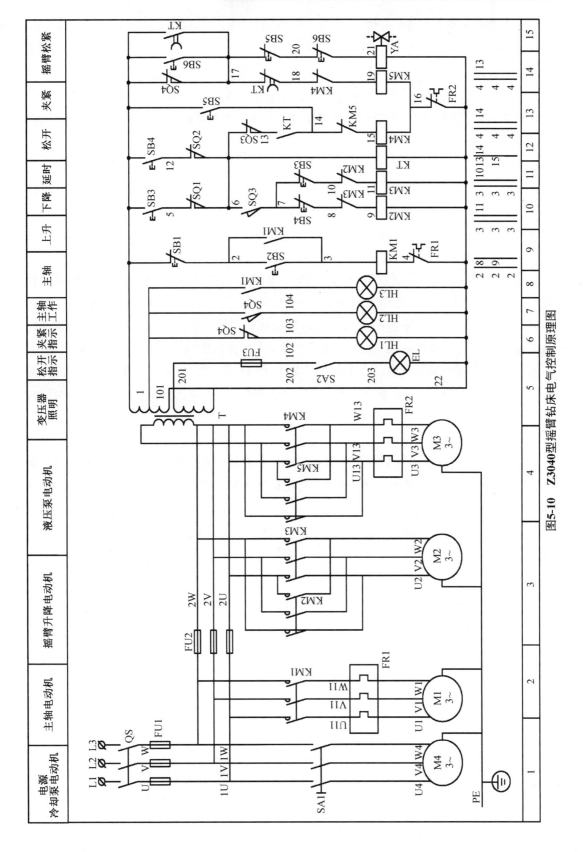

图5-10 Z3040型摇臂钻床电气控制原理图

5.主要线路的工作情况分析

（1）主轴电机 M1 控制

按下启动按钮 SB2，交流接触器 KM1 线圈通电吸合并自锁，其主触点接通主拖动电动机的电源，主电动机 M1 旋转。需要使主电动机停止工作时，按停止按钮 SB1，交流接触器 KM1 断电释放，主电动机 M1 被切断电源而停止工作。主电动机采用热继电器 FR1 做过载保护，采用熔断器 FU1 做短路保护。当主电动机在工作时，指示灯 HL3 亮。

（2）摇臂的升降控制

摇臂升降运动必须在摇臂完全放松的条件下进行，升降过程结束后应将摇臂夹紧固定。摇臂的升/降操作应为点动控制，以保证调整的准确性。摇臂升降运动的动作过程为：摇臂放松→摇臂升/降→摇臂夹紧（夹紧必须在摇臂停止时进行）。

摇臂上升与下降控制的工作过程如下：

按下上升（或下降）控制按钮 SB3（或 SB4），断电延时继电器 KT 线圈通电，同时其动合触点使电磁铁 YA 线圈通电，交流接触器 KM4 线圈通电，液压泵电动机 M3 正转，高压油进入摇臂松开油腔，推动活塞和菱形块实现摇臂的放松。放松至需要高度后，压下行程开关 SQ3，交流接触器 KM4 线圈断电（摇臂放松过程结束），交流接触器 KM2（KM3）线圈得电，其主触点闭合，接通摇臂升降电动机 M2，带动摇臂上升（或下降）。由于此时摇臂已松开，开关 SQ4 被复位，HL1 灯亮，表示松开指示。松开按钮 SB3（SB4），交流接触器 KM2（KM3）线圈断电，摇臂上升（下降）运动停止，时间继电器 KT 线圈断电（电磁铁 YA 线圈仍通电），当延时结束，即摇臂升降电动机 M2 完全停止时，时间继电器 KT 延时闭合动断触点闭合，交流接触器 KM5 线圈得电，液压泵电动机 M3 反向序接通电源而反转，压力油经另一条油路进入摇臂夹紧油腔，反方向推动活塞和菱形块，使摇臂夹紧。摇臂做夹紧运动，当夹紧到一定程度时，压开关 SQ4，动断触点断开，交流接触器 KM5 线圈和电磁铁 YA 线圈断电，电磁阀复位，液压泵电动机 M3 断电停止工作，摇臂上升（下降）运动结束。

TIPS：

1.SQ1（SQ2）为摇臂上升（下降）的限位保护开关。

2.摇臂夹紧：电磁铁 YA 得电，液压泵电动机 M3 正转；摇臂放松：电磁铁 YA 得电，液压泵电动机 M3 反转。

3.当摇臂处于夹紧时，SQ4 处于被压状态，其动合触点闭合，动断触点断开，当摇臂放松时，SQ4 处于复位状态。

（3）主轴箱和立柱的夹紧与放松

根据液压回路原理，电磁换向阀 YA 线圈不通电时，液压泵电动机 M3 的正反转使主轴箱和立柱（外立柱相对于内立柱）同时放松或夹紧。具体操作过程如下：

按下按钮 SB5，交流接触器 KM4 线圈通电，液压泵电动机 M3 正转（YA 不通电），主轴箱和立柱的夹紧装置放松，完全放松后位置开关 SQ4 不受压，指示灯 HL1 做主轴箱和立柱的放松指示，松开按钮 SB5，交流接触器 KM4 线圈断电，液压泵电动机 M3 停转，放松过程结束。HL1 放松指示状态下,可手动操作外立柱带动摇臂沿内立柱回转,以及主轴箱沿摇臂长度方向水平移动。

按下按钮 SB6,交流接触器 KM5 线圈通电,主轴箱和立柱的夹紧装置夹紧,夹紧后压下位置开关 SQ4,指示灯 HL2 做夹紧指示,松开按钮 SB6,交流接触器 KM5 线圈断电,主轴箱和立柱的夹紧状态保持。在 HL2 的夹紧指示灯状态下,可以进行孔加工(此时不能手动移动)。

 TIPS:

> 夹紧机构液压系统压力油由液压泵电动机拖动液压泵供给,实现主轴箱、立柱和摇臂的松开与夹紧。其中,主轴箱和立柱的松开与夹紧由一个油路控制,摇臂的松开与夹紧由另一个油路控制,这两个油路均由电磁阀操纵。主轴箱和立柱的夹紧与松开由液压泵电动机点动就可实现。摇臂的夹紧与松开、摇臂的升降控制有关。

6. 联锁保护环节电路分析

①用限位开关 SQ3 保证摇臂先松开(确保摇臂完全松开再上升),然后才允许摇臂升降电动机工作,以免在夹紧状态下启动摇臂升降电动机,造成摇臂升降电动机电流过大。

②用时间继电器 KT 保证摇臂升降电动机断电后完全停止旋转,即在完全停止升降后,夹紧机构才能夹紧摇臂(确保摇臂上升稳定后再夹紧),以免在摇臂升降电动机旋转时夹紧,造成夹紧机构磨损。

③摇臂升降都设有限位保护。当摇臂上升到上极限位置时,行程开关 SQ1 动断触点断开,交流接触器 KM2 断电,断开摇臂升降电动机 M2 电源,电动机停止旋转,上升运动停止。反之,当摇臂下降到下极限位置时,行程开关 SQ2 动断触点断开,使交流接触器 KM3 断电,断开摇臂升降电动机 M2 的反向电源,电动机停止旋转,下降运动停止。

④液压泵电动机过载保护。若夹紧行程开关 SQ4 调整不当,夹紧后仍不能动作,SQ4 常闭不断开,则会使液压泵电动机长期过载而损坏电动机。所以,这个电动机虽然是短暂运行,也应采用热继电器 FR2 做过载保护。

5.3.3　Z3040 型摇臂钻床常见电气故障与检修

摇臂钻床电气控制的重点和难点环节是摇臂的升降、立柱与主轴箱的夹紧和松开。Z3040 型摇臂钻床的工作过程是由电气、机械及液压系统紧密配合实现的,摇臂移动故障为其常见故障。因此,在维修中不仅要注意电气部分能否正常工作,还要关注它与机械、液压部分的协调关系。下面主要分析这部分电路的常见故障。

**Z3040 型摇臂钻床常见
电气故障检修**

1. 摇臂不能松开

摇臂做升降运动的前提是摇臂必须完全松开,摇臂和主轴箱、立柱的松紧都是通过液压泵电动机 M3 的正反转来实现的,因此先检查一下主轴箱和立柱的松紧是否正常。如果正常,则说明故障不在两者的公共电路中,而在摇臂松开的专用电路上。此时,检查时间继电器 KT 的线圈有无断线,其动合触点(1—17)、(13—14)在闭合时是否接触良好,限位开关的触点 SQ1(5—6)、SQ2(12—6)有无接触不良,等等。

如果主轴箱和立柱的松开也不正常,则故障多发生在交流接触器 KM4 和液压泵电动机 M3 这部分电路上。此时,检查交流接触器 KM4 线圈是否断线、主触点是否接触不良,交流接触器 KM5 的动断互锁触点(14—15)是否接触不良等。如果是液压泵电动机 M3 或热继电器 FR2 出现故障,则摇臂、立柱和主轴箱都不能松开,也不能夹紧。

2. 摇臂升降到位后夹不紧

如果摇臂升降到位后夹不紧(而不是不能夹),通常是行程开关 SQ4 的故障造成的。由摇臂夹紧的动作过程可知,夹紧动作的结束是由位置开关 SQ4 来完成的。如果 SQ4 动作过早,会使液压泵电动机 M3 尚未充分夹紧就停转。常见的故障原因是行程开关 SQ4 安装位置不合适或固定螺丝松动造成 SQ4 移位,使行程开关 SQ4 在摇臂夹紧动作未完成时就被压上,其动断触点断开,交流接触器 KM5 断电,液压泵电动机 M3 提前停转,从而造成夹不紧。

TIPS:

排除故障时,首先判断是液压系统的故障,还是电气系统的故障,对电气系统方面的故障,应重新调整行程开关 SQ4 的动作距离,固定好螺钉。

3. 立柱、主轴箱不能夹紧或松开

立柱、主轴箱不能夹紧或松开的可能原因是油路堵塞、交流接触器 KM4 或 KM5 不能吸合。出现故障时,应检查按钮 SB5、SB6 接线情况是否良好。若交流接触器 KM4 或 KM5 能吸合,液压泵电动机 M3 能运转,可排除电气系统方面的故障,应请液压、机械修理人员检修油路,以确定是否是油路故障。

4. 立柱夹紧机构夹紧力的调整

在工作中常因摇臂夹不紧而无法工作,造成工件报废影响生产,摇臂内外柱夹紧力的大小直接影响机床在切削时的夹紧力,夹紧力正常可避免切削过程中的摆动。当立柱夹不紧时,首先应检查夹紧液压泵的压力是否达到 2.5 ~ 3.5 MPa。检查方法如下:

将摇臂电器门打开,然后将油压表接到电磁阀测压处螺钉孔内,分别按夹紧、松开按钮,观察压力是否达到 2.5 ~ 3.5 MPa,如未达到就需调整液压泵压力,使其达到工作压力;若液压泵压力正常还未能夹紧,可将立柱松开,卸下立柱顶上的盖板,适当地拧紧柱顶上的锁紧螺钉,然后再夹紧立柱,在摇臂末端施加 1.28 kN 的水平推力。如内外柱之间不产生相对转动则表明夹紧力已调整适当。如锁紧螺钉已调至极限位置,夹紧力仍不够大时,可将立柱松开,适当拧松圆板弹上的六角头螺钉,再重新调整夹紧力,调好后再检查松开情况,立柱松开后在摇臂末端施加不大于 30 N 的水平推力就能使摇臂回转。

5. 摇臂上升或下降限位保护开关失灵

检查限位开关 SQ1 或 SQ2,产生此故障的原因通常是限位开关 SQ1 或 SQ2 损坏,或是其安装位置移动。

限位开关 SQ1(SQ2)的失灵分两种情况:一是开关损坏,触头不能因开关动作而闭合或接触不良使电路断开,由此使摇臂不能上升或下降;二是组合开关不能动作,触头熔焊,使电路始终处于接通状态,当摇臂上升或下降到极限位置后,摇臂升降电动机 M2 发生堵转,这时应立即松开按钮 SB4 或 SB5。根据上述情况进行分析,找出故障原因,更换或修理失灵的限位开关 SQ1 或 SQ2 即可。

职业素养:

　　电气设备都以电气与机械原理为基础,特别是机电一体化的先进设备,机械和电子在功能上有机配合,是一个整体的两个部分。往往机械部件出现故障,会影响电气系统,使许多电气部件的功能不起作用。因此不要被表面现象迷惑,电气系统出现故障并不全都是电气系统本身问题,有可能是机械部件发生故障所造成的。因此先检修机械系统所产生的故障,再排除电气部分的故障,往往会收到事半功倍的效果。

【任务实施】

5.3.4　Z3040 型摇臂钻床摇臂不能升降电气故障检修

1. 仪器和设备

Z3040 型摇臂钻床摇臂不能升降电气故障检修的实训仪器和设备见表 5－7。

表 5－7　实训仪器和设备表

名称	规格型号	数量
劳动保护用品	工作服、绝缘鞋、安全帽等	
三相四线电源	3×380 V/220 V、20 A	
摇臂钻床实物或模拟实训装置	Z3040 型	1
兆欧表	ZC25 型　500 V	1
万用表	M47 型万用表	1
钳形电流表	MG24　0～50 A	1
校验灯	220 V、40 W	1
电工通用工具	验电笔、钢丝钳、螺丝刀、电工刀、尖嘴钳、活扳手、剥线钳等	1 套

2. 准备工作

①以挂图或者多媒体的形式展示 Z3040 型摇臂钻床的电路图。结合实物详细讲解 Z3040 型摇臂钻床电气控制原理。

②在教师指导下对 Z3040 型摇臂钻床进行操作,了解摇臂钻床的各种工作状态及操作方法。

③在教师的指导下,参照电气原理图和电气安装接线图,熟悉摇臂钻床电气元器件的分布位置和走线情况。

3.故障检修步骤

①在有故障的 Z3040 型摇臂钻床或人为设置故障的 Z3040 型摇臂钻床上,由教师示范检修,把检修步骤及要求贯穿其中,直至故障排除。

②由教师设置让学生知道的故障点,指导学生如何从故障现象着手进行分析,逐步引导学生采用正确的检查步骤和检修方法排除故障。

③教师人为设置故障,由学生检修。

4.电气故障检修

(1)故障原因分析

除前述摇臂不能松开的原因之外,可能的原因还有:

①行程开关 SQ3 的动作不正常,是导致摇臂不能升降最常见的故障。由摇臂升降过程可知,摇臂升降电动机 M2 旋转,带动摇臂升降,其条件是使摇臂从立柱上完全松开后,活塞杆压合位置开关 SQ3。所以发生故障时,应首先检查位置开关 SQ3 是否动作,若位置开关 SQ3 不动作,一般是由于其安装位置移动或开关已损坏。这样,摇臂虽已放松,但活塞杆压不上位置开关 SQ3,摇臂就不能升降。有时,液压系统发生故障,使摇臂放松不够,也会压不上位置开关 SQ3,使摇臂不能运动。由此可见,位置开关 SQ3 非常重要,排除故障时,应配合机械、液压调整好后紧固。

②控制摇臂升降电动机 M2 正反转的交流接触器 KM2、KM3 及相关电路发生故障,也会造成摇臂不能升降。在排除了其他故障之后,应对此进行检查。

③如果是摇臂上升正常而不能下降,或者下降正常而不能上升,则应单独检查相关的电路及电器部件(如按钮、接触器、限位开关的有关触点)。

④液压泵电动机 M3 电源相序接反时,按上升按钮 SB3(或下降按钮 SB4),液压泵电动机 M3 反转,使摇臂夹紧,压不上位置开关 SQ3,摇臂也就不能升降。所以在钻床大修或安装后,一定要检查电源相序。

(2)摇臂不能升降故障检修

请学生参照 M7130 型平面磨床电气故障检修时对电路分析和检测线路的方法自行完成。

5.注意事项

①检修前要认真阅读电路图,熟练掌握各个控制环节的原理及作用,弄清机床线路走向及元器件部位,并认真观摩教师的示范检修。

②带电操作时,应做好安全防护,穿绝缘鞋,身体各部分不得碰触机床,并且需要由教师监护。

③摇臂的升降是一个由机械、液压和电气配合实现的自动控制过程,检修时要特别注意三者之间的配合。

④检修时,不能改变摇臂升降电动机原来的电源相序,以免使摇臂升降反向,造成事故。

⑤正确使用仪表,各点测试时表笔的位置要准确,不得与相邻点相碰撞,以防止发生短路事故。一定要在断电的情况下使用万用表的欧姆挡测量电阻。

⑥发现故障部位后,必须用另一种方法复查,准确无误后,方可修理或更换有故障的元器件。更换时要采用原型号规格的元器件。

⑦在操作中若发出不正常声响,应立即断电,查明故障原因。故障噪声主要来自电动机缺相运行,接触器、继电器吸合不正常等。

⑧检修时,严禁扩大故障范围或产生新的故障。

6. 任务实施

根据基于工作过程的实施步骤,按照工作任务单(表5-8),完成工作任务5.3。

表5-8 工作任务单

任务名称	Z3040型摇臂钻床摇臂不能升降电气故障检修		指导教师	
姓名		班级	学号	
地点		组别	完成时间	
工作过程	实施步骤	学生活动		实施过程跟踪记录
	资讯	1. Z3040型摇臂钻床电力拖动特点。 2. Z3040型摇臂钻床电气控制原理		
	计划	1. 根据工作任务,确定需要收集的相关信息与资料 2. 分析工作任务,确定实训所需电气元器件、工具及仪器仪表 _器材名称 / 型号规格 / 数量_ 3. 组建任务小组 组长: 组员: 4. 明确任务分工,制订任务实施计划表 _任务内容 / 实施要点 / 负责人 / 时间_		
	决策	根据本任务所学的知识点与技能点,按照工作任务单,Z3040型摇臂钻床摇臂不能升降电气故障检修		

表 5-8(续)

实施步骤		学生活动	实施过程跟踪记录
工作过程	实施	1.准备实训器材,并检查仪器仪表及实训设备的完好。 2.分析机床电气控制原理图,明细电气控制工作原理。 3.熟悉车床电气元器件的分布位置和走线情况。 4.首先根据故障现象在电气原理图上标出可能的最小故障范围,然后按检修步骤进行检查,直至找出故障点,完成下表。 <table><tr><td>步骤</td><td>故障排查位置</td><td>检修方法</td><td>是否为故障点</td></tr><tr><td>1</td><td></td><td></td><td></td></tr><tr><td>2</td><td></td><td></td><td></td></tr><tr><td>3</td><td></td><td></td><td></td></tr></table> 5.试车运行,确保机床运行工作正常。 6.实训结束,机床断电,整理实训器材及工位	
检查与评价	检查	1.正确分析故障原因。 2.准确的查找到电气故障点,并予以故障修复。 3.机床电气故障检修的规范操作	
	评价	根据考核评价表,完成本任务的考核评价	

7. 考核评价

根据考核评价表(表5-9),完成本任务的考核评价。

表 5-9 考核评价表

姓名		班级		学号		组别		指导教师			
任务名称	Z3040型摇臂钻床摇臂不能升降电气故障检修					日期		总分			
考核项目	考核要求		评分标准				配分	自评	互评	师评	
信息资讯	根据任务要求,课前做好充分的信息咨询,并做好记录;能够正确回答"资讯"环节布置的问题		课前信息咨询的记录				5				
			课中回答问题				5				
项目设计	按照工作过程"计划"与"决策"进行项目设计,项目实施方案合理		方案论证的充分性				5				
			方案设计的合理性				5				

表 5-9(续)

考核项目	考核要求	评分标准	配分	自评	互评	师评
项目实施	1.根据具体电气故障,结合机床电气控制原理图分析,按照安全规范要求,正确利用工具和仪表,分析故障范围,正确查找故障点。 2.对故障点的故障进行故障原因分析,并正确排除故障	正确分析故障原因	10			
		根据故障现象,标出故障范围线段,查找故障点	15			
		正确修复故障	15			
		机床通电工作正常,1次不成功扣5分,若烧毁电气元器件此项不得分	10			
		项目完成时间与质量	10			
职业素养	具有较强的安全生产意识和岗位责任意识,遵守"6S"管理规范;规范使用电工工具与仪器仪表,具有团队合作意识和创新意识	"6S"规范	5			
		团队合作	5			
		创新能力与创新意识	5			
		工具与仪器仪表的使用和保护	5			
合计			100			

任务 5.4　X62W 型万能铣床电气控制与检修

【任务引入】

现有一台 X62W 型万能铣床出现了工作台不能左右运动的故障,请予以检修。

【任务目标】

了解 X62W 型万能铣床电力拖动特点,熟悉电气控制系统组成及控制原理,能够检修常见电气故障。

【知识点】

1. X62W 型万能铣床的运动形式及电力拖动特点。

2. X62W 型万能铣床电气控制原理。

3. X62W 型万能铣床故障分析与检修方法。

【技能点】

1. 能够识读和分析 X62W 型万能铣床电气控制原理图。

2. 能根据 X62W 型万能铣床故障现象,分析故障范围,查找故障点,制订维修方案。

3. 能够查阅并分析设备使用说明书等技术手册。

【知识链接】

5.4.1　X62W 型万能铣床的结构及电力拖动特点

1. X62W 型万能铣床结构和主要运动形式

（1）X62W 型万能铣床结构

铣床在机床设备中占有很大的比重,在数量上仅次于车床,可用来加工平面、斜面、沟槽,装上分度头可以铣削直齿齿轮和螺旋面,装上圆工作台,可铣削凸轮和弧形槽。铣床的种类很多,有卧式铣床、立式铣床、龙门铣床、仿形铣床和各种专用铣床等。

X62W 型万能铣床简介

图 5 - 11 是 X62W 型万能铣床外形及结构图,其主要由底座、床身、悬梁、刀杆支架、溜板、工作台等组成。在刀杆支架上安装有与主轴相连的刀杆和铣刀,顺铣时为一转动方向,逆铣时为另一转动方向,床身前面有垂直导轨,升降工作台带动工作台沿垂直导轨上下移动,完成垂直方向的进给,升降工作台上的水平工作台,还可在左右(纵向)方向及横向上移动进给,回转工作台可单向转动。进给电动机经机械传动链传动,通过机械离合器在选定的进给方向驱动工作台移动进给。此外,溜板可绕垂直轴线方向左右旋转 45°,使得工作台还能在倾斜方向进行进给,便于加工螺旋槽。该机床还可安装圆形工作台,以扩展铣削功能。

（2）X62W 型万能铣床的运动形式

主运动:主轴带动刀杆和铣刀的旋转运动;

进给运动:工作台带动工件在水平的横向、纵向及垂直三个方向的运动,以及圆形工作台的旋转运动;

辅助运动:工作台在三个方向的快速移动。

2. X62W 型万能铣床电力拖动特点及控制要求

①电动机 M1 为空载直接启动,为满足顺铣和逆铣工作方式转换的要求,电动机要求有正反转,为了提高生产率,采用电磁制动器进行停车制动,同时从安全和操作方便考虑,换刀时主轴也处于制动状态。

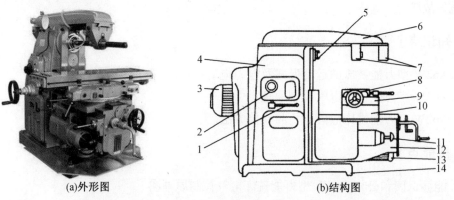

(a)外形图　　　　　　　　　　　　(b)结构图

1—主轴变速手柄;2—主轴变速数字盘;3—主轴电动机;4—床身(立柱);5—主轴;6—悬梁;7—刀杆支架;8—工作台;
9—转动部分;10—溜板;11—进给变速手轮及数字盘;12—工作台升降及横向操纵手柄;13—进给电动机;14—底盘。

图 5 - 11　X62W 万能铣床外形及结构图

②电动机 M2 负责拖动工作台横向、纵向和垂直三个方向的进给运动,选用直接启动方式,进给方向的选择由操作手柄配合相应机械传动来实现,且每个方向均有正、反向运动,即要求电动机 M2 有正反转。

③电动机 M3 拖动冷却泵,在铣削加工时提供必要的冷却液。

④使用圆工作台时,工作台不能有其他方向进给,因此圆工作台旋转与三个方向的进给运动间设有联锁控制。

⑤主轴与进给工作顺序为有序联锁控制,要求加工开始时铣刀先旋转,进给运动才能进行;加工结束时,进给运动要先于铣刀停止。

⑥为提高生产效率,工作台各方向调整运动均为快速移动。

⑦为方便操作,各部分启、停控制均为两地控制。

⑧具有必要的安全保护功能,三台电动机之间有联锁控制功能。

5.4.2　X62W 型万能铣床的电气控制系统分析

1. 主电路分析

如图 5 - 12 所示,主电路共有三台电动机,M1 为主轴电动机,M2 为进给电动机,M3 为冷却泵电动机。主电路的控制和保护电器见表 5 - 10。

表 5 - 10　主电路的控制和保护电器

名称及代号	功能	控制电器	过载保护电器	短路保护电器
主轴电动机 M1	拖动主轴带动铣刀旋转	交流接触器 KM1 和组合开关 SA3	热继电器 KH1	熔断器 FU1
进给电动机 M2	拖动进给运动和快速移动	交流接触器 KM3 和 KM4	热继电器 KH3	熔断器 FU2
冷却泵电动机 M3	供应冷却液	手动开关 QS2	热继电器 KH2	熔断器 FU3

2. 控制电路分析

控制电路的电源由控制变压器 TC 输出 110 V 电压供电。

(1)主轴电动机 M1 的控制

为方便操作,主轴电动机 M1 采用两地控制方式,一组启动按钮 SB1 和停止按钮 SB5 安装在工作台上,另一组启动按钮 SB2 和停止按钮 SB6 安装在床身上。主轴电动机 M1 的控制包括启动控制、制动控制、换刀控制和变速冲动控制,具体见表 5 - 11。

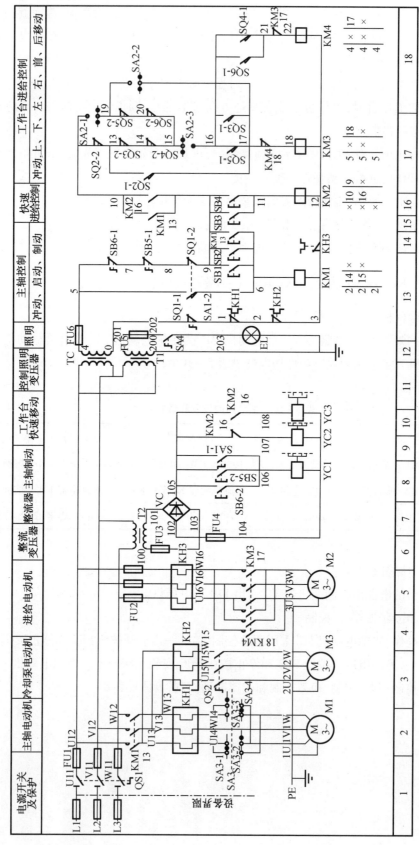

图5-12　X62W型万能铣床电气控制原理图

表 5 – 11　主轴电动机 M1 的控制

控制要求	控制作用	控制过程
启动控制	启动主轴电动机 M1	选择好主轴的转速和转向,按下启动按钮 SB1 或 SB2,交流接触器 KM1 得电吸合并自锁,主轴电动机 M1 启动运转,同时交流接触器 KM1 的辅助常开触头(9—10)闭合,为工作台电路提供电源
制动控制	停车时使主轴迅速停转	按下停止按钮 SB5(或 SB6),其常闭触头 SB5 – 1 或 SB – 6(13 区),交流接触器 KM1 线圈断电,交流接触器 KM1 的主触头分断,主轴电动机 M1 断电做惯性运转;常开触头 SB5 – 2 或 SB6 – 2(8 区)闭合,电磁离合器 YC1 通电,M1 制动停转
换刀控制	要换铣刀时将主轴制动,以方便换刀	将转换开关 SA1 扳向换刀位置,其常开触头 SA1 – 1(8 区)闭合,电磁离合器 YC1 得电将主轴制动;同时常闭触头 SA1 – 2(13 区)断开,切断控制电路,铣床不能通电运转,确保人身安全
变速冲动控制	保证变速后齿轮能良好啮合	变速时先将变速手柄向下压并向外拉出,转动变速盘,选定所需转速后,将手柄推回,此时冲动开关 SQ1(13 区)短时受压,主轴电动机 M1 点动,手柄推回原位后,冲动开关 SQ1 复位,主轴电动机 M1 断电,变速冲动结束

(2)进给电动机 M2 的控制

铣床的工作台要求有前后、左右和上下六个方向上的进给运动和快速移动,并且可在工作台上安装附件圆形工作台,进行对圆弧或凸轮的铣削加工。这些运动都由进给电动机 M2 拖动。

①工作台前后、左右和上下六个方向上的进给运动控制:工作台的前后和上下进给运动由一个手柄控制,左右进给运动由另一个手柄控制。控制手柄的位置与工作台运动方向的关系见表 5 – 12。

表 5 – 12　控制手柄的位置与工作台运动方向的关系

控制手柄	手柄位置	行程开关动作	接触器动作	进给电动机 M2 转向	传动链搭合丝杠	工作台运动方向
左右进给手柄	左	SQ5	KM3	正转	左右进给丝杠	向左
	中	—	—	停止	—	停止
	右	SQ6	KM4	反转	左右进给丝杠	向右
上下和前后进给手柄	上	SQ4	KM4	反转	上下进给丝杠	向上
	下	SQ3	KM3	正转	上下进给丝杠	向下
	中	—	—	停止	—	停止
	前	SQ3	KM3	正转	前后进给丝杠	向前
	后	SQ4	KM4	反转	前后进给丝杠	向后

下面以工作台的左右移动为例分析工作台的进给。

左右进给操作手柄与行程开关 SQ5 和 SQ6 联动,有左、中、右三个位置,其控制关系见表 5 − 6。当手柄扳向中间位置时,行程开关 SQ5 和 SQ6 均未被压合,进给控制电路处于断开状态;当手柄扳向左(或右)位置时,手柄压下行程开关 SQ5(或 SQ6),同时将电动机的传动链和左右进给丝杠相连。其控制过程如图 5 − 13 所示。

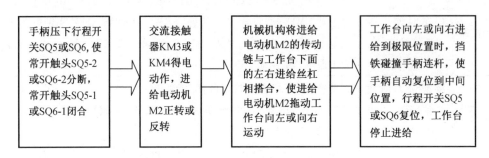

图 5 − 13   工作台的左右移动控制过程

通过以上分析可见,两个操作手柄被置定于某一方向后,只能压下四个行程开关 SQ3、SQ4、SQ5、SQ6 中的一个开关,接通进给电动机 M2 正转或反转电路,同时通过机械机构将电动机的传动链与三根丝杠(左右丝杠、上下丝杠、前后丝杠)中的一根丝杠相搭合,拖动工作台沿选定的进给方向运动,而不会沿其他方向运动。

②左右进给与上下前后进给的联锁控制:控制进给的两个手柄中,当其中的一个操作手柄被置定在某一进给方向后,另一个操作手柄必须置于中间,否则将无法实现任何进给运动。这是因为在控制电路中对两者实行了联锁保护。如当把左右进给手柄扳向左时,若又将另一个进给手柄扳到向下进给方向,则行程开关 SQ5 和 SQ3 均被压下,常闭触头 SQ5 − 2 和 SQ3 − 2 分断,断开了交流接触器 KM3 和 KM4 的通路,从而使进给电动机 M2 停转,保证了操作安全。

③进给变速时的瞬时点动:和主轴变速时一样,进给变速时,为使齿轮进入良好的啮合状态,也要进行变速后的瞬时点动。进给变速时,必须先把进给操纵手柄放在中间位置,然后将进给变速盘(在升降台前面)向外拉出,选择好速度后,再将变速盘推进去。在推进的过程中,挡块压下行程开关 SQ2,使触头 SQ2 − 2 分断,SQ2 − 1 闭合,交流接触器 KM3 经 10—19—20—15—14—13—17—18 路径得电动作,进给电动机 M2 启动;但随着变速盘复位,行程开关 SQ2 跟着复位,使交流接触器 KM3 断电释放,进给电动机 M2 失电停转。这样使进给电动机 M2 瞬时点动一下,齿轮系统产生一次抖动,齿轮便顺利啮合了。

④工作台的快速移动控制:快速移动是通过两个进给操作手柄和快速移动按钮 SB3 或 SB4 配合实现的。其控制过程如图 5 − 14 所示。

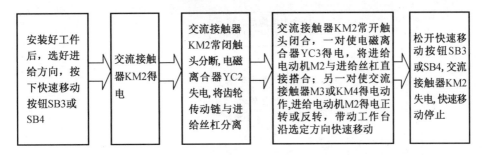

安装好工件后,选好进给方向,按下快速移动按钮SB3或SB4	交流接触器KM2得电	交流接触器KM2常闭触头分断,电磁离合器YC2失电,将齿轮传动链与进给丝杠分离	交流接触器KM2常开触头闭合,一对使电磁离合器YC3得电,将进给电动机M2与进给丝杠直接搭合;另一对使交流接触器M3或KM4得电动作,进给电动机M2得电正转或反转,带动工作台沿选定方向快速移动	松开快速移动按钮SB3或SB4,交流接触器KM2失电,快速移动停止

图5-14　工作台的快速移动控制过程

⑤圆形工作台的控制:圆形工作台的工作由转换开关 SA2 控制。当需要圆形工作台旋转时,将转换开关 SA2 扳到接通位置,此时触头 SA2-1 与 SA2-3 断开,触头 SA2-2 闭合,电流经 10—13—14—15—20—19—17—18 路径,使交流接触器 KM3 得电,进给电动机 M2 启动,通过一根专用轴带动圆形工作台做旋转运动。

当不需要圆形工作台旋转时,转换开关 SA2 扳到断开位置,这时触头 SA2-1 和 SA2-3 闭合,触头 SA2-2 断开,工作台在六个方向上正常进给,圆形工作台不能工作。

圆形工作台转动时其余进给一律不准运动,两个进给手柄必须置于零位。若出现误操作,扳动两个进给手柄中的任意一个,则必然压合行程开关 SQ3～SQ6 中的一个,使电动机停止转动。圆形工作台加工中不需要调速,也不要求正反转。

(3)冷却泵及照明电路的控制

主轴电动机 M1 和冷却泵电动机 M3 采用的是顺序控制,即只有在主轴电动机 M1 启动后,冷却泵电动机 M3 才能启动。冷却泵电动机 M3 由手动开关 QS2 控制。机床照明由变压器 T1 供给 24 V 的安全电压,由开关 SA4 控制。熔断器 FU5 做照明电路的短路保护。

5.4.3　X62W 型万能铣床常见电气故障分析与检修

1. 主轴电动机 M1 不能启动

故障原因分析:开关、熔断器、交流接触器、继电器接线或触头故障。

故障检修:首先检查各开关是否处于正常工作位置,然后检查三相电源、熔断器、热继电器的常闭触头,两地启停按钮及交流接触器的情况,看有无电器损坏、接线脱落、接触不良、线圈断路等现象。另外,还应检查主轴变速冲动开关,因为由于开关位置移动甚至撞坏,或常闭触头接触不良而引起的故障也很多。其故障检修步骤如图 5-15 所示。

**X62W 型万能铣床常见
电气故障检修**

2. 工作台各个方向都不能进给

故障原因分析:进给电动机不能启动。

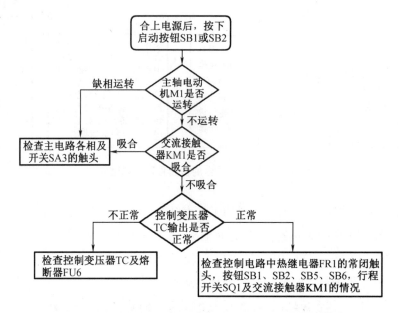

图 5-15　X62W 型万能铣床主轴电动机不能启动故障检修步骤

检修方法:首先检查圆形工作台的控制开关 SA2 是否在"断开"位置,若没问题,接着检查控制主轴电动机的交流接触器 KM1 是否已吸合动作,因为只有控制主轴电动机的交流接触器吸合后,控制进给电动机的交流接触器才能得电。如果交流接触器 KM1 不能得电吸合,则表明控制回路电源有故障,可检查控制变压器 TC 是否正常,熔断器是否熔断。待电压正常,交流接触器 KM1 吸合,主轴旋转后,若各个方向仍无进给运动,可扳动进给手柄至各个运动方向,观察其相关的交流接触器是否吸合,若吸合,则表明故障发生在主回路和进给电动机上,常见的故障有接触器主触头接触不良、主触头脱落,机械卡死,电动机接线脱落和电动机绕组断路等。除此之外,行程开关 SQ2、SQ3、SQ4、SQ5、SQ6 出现故障,触头不能闭合接通或接通不良,也会使工作台不能进给。

3. 工作台能向左向右进给,不能向前后、上下进给

故障原因分析:行程开关 SQ5 或 SQ6 由于经常被压合,造成螺钉松动、开关移位、触头接触不良、开关机构卡死等问题,使线路断开或开关不能复位闭合,电路 19—20 或 15—20 断开。

检修方法:检修故障时,用万用表欧姆挡测量 SQ5-2 或 SQ6-2 的接通情况,查找故障部位,修理或更换元器件,就可以排除故障。注意测量 SQ5-2 或 SQ6-2 的接通情况时,应操纵前后、上下进给手柄,使 SQ3-2 或 SQ4-2 断开,否则电路通过 19—10—13—14—15—20 导通,会误认为 SQ5-2 或 SQ6-2 接触良好。

4. 工作台能向前后、上下进给,不能向左右进给

故障原因分析:行程开关 SQ3、SQ4 出现故障。

故障检修:参照上例检查行程开关的常闭触头 SQ3-2、SQ4-2。

5. 工作台不能快速移动,主轴制动失灵

故障原因分析:电磁离合器工作不正常。

故障检修:检查接线有无松脱,整流变压器 T2、熔断器 FU3、FU4 的工作是否正常,整流

器中的四个整流二极管是否损坏,若有二极管损坏,将导致输出直流电压偏低,吸力不够。电磁离合器线圈是用环氧树脂黏合在电磁离合器的套筒内,散热条件差,易发热而烧毁。另外,由于电磁离合器的动摩擦片和静摩擦片经常摩擦,因此它们是易损件,检修时也不可忽视这些问题。

6. 变速时不能冲动控制

故障原因分析:冲动行程开关 SQ1 或 SQ2 经常受到频繁冲击,使开关位置改变(压不上开关),甚至开关底座被撞坏或接触不良,使线路断开,从而造成主轴电动机或进给电动机不能瞬时点动。

故障检修:修理或更换行程开关,并调整好行程开关的动作距离,即可恢复冲动控制。

> **职业素养:**
>
> 　电气机床故障检修按照先简单,后复杂,先普遍,后疑难的原则。
>
> 　检修故障要先用最简单易行、自己最拿手的方法去处理,再用复杂、精确的方法。排除故障时,先排除直观、简单、常见的故障,后排除难度较高、没有处理过的疑难故障。

【任务实施】

5.4.4　X62W 型万能铣床工作台不能左右运动的故障检修

1. 仪器和设备

X62W 型万能铣床工作台不能左右运动的故障检修的实训仪器和设备见表 5 – 13。

表 5 – 13　实训仪器和设备表

名称	规格型号	数量
劳动保护用品	工作服、绝缘鞋、安全帽等	
三相四线电源	3 × 380 V/220 V、20 A	
万能铣床实物或模拟实训装置	X62W 型	1
兆欧表	ZC25 型　500 V	1
万用表	M47 型万用表	1
钳形电流表	MG24　0 ~ 50 A	1
校验灯	220 V、40 W	1
电工通用工具	验电笔、钢丝钳、螺丝刀、电工刀、尖嘴钳、活扳手、剥线钳等	1 套

2. 准备工作

①熟悉铣床的主要结构和运动形式,对铣床进行实际操作,了解铣床的各种工作状态及操作手柄的作用。

②熟悉 X62W 型万能铣床电气元器件的安装位置、走线情况及操作手柄处于不同位置时,行程开关的工作状态和运动部件的工作情况。

③熟悉 X62W 型万能铣床的电路原理图,能够正确分析各种运动控制的原理。

④在 X62W 型万能铣床上人为设置故障点,由教师示范检修,边分析边检查,直至故障排除。教师示范检修时,应将检修步骤及要求贯穿其中,边操作边讲解。

⑤教师在线路中设置两处人为的故障点,由学生按照检查步骤和检修方法进行检修。

3.故障原因分析及检修(参照 5.4.3)

4.注意事项

①检修前要认真阅读电路图,熟练掌握各个控制环节的原理及作用,并认真听取和仔细观察教师的示范检修。

②由于该机床的电气控制与机械结构的配合十分密切,因此在出现故障时,应首先判断是机械故障还是电气故障。

③带电检修时,必须有指导教师在现场监护,以确保用电安全,同时做好检修记录。

5.任务实施

根据基于工作过程的实施步骤,按照工作任务单(表 5 - 14),完成工作任务 5.4。

表 5 - 14   工作任务单

任务名称	X62W 型万能铣床工作台不能左右运动故障检修		指导教师	
姓名		班级	学号	
地点		组别	完成时间	
工作过程	实施步骤	学生活动		实施过程跟踪记录
	资讯	1.X62W 型万能铣床电力拖动特点 2.X62W 型万能铣床电气控制原理		
	计划	1.根据工作任务,确定需要收集的相关信息与资料 2.分析工作任务,确定实训所需电气元器件、工具及仪器仪表 {器材表} 3.组建任务小组 组长: 组员: 4.明确任务分工,制订任务实施计划表 {计划表}		
	决策	根据本任务所学的知识点与技能点,按照工作任务单,X62W 型万能铣床工作台不能左右运动故障检修		

器材表:

器材名称	型号规格	数量

计划表:

任务内容	实施要点	负责人	时间

表 5 - 14(续)

工作过程	实施步骤	学生活动	实施过程跟踪记录
工作过程	实施	1. 准备实训器材,并检查仪器仪表及实训设备的完好。 2. 分析机床电气控制原理图,明细电气控制工作原理。 3. 熟悉车床电气元器件的分布位置和走线情况。 4. 首先根据故障现象在电气原理图上标出可能的最小故障范围,然后按检修步骤进行检查,直至找出故障点,完成下表。 步骤 / 故障排查位置 / 检修方法 / 是否为故障点 1 2 3 5. 试车运行,确保机床运行工作正常。 6. 实训结束,机床断电,整理实训器材及工位	
检查与评价	检查	1. 正确分析故障原因。 2. 准确的查找到电气故障点,并予以故障修复。 3. 机床电气故障检修的规范操作	
检查与评价	评价	根据考核评价表,完成本任务的考核评价	

6.考核评价

根据考核评价表(表 5 - 15),完成本任务的考核评价。

表 5 - 15　考核评价表

姓名		班级		学号		组别		指导教师			
任务名称	X62W 型万能铣床工作台不能左右运动故障检修					日期		总分			
考核项目	考核要求		评分标准					配分	自评	互评	师评
信息资讯	根据任务要求,课前做好充分的信息咨询,并做好记录;能够正确回答"资讯"环节布置的问题		课前信息咨询的记录					5			
信息资讯	根据任务要求,课前做好充分的信息咨询,并做好记录;能够正确回答"资讯"环节布置的问题		课中回答问题					5			
项目设计	按照工作过程"计划"与"决策"进行项目设计,项目实施方案合理		方案论证的充分性					5			
项目设计	按照工作过程"计划"与"决策"进行项目设计,项目实施方案合理		方案设计的合理性					5			

表 5 - 15（续）

考核项目	考核要求	评分标准	配分	自评	互评	师评
项目实施	1. 根据具体电气故障,结合机床电气控制原理图分析,按照安全规范要求,正确利用工具和仪表,分析故障范围,正确查找故障点。 2. 对故障点的故障进行故障原因分析,并正确排除故障	正确分析故障原因	10			
		根据故障现象,标出故障范围线段,查找故障点	15			
		正确修复故障	15			
		机床通电工作正常,1 次不成功扣 5 分,若烧毁电气元器件此项不得分	10			
		项目完成时间与质量	10			
职业素养	具有较强的安全生产意识和岗位责任意识,遵守"6S"管理规范;规范使用电工工具与仪器仪表,具有团队合作意识和创新意识	"6S"规范	5			
		团队合作	5			
		创新能力与创新意识	5			
		工具与仪器仪表的使用和保护	5			
合计			100			

7. 小组讨论

①X62W 型万能铣床电气控制线路中三个电磁离合器的作用分别是什么？电磁离合器为什么要采用直流电源供电？

②X62W 型万能铣床控制电路中具有哪些联锁与保护？为什么要有这些联锁与保护？它们是如何实现的？

③X62 型万能铣床主轴变速能否在主轴停止时或主轴旋转时进行,为什么？

④X62 型万能铣床进给变速能否在运行中进行,为什么？

任务 5.5　T68 型卧式镗床电气控制与检修

【任务引入】

现有一台 T68 型卧式镗床合上电源开关 QS,主轴正向启动正常,但反向不能启动,对此故障请予以检修。

【任务目标】

了解 T68 型卧式镗床电力拖动特点,熟悉电气控制系统组成及控制原理,能够检修常见电气故障。

【知识点】

1. T68 型卧式镗床的运动形式及电力拖动特点。

2.T68 型卧式镗床电气控制原理。

3.T68 型卧式镗床故障分析与检修方法。

【技能点】

1.能够识读和分析 T68 型卧式镗床电气控制原理图。

2.能根据 T68 型卧式镗床故障现象,分析故障范围,查找故障点,制订维修方案。

3.能够查阅并分析设备使用说明书等技术手册。

【知识链接】

5.5.1　T68 型卧式镗床的结构及电力拖动特点

1.T68 型卧式镗床结构和主要运动形式

(1)T68 型卧式镗床结构

镗床是一种精密加工机床,主要用来加工精度较高的孔和两孔之间的距离要求较为精确的零件。按结构和用途分,镗床可分为卧式镗床、立式镗床、坐标镗床、金钢镗床和专用镗床等。卧式镗床是一种通用性很广的机床,除了镗孔、钻孔、扩孔和铰孔外,还可以进行车削内外螺纹、外圆柱面和端面、铣削平面等。本任务以 T68 卧式镗床为例,分析其主要运动形式、各部件的驱动要求、电气控制线路的工作原理及常见故障的分析处理方法。

T68 型卧式镗床的外形结构如图 5 - 16 所示,前立柱固定安装在床身的右端,在它的垂直导轨上装有可上下移动的主轴箱。主轴箱中装有主轴部件、主运动和进给运动的变速传动机构和操纵机构等。在主轴箱的后部固定着后尾筒,里面装有镗轴的轴向进给机构。后立柱固定在床身的左端,装在后立柱垂直导轨上的后支承架用于支承长镗杆的悬伸端,后支承架可沿垂直导轨与主轴箱同步升降,后立柱可沿床身的水平导轨左右移动,在不需要时也可以卸下。

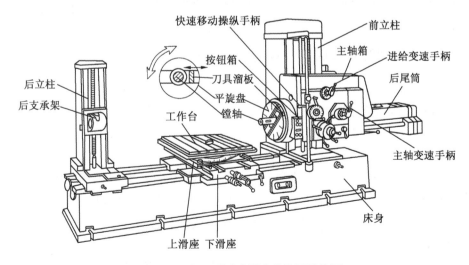

图 5 - 16　T68 型卧式镗床的外形结构图

工件固定在工作台上,工作台部件装在床身的导轨上,该部分由下滑座、上滑座和工作台三部分组成,下滑座可沿床身的水平导轨做纵向移动,上滑座可沿下滑座的导轨做横向移动,工作台则可在上滑座的环形导轨上绕垂直轴线转位,使工件在水平面内调整至一定的角度位置,以便能在一次安装中对互相平行或成一定角度的孔与平面进行加工。根据加工情况不同,刀具可以装在镗轴前端的锥孔中,也可以装在平旋盘(又称为"花盘")与径向刀具溜板上。加工时,镗轴旋转完成主运动,并且可以沿其轴线移动做轴向进给运动;平旋盘只能随镗轴旋转做主运动;装在平旋盘导轨上的径向刀具溜板除了随平旋盘一起旋转外,还可以沿着导轨移动做径向进给运动。

(2)T68型卧式镗床的运动形式

①主运动:镗轴和平旋盘的旋转运动。

②进给运动:镗轴的轴向进给运动;平旋盘上刀具溜板的径向进给运动;主轴箱的垂直进给运动;工作台的纵向和横向进给运动。

③辅助运动:主轴箱、工作台等的进给运动上的快速调位移动;后立柱的纵向调位移动;后支承架与主轴箱的垂直调位移动;工作台的转位运动。

2. T68型卧式镗床电力拖动特点及电气控制要求

①为了扩大调速范围和简化机床的传动装置,采用双速笼型异步电动机作为主拖动电动机,低速时将定子绕组接成三角形,高速时将定子绕组接成双星形。

②进给运动和主轴及花盘旋转采用同一台电动机拖动,为适应调整的需要,要求主拖动电动机应能正反向点动,并有准确的制动。此镗床采用电磁铁带动的机械制动装置。

③主拖动电动机在低速时可以直接启动,在高速时控制电路要保证先接通低速,经延时再接通高速,以减小启动电流。

④为保证变速后齿轮进入良好的啮合状态,在主轴变速和进给变速时,应设有变速低速冲动环节。

⑤为缩短辅助时间,机床各运动部件应能实现快速移动,采用快速电动机拖动。

⑥工作台或镗头架的自动进给与主轴或花盘刀架的自动进给之间应有联锁,两者不能同时进行。

5.5.2 T68型卧式镗床电气控制系统分析

1. 主电路分析

T68型卧式镗床电气控制原理图如图5-17所示。主电路中有两台电动机。M1为主轴与进给电动机,是一台4/2极的双速电动机,绕组接法为三角形-双星形。M2为快速移动电动机。

主轴与进给电动机M1由五个交流接触器控制,交流接触器KM1和KM2控制主轴与进给电动机M1的正反转,交流接触器KM3控制主轴与进给电动机M1的低速运转,交流接触器KM4、KM5控制主轴与进给电动机M1的高速运转。热继电器FR对主轴与进给电动机M1进行过载保护。

YB为主轴制动电磁铁的线圈,由交流接触器KM3和KM5的触点控制。

快速移动电动机M2由交流接触器KM6、KM7控制其正反转,实现快进和快退。因短时运行,不需过载保护。

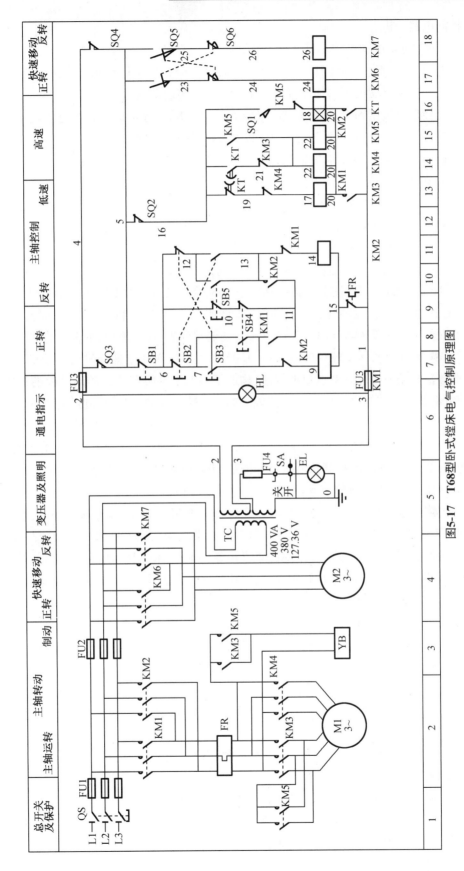

图5-17　T68型卧式镗床电气控制原理图

2. 控制电路分析

（1）主轴与进给电动机的正、反向启动控制

合上电源开关 QS，信号灯 HL 亮，表示电源接通。调整好工作台和镗头架的位置后，便可开动主轴与进给电动机 M1，拖动镗轴或平旋盘正反转启动运行。

由正反转启动按钮 SB2、SB3 和交流接触器 KM1～KM5 等构成主轴与进给电动机正反转启动控制环节。另设有高、低速选择手柄，用来选择高速或低速运动。

①低速启动控制　当要求主轴低速运转时，将速度选择手柄置于低速挡，此时与速度选择手柄有联动关系的行程开关 SQ1 不受压，触点 SQ1（16 区）断开。按下正转启动按钮 SB3，交流接触器 KM1 通电自锁，其常开触点（13 区）闭合，交流接触器 KM3 通电，主轴与进给电动机 M1 在三角形接法下全压启动并低速运行。其控制过程如下。

$$SB3 + \rightarrow KM1 + （自锁）\rightarrow KM3 + \rightarrow YB + \rightarrow M1 低速启动$$

②高速启动控制　若将速度选择手柄置于高速挡，经联动机构将行程开关 SQ1 压下，触点 SQ1（16 区）闭合，同样按下正转启动按钮 SB3，在交流接触器 KM3 通电的同时，时间继电器 KT 也通电。于是，主轴与进给电动机 M1 低速三角形接法启动并经一定时间后，时间继电器 KT 通电延时断开触点（13 区）断开，使交流接触器 KM3 断电；时间继电器 KT 延时闭合触点（14 区）闭合，使交流接触器 KM4、KM5 通电。从而使主轴与进给电动机 M1 由低速三角形接法自动换接成高速双星形接法，构成了双速电动机高速运转启动时的加速控制环节，即电动机按低速挡启动再自动换接成高速挡运转的自动控制，控制过程如下。

$$\nearrow KT + \nearrow YB + KT 延时到 \nearrow KM4 + \nearrow KT -$$

$$SB3 + \rightarrow KM1 + （自锁）\rightarrow KM3 + \rightarrow M1 低速启动 \rightarrow KM3 - \rightarrow KM5 + \rightarrow M1 高速启动$$

反转的低速、高速启动控制只需按启动按钮 SB2，控制过程与正转相同。

（2）主轴与进给电动机的点动控制

主轴与进给电动机由正反转点动按钮 SB4、SB5，交流接触器 KM1、KM2 和低速交流接触器 KM3 实现低速正反转点动调整。点动控制时，按点动按钮 SB4 或 SB5，其常闭触点切断交流接触器 KM1 和 KM2 的自锁回路，交流接触器 KM1 或 KM2 线圈通电使交流接触器 KM3 线圈得电，主轴与进给电动机 M1 低速正转或反转，点动按钮松开后，电动机自然停车。

（3）主轴与进给电动机的停车写制动

主轴与进给电动机 M1 在运行中可按下停止按钮 SB1 来实现主轴电动机的制动停止。主轴旋转时，按下停止按钮 SB1，便切断了交流接触器 KM1 或 KM2 的线圈回路，KM1 或 KM2 断电，主触点断开主轴与进给电动机 M1 的电源，在此同时，电动机进行机械制动。

T68 型卧式镗床采用电磁操作的机械制动装置，主电路中的 YB 为制动电磁铁的线圈，不论主轴与进给电动机 M1 正转或反转，线圈 YB 均通电吸合，松开电动机轴上的制动轮，电动机即自由启动。当按下停止按钮 SB1 时，主轴与进给电动机 M1 和制动电磁铁的线圈 YB 同时断电，在弹簧作用下，杠杆将制动带紧箍在制动轮上，进行制动，电动机迅速停转。

（4）主轴变速和进给变速控制

主轴变速和进给变速是在主轴与进给电动机 M1 运转时进行的。当主轴变速手柄拉出时，限位开关 SQ2（12 区）被压下，交流接触器 KM3 或 KM4、KM5 都断电使主轴与进给电动机 M1 停转。当主轴转速选择好以后，推回变速手柄，则限位开关 SQ2 恢复到变速前的接通

状态,主轴与进给电动机 M1 便自动启动工作。同理,需进给变速时,拉出进给变速操纵手柄,限位开关 SQ2 受压而断开,使主轴与进给电动机 M1 停车,选好合适的进给量之后,将进给变速手柄推回,限位开关 SQ2 便恢复原来的接通状态,主轴与进给电动机 M1 便自动启动工作。

当变速手柄推不上时,可来回推动几次,使手柄通过弹簧装置作用于限位开关 SQ2,限位开关 SQ2 便反复断开、接通几次,使主轴与进给电动机 M1 产生冲动,带动齿轮组冲动,以便于齿轮啮合。

(5)镗头架、工作台快速移动的控制

为缩短辅助时间,提高生产率,由快速移动电动机 M2 经传动机构拖动镗头架和工作台做各种快速移动。运动部件及其运动方向的预选由装设在工作台前方的操作手柄进行,而镗头架上的快速操作手柄控制快速移动。当扳动快速操作手柄时,相应压合行程开关 SQ5 或 SQ6、交流接触器 KM6 或 KM7 通电,实现快速移动电动机 M2 的正反转,再通过相应的传动机构使操纵手柄预选的运动部件按选定方向做快速移动。当镗头架上的快速移动操作手柄复位时,行程开关 SQ5 或 SQ6 不再受压,交流接触器 KM6 或 KM7 断电释放,主轴与进给电动机 M2 停止旋转,快速移动结束。

3. 辅助电路分析

控制电路采用一台控制变压器 TC 供电,控制电路电压为 127 V,并有 36 V 安全电压为局部照明 EL 供电,SA 为照明灯开关,HL 为电源指示灯。

4. 联锁保护环节分析

(1)主轴进刀与工作台互锁

由于 T68 型卧式镗床运动部件较多,为防止机床或刀具损坏,保证主轴进给和工作台进给能同时进行,为此设置了两个联锁保护行程开关 SQ3 与 SQ4。其中 SQ4 是与工作台和镗架自动进给手柄联动的行程开关,SQ3 是与主轴和平旋盘刀架自动进给手柄联动的行程开关。将行程开关 SQ3、SQ4 的常闭触点并联后串接在控制电路中,当以上两个操作手柄中一个扳到"进给"位置时,行程开关 SQ3、SQ4 中只有一个常闭触点断开,电动机 M1、M2 都可以动,实现自动进给。当两种进给运动同时选择时,行程开关 SQ3、SQ4 都被压下,其常闭触点断开将控制电路切断,电动机 M1、M2 无法启动,于是两种进给都不能进行,实现联锁保护。

(2)其他联锁环节

主轴与进给电动机 M1 的正反转控制电路、高低速控制电路、快速移动电动机 M2 正反转控制电路设有互锁环节,以防止误操作而造成事故。

(3)保护环节

熔断器 FU1 对主电路进行短路保护,熔断器 FU2 对快速移动电动机 M2 及控制变压器 TC 进行短路保护,熔断器 FU3 对控制电路进行短路保护,熔断器 FU4 对局部照明电路进行短路保护。

热继电器 FR 对主轴与进给电动机 M1 进行过载保护,并由按钮和交流接触器进行失压保护。

5.5.3 T68 型卧式镗床常见电气故障分析与检修

T68 型卧式镗床采用双速电动机拖动,机械、电气联锁与配合较多,常见电气故障如下。

1. 主轴与进给电动机无变速冲动或变速后电动机不能自行启动

主轴的变速冲动由与变速操纵手柄有联动关系的行程开关 SQ2 控制。而行程开关 SQ2 采用的是 LX1 型行程开关,这种开关往往由于安装不牢、位置偏移、触点接触不良,无法完成上述控制。有时因行程开关 SQ2 绝缘性能差,造成绝缘击穿,致使行程开关 SQ2 触点发生短路。这时即使变速操纵手柄拉出,电路仍断不开,使主轴仍以原速旋转,根本无法进行变速。

T68 型卧式镗床常见
电气故障检修

2. 主轴与进给电动机正向启动正常,但不能反向启动

主轴与进给电动机 M1 只有一个转向能启动,另一转向不能启动。这类故障通常由于控制正反转的按钮 SB2、SB3 及交流接触器 KM1、KM2 的主触头接触不良,线圈断线或连接导线松脱等原因所致。以正转不能启动为例,按下按钮 SB3 时,交流接触器 KM1 不动作,检查交流接触器 KM1 线圈及按钮 SB1 的常闭触头接触情况是否完好。若交流接触器 KM1 动作,而交流接触器 KM3 不动作,则检查交流接触器 KM3 线圈上的 KM1 常开辅助触头(15—24)是否闭合良好;若交流接触器 KM1 和 KM3 均能动作,则电动机不能启动的原因,一般是由于交流接触器 KM1 主触头接触不良所造成的。

3. 主轴与进给电动机正反转都不能启动

①主电路熔断器 FU1 或 FU2 熔断(13 相),这种故障可造成继电器、交流接触器都不能动作。

②控制电路熔断器 FU3 熔断、热继电器 FR 的常闭触头断开、停止按钮 SB1 接触不良等原因,同样可以造成所有交流接触器、继电器不能动作。

③交流接触器 KM1、KM2 均会动作,而交流接触器 KM3 不能动作。可检查交流接触器 KM3 的线圈和它的连接导线是否有断线和松脱情况,行程开关 SQ1、SQ2、SQ3 或 SQ4 的常闭触头接触是否良好。当交流接触器 KM3 线圈通电动作,而电动机还不能启动时,应检查它的主触头的接触是否良好。

4. 主轴与进给电动机低速挡能启动,高速挡不能启动

这主要是由于时间继电器 KT 的线圈断路或变速行程开关 SQ1 的常开触头(13—17)接触不良所致。如果时间继电器 KT 的线圈断线或连接线松脱,就不能动作,它的常开触头不能闭合,当变速行程开关 SQ1 扳在高速挡时,即常开触头(13—17)闭合后,交流接触器 KM4、KM5 等均不能通电动作,因而高速挡不能启动,当变速行程开关 SQ1 的常开触头(13—17)接触不良时,也会发生同样情况。

5. 主轴与进给电动机低速启动后又自动停止

在正常情况下电动机低速启动后,由于时间继电器 KT 控制自动换接,使交流接触器 KM3 断电释放,交流接触器 KM4、KM5 获电而转入高速运转,但由于交流接触器 KM4、KM5 线圈断线,或交流接触器 KM3 常闭辅助触点、交流接触器 KM4 的主触点及时间继电器 KT 的延时闭合常开触头(17—18)接触不良等原因,会造成电动机低速启动后又自动停止。电动机低速启动后,虽然时间继电器 KT 已自动换接,但若交流接触器 KM4、KM5 等有关触头接触不良,电动机便会停止。

6.进给部件快速移动控制电路故障

进给部件快速移动控制电路是正反转点动控制电路,使用电气元器件较少。它的故障一般是快速移动电动机 M2 不能启动。如果快速移动电动机 M2 正反转都不能启动,同时主轴与进给电动机 M1 也不能启动,这大都是由于主电路熔断器 FU1、FU2 或控制电路熔断器 FU3 熔断;若主轴与进给电动机 M1 能启动,但只能快速转动,而快速移动电动机 M2 正反转都不能启动,则应检查熔断器 FU2、交流接触器 KM6、KM7 的线圈及主触点接触是否良好;如果只是正转或反转不能启动,则分别检查交流接触器 KM6、KM7 的线圈、主触点及行程开关 SQ5、SQ6 的触头接触是否良好。

> **职业素养:**
>
> 　　找出故障点后,要针对不同故障情况和部位采取正确的排除方法,机床故障检查、检修过程中的注意事项:
>
> 　　①不要轻易用更换元器件和补线等方法,更不要轻易改动线路或更换规格不同的电气元器件,以防产生人为故障。
>
> 　　②确定故障点后可动手修复的应立刻修复,如热继电器动作,让其复位后继续工作。
>
> 　　③复位工作应尽量恢复原样,避免出现新的故障。
>
> 　　④排除了故障投入正常运行后,应做好维修记录,及时总结经验,提高工作水平。

【任务实施】

5.5.4　T68 型卧式镗床主轴启动故障检修

1.仪器和设备

T68 型卧式镗床主轴启动故障检修的实训仪器和设备见表 5 – 16。

表 5 – 16　实训仪器和设备表

名称	规格型号	数量
劳动保护用品	工作服、绝缘鞋、安全帽等	
三相四线电源	3 × 380 V/220 V、20 A	
卧式镗床实物或模拟实训装置	T68 型	1
兆欧表	ZC25 型　500 V	1
万用表	M47 型万用表	1
钳形电流表	MG24　0 ~ 50 A	1
校验灯	220 V、40 W	1
电工通用工具	验电笔、钢丝钳、螺丝刀、电工刀、尖嘴钳、活扳手、剥线钳等	1 套

2.准备工作

①熟悉镗床的主要结构和运动形式,对镗床进行实际操作,了解镗床的各种工作状态及操作手柄的作用。

②熟悉 T68 型卧式镗床电气元器件的安装位置、走线情况及操作手柄处于不同位置时，行程开关的工作状态及运动部件的工作情况。

③在 T68 型卧式镗床上人为设置故障点，由教师示范检修，边分析边检查，直至故障排除。教师示范检修时，应将检修步骤及要求贯穿其中，边操作边讲解。

④熟悉 T68 型卧式镗床的电路原理图，能够正确分析各种运动控制的原理。

⑤教师在线路中设置两处人为的故障点，由学生按照检查步骤和检修方法进行检修。

3. 故障原因分析与检修(参照 5.5.3)

4. 注意事项

①T68 型卧式镗床采用的是机械与电气一体化控制，在故障检测之前，必须熟知电路工作原理、清楚元器件位置及线路大致走向、各位置开关触点的状态，以及镗床运动特点，在教师指导下进行故障设置与故障排除。

②由于该镗床的电气控制与机械结构的配合十分密切，因此在出现故障时，应首先判断是机械故障还是电气故障。

③带电检修时，必须有指导教师在现场监护，以确保用电安全，同时做好检修记录。

5. 任务实施

根据基于工作过程的实施步骤，按照工作任务单(表 5-17)，完成工作任务 5.5。

表 5-17　工作任务单

任务名称	T68 型卧式镗床主轴启动故障检修		指导教师	
姓名		班级	学号	
地点		组别	完成时间	
工作过程	实施步骤	学生活动		实施过程跟踪记录
	资讯	1. T68 型卧式镗床电力拖动特点。 2. T68 型卧式镗床电气控制原理		
	计划	1. 根据工作任务，确定需要收集的相关信息与资料 2. 分析工作任务，确定实训所需电气元器件、工具及仪器仪表 表：器材名称／型号规格／数量 3. 组建任务小组 组长： 组员： 4. 明确任务分工，制订任务实施计划表 表：任务内容／实施要点／负责人／时间		
	决策	根据本任务所学的知识点与技能点，按照工作任务单，T68 型卧式镗床主轴启动故障检修		

表 5 - 17（续）

实施步骤		学生活动	实施过程跟踪记录
工作过程	实施	1.准备实训器材,并检查仪器仪表及实训设备的完好。 2.分析机床电气控制原理图,明细电气控制工作原理。 3.熟悉车床电气元器件的分布位置和走线情况。 4.首先根据故障现象在电气原理图上标出可能的最小故障范围,然后按检修步骤进行检查,直至找出故障点,完成下表。 表格：步骤／故障排查位置／检修方法／是否为故障点，行号1、2、3 5.试车运行,确保机床运行工作正常。 6.实训结束,机床断电,整理实训器材及工位	
检查与评价	检查	1.正确分析故障原因。 2.准确的查找到电气故障点,并予以故障修复。 3.机床电气故障检修的规范操作	
	评价	根据考核评价表,完成本任务的考核评价	

6.考核评价

根据考核评价表(表 5 - 18),完成本任务的考核评价。

表 5 - 18　考核评价表

姓名		班级		学号		组别		指导教师	
任务名称		T68 型卧式镗床主轴启动故障检修				日期		总分	

考核项目	考核要求	评分标准	配分	自评	互评	师评
信息资讯	根据任务要求,课前做好充分的信息咨询,并做好记录;能够正确回答"资讯"环节布置的问题	课前信息咨询的记录	5			
		课中回答问题	5			
项目设计	按照工作过程"计划"与"决策"进行项目设计,项目实施方案合理	方案论证的充分性	5			
		方案设计的合理性	5			

表 5 – 18（续）

考核项目	考核要求	评分标准	配分	自评	互评	师评
项目实施	1. 根据具体电气故障，结合机床电气控制原理图分析，按照安全规范要求，正确利用工具和仪表，分析故障范围，正确查找故障点。 2. 对故障点的故障进行故障原因分析，并正确排除故障	正确分析故障原因	10			
		根据故障现象，标出故障范围线段，查找故障点	15			
		正确修复故障	15			
		机床通电工作正常，1 次不成功扣 5 分，若烧毁电气元器件此项不得分	10			
		项目完成时间与质量	10			
职业素养	具有较强的安全生产意识和岗位责任意识，遵守"6S"管理规范；规范使用电工工具与仪器仪表，具有团队合作意识和创新意识	"6S"规范	5			
		团队合作	5			
		创新能力与创新意识	5			
		工具与仪器仪表的使用和保护	5			
合计			100			

项目 6　通用变频器的应用与调试

任务 6.1　通用变频器的认知与选用

【任务引入】

1. 现有西门子某型号变频器铭牌如图 6 - 1 所示,说明铭牌上文字代表的含义。

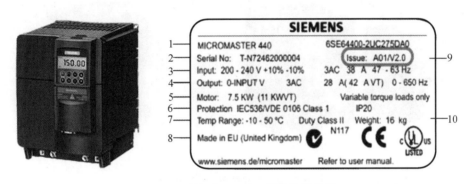

图 6 - 1　西门子 MM420 型变频器铭牌

2. 某一恒定转矩连续运行设备,笼型交流异步电动机的主要参数如下。额定功率: 22 kW;额定电压:380 V;额定电流:42 A;额定转速:1 470 r/min;额定频率:50 Hz。试选用 合适容量的变频器。

【任务目标】

了解变频器的工作原理及分类,能够正确说明通用变频器铭牌参数的含义,并且能够 根据控制要求,正确选择变频器型号。

【知识点】

1. 变频器的定义及应用。
2. 变频器的工作原理。
3. 变频器的分类及选型。
4. 变频器的安装与检修。

【技能点】

1. 能够识别常用变频器的型号并说明铭牌主要参数的含义。

2. 能够根据控制要求,正确选用变频器型号。

3. 能够查阅并分析变频器使用说明书等技术手册。

4. 能够正确安装通用型变频器。

【知识链接】

6.1.1　变频器认知

1. 变频器的定义

把电压、频率固定不变的交流电变换为电压和频率连续可调的交流电装置称为变频器。常用变频器的外部结构如图 6-2 所示。

(a)西门子变频器　　　　　　　　　　　(b)三菱变频器

图 6-2　变频器的外部结构图

变频器主要用于对异步电动机的调速控制,它与电动机之间的连接原理图如图 6-3 所示。变频器所拖动的电动机为感应式交流电动机,也称为交流异步电动机。在工业设备的电力拖动中所使用的大部分电动机为交流异步电动机。

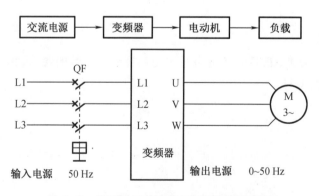

图 6-3　变频器与电动机之间的连接原理图

变频器的认知

2. 变频器的应用

随着电力电子技术、微电子技术、计算机控制技术及自动化控制理论的发展,变频器制造技术有了跨越式的进步,以变频器为核心的交流电机调速已广泛应用于国民经济各部门。

在工业自动化领域,交流电机调速已经取代传统的直流调速系统,而且大大提高了技术经济指标。在耗电大户的风机、泵类(其耗电量几乎占工业用电一半)应用变频器控制,可以大大节约电能;在机械工业领域,应用变频器技术,是改造这一传统产业,实现机电一体化的重要手段;此外,在工业生产控制领域,应用变频器技术大大提高了工业生产的自动化程度;在家电工业领域,空调器、电冰箱都有了变频器控制的相应产品,提高了家电产品的经济技术指标和智能化水平。随着现代化程度的提高,对变频器的应用会更加普及。

3.变频器的分类

(1)按照变换环节有无直流环节分为交—交变频器和交—直—交变频器

交—交变频器是将频率固定的交流电源直接变换成频率连续可调的交流电源,其主要优点是没有中间环节,变换效率高,广泛用于低速大功率交流电动机调速传动系统。但这种变频方法其连续可调的频率范围窄,输出频率一般为额定频率的1/2以下,电网功率因数较低,所采用的器件多,其应用受到很大限制。

交—直—交变频器,由整流电路(交—直变换)、直流滤波电路(能耗电路)及逆变电路(直—交变换)组成。先将频率固定的交流电整流后变成直流电,再经过逆变电路,把直流电逆变成频率连续可调的三相交流电,由于把直流电逆变成交流电较易控制,因此这一变频器在频率的调节范围,以及变频后电动机特性改善等方面,都具有明显优势。目前使用最多的变频器均属于交—直—交变频器,其主电路控制原理图如图6-4所示。

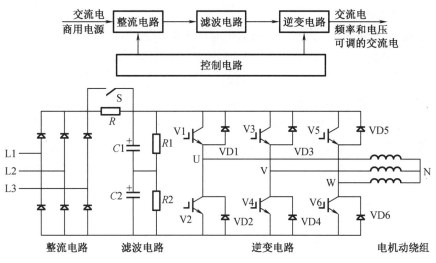

交—直—交变
频器结构原理

图6-4 交—直—交变频器主电路控制原理图

①根据直流环节的储能方式来分,交—直—交变频器又可分为电压型和电流型两种。

电压型:整流后若是靠电容来滤波,这种交—直—交变频器称为电压型变频器,现在使用的变频器大部分为电压型。

电流型:整流后若是靠电感来滤波,这种交—直—交变频器称为电流型变频器,这种形式的变频器较为少见。

②根据调压方式的不同,交—直—交变频器又可分为脉幅调制(PAM)和脉宽调制(PWM)两种。

脉幅调制(PAM):它是通过调节输出脉冲的幅值来进行输出控制的一种方式。在调节过程中,整流器部分负责调节电压或电流,逆变器部分负责调频,这种方法现在已经很少采用。

脉宽调制(PWM):它是通过改变输出脉冲的占空比来实现变频器输出电压的调节,因此,逆变器部分需要同时进行调压和调频。目前使用最多的是占空比按正弦规律变化的正弦波脉宽调制,即 SPWM 方式。

(2)按不同的控制方式分为变频变压(U/f)控制、矢量控制(VC)和直接转矩控制

变频变压(U/f)控制:U/f 控制即压频比控制。它的基本特点是对变频器输出的电压和频率同时进行控制,通过保持 U/f 恒定使电动机获得所需的转矩特性。它是一种转速开环控制,无须速度传感器,控制电路简单,多应用于精度要求不高的场合。

矢量控制(VC):根据交流电动机的动态数学模型,利用坐标变换的手段,将交流电动机的定子电流分解成磁场分量电流和转矩分量电流,并加以分别控制,即模仿直流电动机的控制方式对电动机的磁场和转矩分别进行控制,必须同时控制电动机定子电流的幅值和相位,也可以说控制电流矢量,故这种控制方式被称为矢量控制。交流电动机可获得类似于直流调速系统的动态性能。

矢量控制方式使异步电动机的高性能成为可能。矢量变频器不仅在调速范围上可与直流电动机相媲美,而且可以直接控制异步电动机转矩的变化,所以已经在许多需要精密或快速控制的领域得到广泛应用。

直接转矩控制:直接转矩控制通过控制电动机的瞬时输入电压来控制电动机定子磁链的瞬时旋转速度,改变它对转子的瞬时转差率,从而达到直接控制电动机输出的目的。

(3)根据用途的不同分为通用变频器和专用变频器

通用变频器是变频器家族中数量最多、应用最为广泛的一种。顾名思义,通用变频器的特点是通用性。随着变频技术的发展和市场需求的不断扩大,通用变频器也在朝着两个方向发展:一是以节能为主要目的而简化了一些系统功能的低成本简易型通用变频器,它主要应用于水泵、风扇、鼓风机等对于系统调速性能要求不高的场合,并具有体积小、价格低等方面的优势;二是在设计过程中充分考虑了应用中各种需要的高性能多功能通用变频器,在使用时,用户可以根据负载的特性选择算法对变频器的各种参数进行设定,也可以根据系统的需要选择厂家所提供的各种备用选件来满足系统的特殊需要,使其具有较丰富的功能,如 PID 调节、PC 闭环速度控制等。高性能的多功能通用变频器除了可以应用于简易型变频器的所有应用领域外,还可以广泛应用于电梯、数控机床、电动车辆等对调速系统的性能有较高要求的场合。

专用变频器是一种针对某一种(类)特定的应用场合而设计的变频器,为满足某种需要,这种变频器在某一方面具有较为优良的性能。如电梯及起重机用变频器等,还包括一些高频、大容量、高压等变频器。

①高性能专用变频器:随着控制理论、交流调速理论和电力电子的发展,异步电动机的矢量控制得到发展,矢量控制变频器及其专用电动机构成的交流伺服系统已经达到并超过

了直流伺服系统。此外,由于异步电动机还具有适应环境强、维护简单等许多直流伺服所不具备的优点,在要求高速、高精度的控制中,这种高性能交流伺服变频器正在逐步代替直流伺服系统。

②高频变频器:在超紧密机械加工中常采用高速电动机。为了满足其驱动要求的需要,出现了采用 PAM 控制的高频变频器,其输出主频高达 3 kHz,驱动两极异步电动机时的最高转速为 18 000 r/min。

③高压变频器:高压变频器一般是大容量的变频器,最高功率可达 5 000 kW,电压等级为 3 kV、6 kV、10 kV。

4.变频器的发展方向

①高水平的控制:微处理器的进步使数字控制成为现代控制器的发展方向。各种控制规律软件化的实施,大规模集成电路微处理器的出现,基于电动机、机械模型、现代控制理论和智能控制思想等控制策略的矢量控制、磁场控制、转矩控制、模糊控制等高水平技术的应用,使变频控制进入了一个崭新的阶段。

②网络智能化:智能化的变频器安装到系统后,不必进行那么多的功能设定,就可以方便地操作使用,有明显的工作状态显示,而且能够实现故障诊断与故障排除,甚至可以进行部件自动转换。利用互联网可以遥控监视,实现多台变频器按工艺程序联动,形成最优化的变频器综合管理控制系统。

③结构小型化:紧凑型的变频系统要求功率和控制元件具有很高的集成度。主电路中功率电路的模块化、控制电路采用大规模集成电路和全数字控制技术,均促进了变频装置结构小型化。

④高集成化:提高集成电路技术及采用表面贴片技术,使装置的容量体积比得到进一步提高。

⑤专门化:根据某一类负载的特性,有针对性地制造专门化的变频器,这不但利于对负载的电动机进行经济有效的控制,而且可以降低制造成本。例如:风机、水泵专用变频器、起重机械专用变频器、电梯控制专用变频器、张力控制专用变频器和空调专用变频器。

⑥开发清洁电能的变频器:随着变频技术的不断发展和人们对环境问题的重视,不断减少变频器对环境的影响已经是大势所趋。尽可能降低网侧和负载的谐波分量,减少对电网的公害和电动机转矩的脉动,实现清洁电能变换。

总之,变频器技术的发展趋势是朝着智能、操作简便、功能健全、安全可靠、环保低噪、低成本和小型化的方向发展。

6.1.2　变频器选型

1.变频器的类型选择

①对于恒转矩负载,如挤压机、搅拌机、传送带、工厂运输电车、起重机等,如采用普通功能型变频器,要实现恒转矩调速,常采用加大电动机和变频器容量的办法,以提高低速转矩;如采用具有转矩控制功能的高性能变频器来实现恒转矩调速,则更理想,因为这种变频器低速转矩大,静态机械特性硬度大,不怕负载冲击,具有挖土机特性。

②对于恒功率负载,如车床、刨床、鼓风机等,由于没有恒功率特性的变频器,一般依靠

U/f 控制方式来实现恒功率。

③对于二次方律负载,如风机、泵类等,由于负载转矩与转速平方成正比,低速时负载转矩较小,通常可选择专用或节能型通用变频器。

④对于要求精度高、动态性能好、响应速度快的生产机械,如造纸机、注塑机、轧钢机等,应采用矢量控制高性能通用变频器;电力机车、电梯、起重机等领域,可选用具有直接转矩控制功能的专用变频器。

2. 变频器容量的选择

变频器容量的选择由很多因素决定,如电动机容量、电动机额定电流、电动机加减速时间等,其中最主要的是电动机额定电流,电动机的额定功率作为参考。变频器的容量应按运行过程中可能出现的最大工作电流来选择。下面介绍几种不同情况下变频器的容量计算与选择方法。

(1)轻载启动或连续运转时所需的变频器容量的计算

由于变频器的输出电压、电流中含有高次谐波,电动机的功率因数、效率有所下降,电流约增加10%,因此变频器的容量(输出电流)可按下式计算:

$$I_{CN} \geqslant 1.1 I_M \tag{6-1}$$

式中 I_{CN}——变频器的额定输出电流,A;

I_M——电动机的额定电流,A。

(2)重载启动或频繁启动、制动运行时变频器容量的计算

$$I_{CN} \geqslant (1.2 \sim 1.3) I_M \tag{6-2}$$

(3)加减速时变频器容量的计算

变频器的最大输出转矩是由变频器的最大输出电流决定的。一般情况下,对于短时的加减速而言,变频器允许达到额定输出电流的130% ~ 150%(持续时间约1 min),因此电动机中流过的电流不会超过此值。如只需要较小的加减速转矩时,则可降低选择变频器的容量。由于电流的脉动原因,也应该留有10%的余量。

(4)频繁加减速运转时变频器容量的计算

根据加速、恒速、减速等各种运行状态下的电流值,按下式确定:

$$I_{CN} \geqslant k \frac{I_1 t_1 + I_2 t_2 + \cdots + I_n t_n}{t_1 + t_2 + \cdots + t_n} \tag{6-3}$$

式中 $I_1, I_2, \cdots, I_n$——各运行状态下平均电流,A;

$t_1, t_2, \cdots, t_n$——各运行状态下的时间;

k——安全系数(运行频繁时取1.2,其他条件下为1.1)。

(5)多台变频器并联运行共用一台变频器时容量的计算

用一台变频器使多台电动机并联运转时,对于一小部分电动机开始启动后,再追加投入其他电动机启动的场合,此时变频器的电压、频率已经上升,追加投入的电动机将产生大的启动电流,因此变频器容量与同时启动时相比需要大些。

TIPS:在变频器选择时,一个重要参数就是变频器的容量,一般情况下变频器的容量必须与电动机的容量相匹配,否则会出现过电流、过载等异常现象。

3.变频器选型注意事项

在实际应用中,变频器的选用应注意以下一些事项:

①选择变频器容量时,既要充分利用变频器的过载能力,又要不至于在负载运行时使装置超温。变频器的容量选择要考虑变频器的容量与电动机容量相匹配,容量偏小会影响电动机有效力矩输出,影响系统正常运行,容量偏大则电流的谐波分量会增大,增加了设备投资。

②选择变频器的容量要考虑负载性质。即使相同功率的电动机,负载性质不同,所需变频器的容量也不相同。

③在转动惯量、启动转矩大,或电动机带负载且要正反转运行的情况下,变频器的功率应加大一级。

④要根据使用环境条件、电网电压等仔细考虑变频器的选型。如高海拔地区因空气密度降低,散热器不能达到额定散热器效果,一般在 1 000 m 以上,每增加 100 m,容量下降 10%,必要时可加大容量等级,以免变频器过热。

⑤使用场所不同需对变频器的防护等级做选择,为防止鼠害、异物等进入应做防护选择,常见 IP10、IP20、IP30、IP40 等级。

⑥矢量控制方式只能对应一台变频器驱动一台电动机。

6.1.3　变频器的安装与检修

1.变频器的安装

变频器属于精密设备,为了确保其能够长期、安全、可靠地运行,安装时须充分考虑变频器工作场所的条件。

(1)安装场所要求

①无易燃、易爆、腐蚀性气体和液体,粉尘少。

②结构房或电气室应湿气少、无水浸。

③变频器易于安装,并有足够的空间便于维修检查。

④应备有通风口或换气装置,以排出变频器产生的热量。

⑤应与易受变频器产生的高次谐波和无线电干扰影响的装置隔离。

⑥若安装在室外,须单独按照户外配电装置设置。

(2)环境条件要求

①变频器的运行温度多为:0~40 ℃或 −10~50 ℃,要注意变频器柜体的通风性。

②变频器的周围湿度为90%以下。周围湿度过高,存在电气绝缘降低和金属部分的腐蚀问题。如果受安装场所的限制,变频器不得已安装在湿度高的场所,变频器的柜体应尽量采用密封结构。

③变频器周围不应有腐蚀性、爆炸性或燃烧性气体,以及粉尘和油雾。变频器的安装周围如有爆炸性和燃烧性气体,由于变频器内有易产生火花的继电器和接触器,所以有时会引起火灾或爆炸事故。有腐蚀性气体时,金属部分产生腐蚀,影响变频器的长期运行。如果变频器周围存在粉尘和油雾时,这些气体在变频器内附着、堆积将导致绝缘降低。

④变频器的标高多规定在 1 000 m 以下。标高高则气压下降,容易产生绝缘破坏。另外,标高高冷却效果也下降,必须注意升温。

⑤安装场所的振动加速度应限制在 0.6 g 以内,超过变频器的允许值时,将产生部件的紧固部分松动,以及继电器和接触器等的可动部分的器件误动作,往往导致变频器不能稳定运行。对于机床、船舶等事先能预见的振动场合,应考虑变频器的振动问题。

(3)常见的安装方式及注意事项

①为了便于通风,使变频器散热,变频器应该垂直安装,不可倒置或平放安装,另外,四周要保留一定的空间距离,如图 6 - 5 所示。

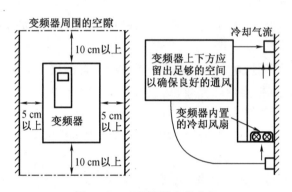

图 6 - 5 变频器的安装空间

②变频器工作时,其散热片附近的温度可高达 900 ℃,故变频器的安装底板与背面须为耐温材料。

③变频器安装在柜内时,要注意充分通风与散热,避免超过变频器的最高允许温度,如图 6 - 6 所示。

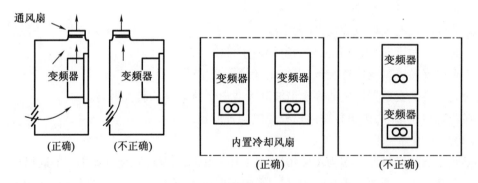

图 6 - 6 变频器的柜内安装

2. 变频器的接线

(1)变频器与电源、电动机的接线方法

变频器与单相电源、电动机接线如图 6 - 7 所示,变频器与三相电源、电动机接线如图 6 - 8 所示。

(2)变频器与电源和电动机连接时须注意以下事项

①变频器与供电电源之间应装设带有短路及过载保护的低压断路器、交流接触器,以免变频器发生故障时事故扩大。电控系统的急停控制应使变频器电源侧的交流接触器开

断,彻底切断变频器的电源供给,保证设备及人身安全。

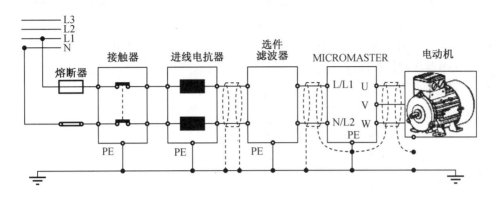

图6-7　变频器与单相电源、电动机接线

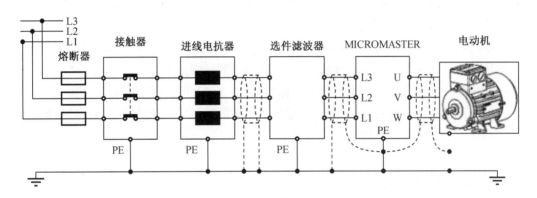

图6-8　变频器与三相电源、电动机接线

②变频器输入端 L1/R、L2/S、L3/T 与输出端 U、V、W 不能接错。变频器的输入端 R、S、T 是与三相整流桥输入端相连接,而输出端 U、V、W 是与三相异步电动机相连接的晶体管逆变电路。若两者接错,轻则不能实现变频调速,电动机也不会运转,重则烧毁变频器。

③变频器的输出侧一般不能安装电磁接触器,若必须安装,则一定要注意满足以下条件:变频器若正在运行中,严禁切换输出侧的电磁接触器;要切换接触器必须等到变频器停止输出后才可以。

④不要在变频器输出侧安装电力电容器、浪涌抑制器和无线电噪声滤波器,这将导致变频器故障或电容器和浪涌抑制器的损坏。

⑤当变频器和电动机之间的接线超长时,随着变频器输出电缆的长度增加,其分布电容明显增大,从而造成变频器输出的容性尖峰电流过大而引起变频器跳闸保护。

⑥变频器必须可靠接地,否则装置内可能会出现导致人身伤害的潜在危险。

3. 变频器的检修

(1)变频器维护与检查时注意事项

①变频器断开电源后不久,储能电容上仍然剩余有高压电,进行检查前,先断开电源,过 10 min 后用万用表测量,确认变频器主回路正负端子两端电压在直流几伏以下后,再进行检查。

②用兆欧表测量变频器外部电路的绝缘电阻前,要拆下变频器所有端子上的电线,以防止测量高电压加到变频器上。控制回路的通断测试应使用万用表(高阻挡),不要使用兆欧表。

③不要对变频器实施耐用测试,如果测试不当,会使电子元器件损坏。

(2)变频器日常检查项目

①变频器是否按设定参数运行,面板显示是否正常。

②安装场所的环境、温度、湿度是否符合要求。

③变频器的进风口和出风口有无积尘和堵塞。

④变频器是否有异常振动、噪声和气味。

⑤运行中是否出现过热和变色。

(3)变频器的年检

为确保变频器安全可靠运行,应一年进行一次年检,检查项目内容如下:

①检查螺丝钉、螺栓及即插件等是否松动。

②输入输出电抗器的对地及相间电阻是否有短路现象(正常应大于几十兆欧)。

③导体及绝缘体是否有腐蚀现象,如有要及时用酒精擦拭干净。

④测量开关电源输出各电路电压的平稳性,如:5 V、12 V、15 V、24 V 等电压。

⑤接触器的触点是否有打火痕迹,严重的要更换同型号或大于原容量的新品接触器。

⑥确认控制电压的正确性。

⑦进行顺序保护动作试验,确认保护显示回路无异常。

⑧确认变频器在单独运行时输出电压的平衡度。

【任务实施】

1. 仪器和设备

变频器的安装与检修的实训仪器和设备见表6-1。

表6-1　实训仪器和设备表

名称	规格型号	数量
劳动保护用品	工作服、绝缘鞋、安全帽等	
三相四线电源	3×380 V/220 V	
变频器	MM440 型	1
电工常用工具	验电笔、钢丝钳、螺丝刀、电工刀、尖嘴钳、活扳手、剥线钳等	1 套

2. 任务实施

根据基于工作过程的实施步骤,按照工作任务单(表6-2),完成工作任务6.1。

表6-2　工作任务单

任务名称		通用变频器的认知与选用		指导教师	
姓名		班级		学号	
地点		组别		完成时间	

	实施步骤	学生活动	实施过程跟踪记录
工作过程	资讯	1.变频器的定义及应用。 2.变频器的工作原理。 3.变频器分类及选型	
	计划	1.根据任务,确定需要收集的相关信息与资料 2.组建任务小组 组长: 组员: 3.明确任务分工,制订任务实施计划表 任务内容|实施要点|负责人|时间	
	决策	根据本任务所学的知识点与技能点,按照工作任务单,小组收集相关信息,然后进行讨论、分析和计算,说明任务给定的变频器铭牌参数,选择合适型号的变频器	
	实施	1.确定任务给定的通用变频器的铭牌参数。 变频器基本参数 2.根据任务要求,讨论并计算,确定变频器型号,写出计算过程	
检查与评价	检查	变频器铭牌识读的正确性。 变频器型号选择的正确性	
	评价	根据考核评价表,完成本任务的考核评价	

实施栏"变频器基本参数"表格:

变频器型号	适配电动机功率	输入电源		输出参数	
		电压	频率	电流	频率
防护等级	运行温度	采用标准		质量	

3.考核评价

根据考核评价表(表6-3),完成本任务的考核评价。

表6-3 考核评价表

姓名		班级		学号		组别		指导教师			
任务名称		通用变频器的认知与选用				日期		总分			
考核项目	考核要求		评分标准				配分	自评	互评	师评	
信息资讯	根据任务要求,课前做好充分的信息咨询,并做好记录;能够正确回答"资讯"环节布置的问题		课前信息咨询的记录				5				
			课中回答问题				5				
项目设计	按照工作过程"计划"与"决策"进行项目设计,项目实施方案合理		方案论证的充分性				5				
			方案设计的合理性				5				
项目实施	正确说明给定的通用变频器铭牌参数的含义;计算任务给定系统中变频器的相关参数,并进行合适选型		变频器铭牌参数说明正确,错误1个扣2分				20				
			变频器参数计算正确				15				
			变频器选型正确				15				
			项目完成时间与质量				10				
职业素养	具有较强的安全生产意识和岗位责任意识,遵守"6S"管理规范;规范使用电工工具与仪器仪表,具有团队合作意识和创新意识		"6S"规范				5				
			团队合作				5				
			创新能力与创新意识				5				
			工具与仪器仪表的使用和保护				5				
合计							100				

任务6.2 变频器的面板操作

【任务引入】

现有西门子MM420型变频器,其面板如图6-9所示,说明变频器基本操作面板按钮的作用,并完成变频器控制电动机调速的常用参数设置,进行启动、正反转、点动调速控制。

【任务目标】

熟知西门子通用型变频器面板各控制按钮的作用及使用方法,掌握变频器常用控制参数的设置步骤,能够根据控制要求正确设置相应参数。

图 6 - 9　西门子 MM420 型变频器面板

【知识点】

1. 西门子通用型变频器面板控制按钮的作用。
2. 西门子通用型变频器常用控制参数含义。

【技能点】

1. 西门子通用型变频器面板的操作设置。
2. 西门子通用型变频器常用参数的快速设置。
3. 变频器的运行控制。

【知识链接】

6.2.1　西门子 MM420 型变频器的参数设置

1. 西门子 MM420 型变频器认知

西门子 MM420 型(Micro Master 420)变频器是德国西门子公司广泛应用于工业场合的多功能通用型变频器。它采用高性能的矢量控制技术,提供低速高转矩输出和良好的动态特性,同时具备超强的过载能力,以满足广泛的应用场合,常用于控制三相交流异步电动机转速,该系列有多种型号,从单相电源电压、额定功率 120 W 到三相电源电压额定功率1 kW 多种型号可供选择,其外部结构图如图 6 - 10 所示。

图 6 - 10　MM420 型变频器外部结构图

2. 基本操作面板(BOP)的功能概述

IMICROMASTER 420 型变频器在标准供货方式时装有状态显示板 SDP(图 6-11),对于很多用户来说,利用 SDP 和制造厂的缺省设置值,就可以使变频器成功地投入运行。如果工厂的缺省设置值不适合设备情况,可以利用基本操作面板(BOP)或高级操作面板(AOP)修改参数,使之匹配起来。BOP 和 AOP 是作为可选件供货的。

西门子 **MM4** 系列变频器
操作面板介绍

SDP
状态显示板

BOP
基本操作面板

AOP
高级操作面板

图 6-11　MICROMASTER 420 型变频器的操作面板

MM420 型变频器的参数只能用基本操作面板(BOP)、高级操作面板(AOP)或者通过串行通信接口进行修改。选择的参数号和设定的参数值可以通过液晶显示器(LCD)显示。r×××表示只读参数,p×××表示设置的参数。

利用 BOP 可以改变变频器的各个参数,为了利用 BOP 设定参数,必须首先拆下 SDP,并装上 BOP。

西门子 MM420 型变频器 BOP 如图 6-11 所示,BOP 具有 7 段显示的五位数字,可以显示参数的序号和数值,报警和故障信息,以及设定值和实际值。参数的信息不能用 BOP 存储,面板按钮说明见表 6-4。

表 6-4　基本操作面板(BOP)上的按钮功能说明

显示/按钮	功能	功能的说明
F[1] **r 0000** Hz	状态显示	LCD 显示变频器当前的设定值
I	启动变频器	按此键启动变频器。缺省值运行时此键是被封锁的。为了使此键的操作有效,应设定 P0700 = 1
0	停止变频器	OFF1:按此键,变频器将按选定的斜坡下降速率减速停车,缺省值运行时此键被封锁;为了允许此键操作,应设定 P0700 = 1。 OFF2:按此键两次(或一次,但时间较长)电动机将在惯性作用下自由停车。此功能总是"使能"的

表 **6 - 4**（续）

显示/按钮	功能	功能的说明
	改变电动机的转动方向	按此键可以改变电动机的转动方向,电动机的反向用负号表示或用闪烁的小数点表示。缺省值运行时此键是被封锁的为了使此键的操作有效应设定 P0700 = 1
jog	电动机点动	在变频器无输出的情况下按此键,将使电动机启动,并按预设定的点动频率运行。释放此键时,变频器停车。如果变频器/电动机正在运行,按此键将不起作用
Fn	功能	此键用于浏览辅助信息。 变频器运行过程中,在显示任何一个参数时按下此键并保持不动 2 s,将显示以下参数值(在变频器运行中从任何一个参数开始): 1. 直流回路电压(用 d 表示 – 单位:V); 2. 输出电流(A); 3. 输出频率(Hz); 4. 输出电压(用 o 表示 – 单位 V); 5. 由 P0005 选定的数值(如果 P0005 选择显示上述参数中的任何一个(3,4 或 5),这里将不再显示)。 连续多次按下此键将轮流显示以上参数。 跳转功能: 在显示任何一个参数(r×××× 或 P××××)时短时间按下此键,将立即跳转到 r0000,如果需要的话,您可以接着修改其他的参数。跳转到 r0000 后,按此键将返回原来的显示点
P	访问参数	按此键即可访问参数
▲	增加数值	按此键即可增加面板上显示的参数数值
▼	减少数值	按此键即可减少面板上显示的参数数值

　　用 BOP 可以修改任何一个参数。修改参数的数值时,BOP 有时会显示"busy",表明变频器正忙于处理优先级更高的任务。下面就以设置 P1000 = 1 的过程为例,来介绍通过 BOP 修改设置参数的流程,见表 6 - 5。

西门子 **MM4** 系列
变频器修改参数

表 6－5　BOP 修改设置参数流程

	操作步骤	BOP 显示结果
1	按 P 键,访问参数	r0000
2	按 ▲ 键,直到显示 P1000	P1000
3	按 P 键,直到显示 in000,即 P1000 的第 0 组值	in000
4	按 P 键,显示当前值 2	2
5	按 ▼ 键,达到所要求的值 1	1
6	按 P 键,存储当前设置	P1000
7	按 Fn 键,显示 r0000	r0000
8	按 P 键,显示频率	50.00

3. 用 BOP 更改参数的数值

MM420 型变频器在缺省设置时,用 BOP 控制电动机的功能是被禁止的。如果要用 BOP 进行控制,参数 P0700 应设置为 1,参数 P1000 也应设置为 1。

变频器加上电源时,可以把 BOP 装到变频器上,或从变频器上将 BOP 拆卸下来。

西门子 MM4 系列
变频器恢复出厂设置

如果 BOP 已经设置为 I/O 控制(P0700＝1),在拆卸 BOP 时变频器驱动装置将自动停车。用 BOP 操作时的缺省设置值见表 6－6。

表 6－6　用 BOP 操作时的缺省设置值

参数	说明	缺省值,欧洲(或北美)地区
P0100	运行方式,欧洲/北美	50 Hz,kW(60 Hz,hp)
P0307	功率(电动机额定值)	kW(hp)
P0310	电动机的额定功率	50 Hz(60 Hz)
P0311	电动机的额定速度	1 395(1 680)r/min[决定变量]
P1082	最大电动机频率	50 Hz(60 Hz)

4. MM420 型变频器常用参数设置

（1）设置步骤（图 6 – 12）

快速调试的历程图(仅适用于第1访问级)

P0010开始快递调试
0 　准备运行
1 　快速调试
30 　工厂的缺省设置值

说明
在电动机投入运行之前，P0010必须回到'0'。但是，如果调试结束后选定P3900=1，那么，P0010回0的操作是自动进行的。

P0010选择工作地区是欧洲/北美
0 　功率单位为kW;f的缺省值为50 Hz
1 　功率单位为hp;f的缺省值为60 Hz
2 　功率单位为kW;f的缺省值为60 Hz

说明
P0010的设定值0和1应该用DIP关来更改，使其设定的值固定不变。

P0304代表队近的额定电压①
10~2 000 V
根据铭牌键入的电动机额定电压(V)

P0305电动机的额定功率①
0~2倍 变频器额定电流(A)
根据铭牌键入的电动机额定电流(A)

P0307电动机的额定功率①
0~2 000 kW
根据铭牌键入的电动机额定功率(kW)
如果P0100=1，功率单位应是hp

P0310电动机的额定频率①
12~650 Hz
根据铭牌键入的电动机额定频率(Hz)

P0311电动机的额定速度①
0~40 000 r/min
根据铭牌键入的电动机额定速度(r/min)

P0700选择命令源②
接通/断开/反转(on/off/revere)
0 　工厂设置值
1 　基本操作面板(BOP)
2 　模入端子/数字输入

P1000选择频率设定值②
0 　无频率设定值
1 　用BOP控制频率的升降↑↓
2 　模拟设定值

P1080电动机最小频率
本参数设置电动机的最小频率(0~650 Hz)；达到这一频率时电动机的运行速递将与频率的设定值无关。这里设置的值对电动机的正转和反转都是适用的。

P1082电动机最大频率
本参数设置电动机的最大频率(0~650 Hz)；达到这一频率时电动机的运行速递将与频率的设定值无关。这里设置的值对电动机的正转和反转都是适用的。

P1120斜坡上升时间
0~650 s
电动机从静止停车加速到最大电动机频率所需的时间。

P1121斜坡下降时间
0~650 s
电动机从其最大频率减速到静止停车所需的时间。

P3900结束快速调试
0 　结束快速调试，不进行电动机计算或复位为工厂缺省设置值。
1 　结束快速调试，进行电动机计算和复位为工厂缺省设置值(推荐的方式)。
2 　结束快速调试，进行电动机计算和I/O复位。
3 　结束快速调试。进行电动机计算，但不进行I/O复位。

①与电动机有关的参数请参看电动机的铭牌。
②表示该参数包含有更详细的设定值表，可用于特定的应用场合。

图 6 – 12　变频器常用参数设置步骤

（2）参数号和参数名称

参数号是指该参数的编号。参数号用0000到9999的4位数字表示。在参数号的前面冠以一个小写字母"r"时，表示该参数是"只读"的参数。其他所有参数号的前面都冠以一个大写字母"P"。这些参数的设定值可以直接在标题栏的"最小值"和"最大值"范围内进行修改。

**西门子MM4系列变频器
常用参数快速设置**

［下标］表示该参数是一个带下标的参数，并且指定了下标的有效序号。

（3）常用参数的设置

表6-7给出了常用到的MM420型变频器参数设置值，如果希望设置更多的参数，请参考 MM420 型变频器用户手册。

表6-7　MM420型变频器常用参数设置

序号	参数代号	参数意义	参数组别	设置值	设置值说明
1	P0010	快速调试	常用	30	调出出厂设置参数
2	P0970	工厂复位	参数复位	0	0：禁止复位　1：参数复位
3	P0003	参数访问级	常用	3	
4	P0004	参数过滤器	常用	0	
5	P0100	使用地区	快速调试	0	参数用于确定功率设定值单位(kW 或 hp)和频率缺省值
6	P0700	选择命令源	命令	2	由端子排输入
7	P0701	数字输入1的功能	命令	1	ON/OFF 1(接通正转/停车命令)
8	P0702	数字输入2的功能	命令	15	固定频率设定值(直接选择)
9	P0703	数字输入3的功能	命令	15	固定频率设定值(直接选择)
10	P1000	选择频率设定值	设定值	3	固定频率
11	P1002	固定频率2	设定值		DIN2 ON 时固定频率
12	P1003	固定频率4	设定值		DIN3 ON 时固定频率
13	P1080	电动机最小频率	设定值	0 Hz	
14	P1082	电动机最大频率	设定值	50 Hz	
15	P1120	斜坡上升时间	设定值	2 s	缺省值：10 s
16	P1121	斜坡下降时间	设定值	2 s	缺省值：10 s

5.部分常用参数设置说明（更详细的参数设置说明请参考 MM420 型变频器用户手册）

（1）参数 P0003 用于定义用户访问参数组的等级，设置范围为0~4，其中：

①标准级：可以访问最经常使用的参数。

②扩展级：允许扩展访问参数的范围，例如变频器的I/O功能。

③专家级：只供专家使用。

④维修级：只供授权的维修人员使用，具有密码保护。

该参数缺省设置为等级1（标准级），实验设备中预设置为等级3（专家级），目的是允许用户可访问1,2级的参数及参数范围和定义用户参数,并对复杂的功能进行编程。用户可以修改设置值,但建议不要设置为等级4(维修级),对于大多数应用对象,只要访问标准级(P0003 = 1)和扩展级(P0003 = 2)就足够了。

(2)参数P0010是调试参数过滤器,对与调试相关的参数进行过滤,只筛选出那些与特定功能组有关的参数。P0010的可能设定值为:0(准备),1(快速调试),2(变频器),29(下载),30(工厂的缺省设定值);缺省设定值为0。

当选择P0010 = 1时,进行快速调试;若选择P0010 = 30,则进行把所有参数复位为工厂的缺省设定值的操作。应注意的是,在变频器投入运行之前应将本参数复位为0。

(3)将变频器复位为工厂的缺省设定值的步骤:

为了把变频器的全部参数复位为工厂的缺省设定值,应按照下面的数值设定参数:①设定P0010 = 30,②设定P0970 = 1。这时便开始参数的复位。变频器将自动地把它的所有参数都复位为它们各自的缺省设置值。

如果用户在参数调试过程中遇到问题,并且希望重新开始调试,实践证明这种复位操作方法是非常有用的。复位为工厂缺省设置值的时间大约要60 s。

(4)参数P0004(参数过滤器)的作用是根据所选定的一组功能,对参数进行过滤(或筛选),并集中对过滤出的一组参数进行访问。可能的设定值有:0 全部参数;2 变频器参数;3 电动机参数;7 命令,二进制 I/O;8 ADC(模 – 数转换)和 DAC(数 – 模转换);10 设定值通道 / RFG(斜坡函数发生器);12 驱动装置的特征;13 电动机的控制;20 通信;21 报警 / 警告 / 监控;22 工艺参量控制器(例如 PID)。

利用P0004的参数过滤功能,可以更方便地进行调试。例如,在设定数字输入端子的功能(P0701、P0702、P0703)时,使P0004 = 7,然后再去搜索P0701等则快捷得多。

【任务实施】

1.仪器和设备

西门子 MM420 型变频器的参数设置的实训仪器和设备见表6 – 8。

表6 – 8　实训仪器和设备表

名称	规格型号	数量
劳动保护用品	工作服、绝缘鞋、安全帽等	
三相四线电源	3 × 380 V/220 V	
三相异步电动机	Y802 – 4　0.75 kW、380 V、三角形接法	1
变频器	MM420 型	1
兆欧表	ZC25 型　500 V	1
万用表	M47 型万用表	1
钳形电流表	MG24　0 ~ 50 A	1
电工常用工具	验电笔、钢丝钳、螺丝刀、电工刀、尖嘴钳、活扳手、剥线钳等	1 套
接线端子排	JX2 – 1015 380 V、10 A、15 节	1

表 6-8(续)

名称	规格型号	数量
电气控制柜	配有按钮、继电器、接触器低压电气元器件	1
导线、号码管		若干

2. 系统接线

按照图 6-13 进行接线,检查电路正确无误后,合上主电源开关 QF。

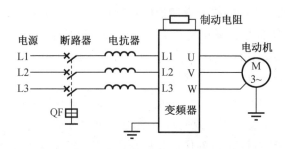

图 6-13 变频器控制电动机接线原理图

 TIPS:变频器的输出端 U、V、W 应接鼠笼式异步电动机,千万不能直接连接到交流电源,否则会损坏变频器。

3. 利用 BOP 进行参数设置

(1)设定 P0010 = 30 和 P0970 = 1,按下 P 键,开始复位,复位过程大约 10 s,这样就可保证变频器的参数回复到工厂默认值。

(2)设置电动机参数,为了使电动机与变频器相匹配,需要设置电动机参数。电动机参数设置见表 6-9。电动机参数设定完成后,设 P0010 = 0,变频器当前处于准备状态,可正常运行。

表 6-9 电动机参数设置

参数号	出厂值	设置值	说明
P0003	1	1	设定用户访问级为标准级
P0010	0	1	快速调试
P0100	0	0	功率以 kW 表示,频率为 50 Hz
P0304	230	380	电动机额定电压(V)
P0305	3.25	1.05	电动机额定电流(A)
P0307	0.75	0.37	电动机额定功率(kW)
P0310	50	50	电动机额定频率(Hz)
P0311	0	1 400	电动机额定转速(r/min)

TIPS:大约需要10 s才能完成复位的全部过程,将变频器的参数复位为工厂的缺省设置值。

(3)设置面板操作控制参数,见表6-10。

表6-10 面板操作控制参数

参数号	出厂值	设置值	说明
P0003	1	1	设用户访问级为标准级
P0010	0	0	正确地进行运行命令的初始化
P0004	0	7	命令和数字I/O
P0700	2	1	由键盘输入设定值(选择命令源)
P0003	1	1	设用户访问级为标准级
P0004	0	10	设定值通道和斜坡函数发生器
P1000	2	1	由键盘(电动电位计)输入设定值
P1080	0	0	电动机运行的最低频率(Hz)
P1082	50	50	电动机运行的最高频率(Hz)
P0003	1	2	设用户访问级为扩展级
P0004	0	10	设定值通道和斜坡函数发生器
P1040	5	20	设定键盘控制的频率值(Hz)
P1058	5	10	正向点动频率(Hz)
P1059	5	10	反向点动频率(Hz)
P1060	10	5	点动斜坡上升时间(s)
P1061	10	5	点动斜坡下降时间(s)

4. 运行调试

(1)变频器启动:在变频器的前操作面板上按运行键,变频器将驱动电动机升速,并运行在由 P1040 所设定的 20 Hz 频率对应的 560 r/min 的转速上。

(2)正反转及加减速运行:电动机的转速(运行频率)及旋转方向可直接通过按前操作面板上的键/减少键(▲/▼)来改变。

(3)点动运行:按下变频器前操作面板上的点动键,则变频器驱动电动机升速,并运行在由 P1058 所设置的正向点动 10 Hz 频率值上。当松开变频器前错做面板上的点动键,则变频器将驱动电动机降速至零。这时,如果按下一变频器前操作面板上的换向键,在重复上述的点动运行操作,电动机可在变频器的驱动下反向点动运行。

(4)电动机停车:在变频器的前操作面板上按停止键,则变频器将驱动电动机降速至零。

5. 任务实施

根据基于工作过程的实施步骤,按照工作任务单(表6-11),完成工作任务6.2。

表 6 – 11 工作任务单

任务名称		变频器的面板操作		指导教师	
姓名		班级		学号	
地点		组别		完成时间	
	实施步骤	学生活动			实施过程 跟踪记录
工作过程	资讯	1. 西门子通用型变频器面板控制按钮的作用。 2. 西门子通用型变频器常用控制参数含义			
	计划	1. 根据任务,确定需要收集的相关信息与资料 2. 组建任务小组 组长: 组员: 3. 明确任务分工,制订任务实施计划表 | 任务内容	实施要点	负责人	时间 | |---|---|---|---| | | | | | | | | | |			
	决策	根据本任务所学的知识点与技能点,按照工作任务单,完成变频器控制电动机调速的常用参数设置,并进行启动、正反转、点动调速控制			
	实施	1. 准备实训器材,并检查电气元器件、仪器仪表及实训设备的完好。 2. 西门子 MM420 型变频器外部接线。 3. 西门子 MM420 型变频器 BOP 面板操作练习。 4. 设置变频器控制电动机运行的常用参数。 | 参数号 | 出厂值 | 设置值 | 说明 | |---|---|---|---| | | | | | | | | | | 5. 上电调试运行。 6. 实训结束,断电,做好实训记录,整理实训器材及工位			
检查与评价	检查	变频器面板的正确操作。 变频器参数的正确设置与运行调试			
	评价	根据考核评价表,完成本任务的考核评价			

6. 考核评价

根据考核评价表(表 6 – 12),完成本任务的考核评价。

表6-12　考核评价表

姓名		班级		学号		组别		指导教师			
任务名称		变频器的面板操作			日期			总分			
考核项目	考核要求		评分标准			配分	自评	互评	师评
信息资讯	根据任务要求,课前做好充分的信息咨询,并做好记录;能够正确回答"资讯"环节布置的问题		课前信息咨询的记录			5			
			课中回答问题			5			
项目设计	按照工作过程"计划"与"决策"进行项目设计,项目实施方案合理		方案论证的充分性			5			
			方案设计的合理性			5			
项目实施	根据任务要求,通过BOP面板正确设置西门子MM420型变频器常用参数;能够调试西门子MM420型变频器		熟练操作变频器BOP面板			15			
			西门子MM420型变频器常用参数设置			20			
			西门子MM420型变频器运行调试			15			
			项目完成时间与质量			10			
职业素养	具有较强的安全生产意识和岗位责任意识,遵守"6S"管理规范;规范使用电工工具与仪器仪表,具有团队合作意识和创新意识		"6S"规范			5			
			团队合作			5			
			创新能力与创新意识			5			
			工具与仪器仪表的使用和保护			5			
合计						100			

任务6.3　变频器的数字量端口运行控制

【任务引入】

变频器在实际使用中,电动机经常要根据各类机械的某种状态而进行正转、反转、点动等运行,变频器的给定频率信号、电动机的启动信号等都是通过变频器控制端子给出,即变频器的外部运行操作,大大提高了生产过程的自动化程度。

本任务通过接在西门子MM420型变频器三个数字量端口的按键,控制电动机的正反转运行,原理图如图6-14所示。

【任务目标】

能够根据控制要求正确连接变频器的各接线端子,掌握西门子MM420型变频器数字量端口的接线与运行控制参数设置。

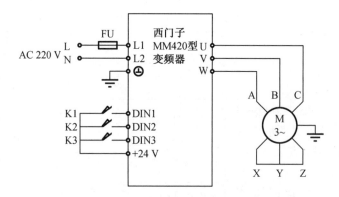

图 6-14 MM420 型变频器的数字量端口控制原理图

【知识点】

1. 西门子 MM420 型变频器各接线端子的含义及作用。

2. 西门子 MM420 型变频器数字量端口的接线方法。

3. 西门子 MM420 型变频器数字量端口控制电动机运行。

【技能点】

1. 西门子 MM420 型变频器各接线端口的正确接线。

2. 掌握西门子 MM420 型通用型数字量端口的运行控制。

【知识链接】

6.3.1 西门子 MM420 型变频器接线端子

1. 西门子 MM420 型变频器安装使用注意事项

①变频器必须要接地。

②为了确保安全操作变频器,必须由专业人员、完全按照 MM420 型变频器操作说明中的警告来安装和调试。

③即使变频器不工作时,主机输入、直流回路和电动机端子上也带有危险电压,关闭电源后、进行任何安装工作之前要等待 5 min,让设备放电。

④在进行电气安装之前,将电源频率设置成欧洲或北美制式。按照北美制式的电源操作时,将 DIP-开关(2)置为 60 Hz(向上)。按照欧洲制式的电源操作时,DIP-开关(2)保持在缺省的 50 Hz 的位置(向下)。

⑤11 kW 以上的电动机通常按照 400 V 三角形连接。

2. MM420 型变频器端子接线

(1)盖板的拆卸

MM420 型变频器盖板的拆卸和接线端子如图 6-15 和图 6-16 所示。

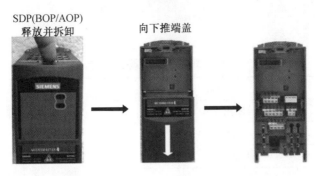

图 6 - 15　MM420 型变频器盖板的拆卸

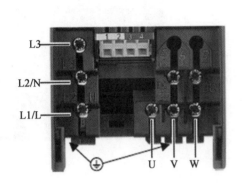

图 6 - 16　MM420 型变频器盖板的接线端子

（2）DIP 开关设置

MM420 型变频器缺省设置的电动机基本频率是 50 Hz。如果实际使用的电动机基本频率为 60 Hz,那么,变频器可以通过 DIP 开关将电动机的基本频率设定为 60 Hz。DIP 开关设置如图 6 - 17 所示。

Off 位置:欧洲地区的缺省设置（50 Hz,kW）。

On 位置:北美地区的缺省设置（60 Hz,hp）。

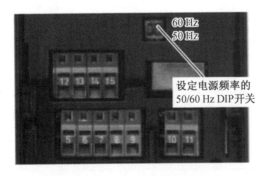

图 6 - 17　变频器 DIP 开关设置

（3）西门子 MM420 型变频器内部结构框图及接线端子

西门子 MM420 型变频器各端子的标识及功能见表 6 - 13,内部结构框图与接线端子如

图 6 – 18 所示。

表 6 – 13 西门子 MM420 变频器各端子的标识及功能

端子号	标识	功能
1	—	输出 + 10 V
2	—	输出 0 V
3	ADC +	模拟输入(+)
4	ADC –	模拟输入(–)
5	DIN1	数字输入 1
6	DIN2	数字输入 2
7	DIN3	数字输入 3
8	—	带电位隔离的输出 + 24 V/最大。100 mA
9	—	带电位隔离的输出 0 V/最大。100 mA
10	RL1 – B	数字输出/NO(常开)触头
11	RL1 – C	数字输出/切换触头
12	DAC +	模拟输出(+)
13	DAC –	模拟输出(–)
14	P +	RS485 串行接口
15	N –	RS485 串行接口

3. 西门子 MM420 型变频器数字输入端口功能

MM420 型变频器的三个数字输入端口(DIN1 ~ DIN3) ,即端口"5""6""7",每一个数字输入端口功能很多,用户可根据需要进行设置。参数号 P0701 ~ P0703 为与端口数字输入 1 功能至数字输入 3 功能,每一个数字输入功能设置参数值范围均为 0 ~ 99,出厂默认值均为 1。以下列出其中几个常用的参数值,各数值的具体含义见表 6 – 14。

表 6 – 14 MM420 型变频器数字输入端口功能设置表

参数值	功能说明
0	禁止数字输入
1	ON/OFF1(接通正转、停车命令 1)
2	ON/OFF1(接通反转、停车命令 1)
3	OFF2(停车命令 2),按惯性自由停车
4	OFF3(停车命令 3),按斜坡函数曲线快速降速
9	故障确认
10	正向点动
11	反向点动

表6-14(续)

参数值	功能说明
12	反转
13	MOP(电动电位计)升速(增加频率)
14	MOP 降速(减少频率)
15	固定频率设定值(直接选择)
16	固定频率设定值(直接选择 + ON 命令)
17	固定频率设定值(二进制编码选择 + ON 命令)
25	直流注入制动

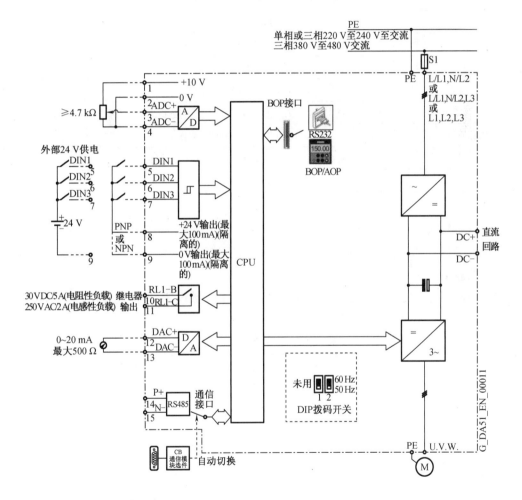

模拟输入可以作为第4个附加的输入,
其接线如下图所示。

图6-18　西门子 MM420 变频器内部结构框图与接线端子

【任务实施】

1. 仪器和设备

西门子 MM420 型变频器接线端子的实训仪器和设备见表 6 - 13。

表 6 - 13 实训仪器和设备表

名称	规格型号	数量
劳动保护用品	工作服、绝缘鞋、安全帽等	
三相四线电源	3 × 380 V/220 V	
三相异步电动机	Y802 - 4　0.75 kW、380 V、三角形接法	1
变频器	MM420 型	1
兆欧表	ZC25 型　500 V	1
万用表	M47 型万用表	1
钳形电流表	MG24　0 ~ 50 A	1
电工常用工具	验电笔、钢丝钳、螺丝刀、电工刀、尖嘴钳、活扳手、剥线钳等	1 套
接线端子排	JX2 - 1015 380 V、10 A、15 节	1
电气控制柜	配有按钮、继电器、接触器低压电气元器件	1
导线、号码管		若干

2. 按要求接线

按照变频器外部运行操作接线图(图 6 - 14)进行接线。

3. 参数设置

接通断路器 QS,在变频器通电的情况下,完成相关参数设置,具体设置见表 6 - 14。

表 6 - 14　变频器参数设置

参数号	出厂值	设置值	说明
P0003	1	1	设用户访问级为标准级
P0004	0	7	命令和数字 I/O
P0700	2	2	命令源选择"由端子排输入"
P0003	1	2	设用户访问级为扩展级
P0004	0	7	命令和数字 I/O
* P0701	1	1	ON 接通正转,OFF 停止
* P0702	1	2	ON 接通反转,OFF 停止
* P0703	9	10	正向点动
P0003	1	1	设用户访问级为标准级
P0004	0	10	设定值通道和斜坡函数发生器

表 6 – 14（续）

参数号	出厂值	设置值	说明
P1000	2	1	由键盘（电动电位计）输入设定值
*P1080	0	0	电动机运行的最低频率（Hz）
*P1082	50	50	电动机运行的最高频率（Hz）
*P1120	10	5	斜坡上升时间（s）
*P1121	10	5	斜坡下降时间（s）
P0003	1	2	设用户访问级为扩展级
P0004	0	10	设定值通道和斜坡函数发生器
*P1040	5	20	设定键盘控制的频率值
*P1058	5	10	正向点动频率（Hz）
*P1059	5	10	反向点动频率（Hz）
*P1060	10	5	点动斜坡上升时间（s）
*P1061	10	5	点动斜坡下降时间（s）

4. 变频器运行操作

（1）正向运行

当按下带锁按钮 SB1 时，变频器数字端口"5"为 ON，电动机按 P1120 所设置的 5 s 斜坡上升时间正向启动运行，经 5 s 后稳定运行在 560 r/min 的转速上，此转速与 P1040 所设置的 20 Hz 对应。放开按钮 SB1，变频器数字端口"5"为 OFF，电动机按 P1121 所设置的 5 s 斜坡下降时间停止运行。

（2）反向运行

当按下带锁按钮 SB2 时，变频器数字端口"6"为 ON，电动机按 P1120 所设置的 5 s 斜坡上升时间正向启动运行，经 5 s 后稳定运行在 560 r/min 的转速上，此转速与 P1040 所设置的 20 Hz 对应。放开按钮 SB2，变频器数字端口"6"为 OFF，电动机按 P1121 所设置的 5 s 斜坡下降时间停止运行。

（3）电动机的点动运行

正向点动运行：当按下带锁按钮 SB3 时，变频器数字端口"7"为 ON，电动机按 P1060 所设置的 5 s 点动斜坡上升时间正向启动运行，经 5 s 后稳定运行在 280 r/min 的转速上，此转速与 P1058 所设置的 10 Hz 对应。放开按钮 SB3，变频器数字端口"7"为 OFF，电动机按 P1061 所设置的 5 s 点动斜坡下降时间停止运行。

（4）电动机的速度调节

分别更改 P1040 和 P1058、P1059 的值，按上步操作过程，就可以改变电动机正常运行速度和正、反向点动运行速度。

（5）电动机实际转速测定

电动机运行过程中，利用激光测速仪或者转速测试表，可以直接测量电动机实际运行速度，当电动机处在空载、轻载或者重载时，实际运行速度会根据负载的轻重略有变化。

5. 任务实施

根据基于工作过程的实施步骤,按照工作任务单(表6－15),完成工作任务6.3。

表6－15 工作任务单

任务名称	变频器的数字量端口运行控制		指导教师	
姓名		班级	学号	
地点		组别	完成时间	
	实施步骤	学生活动		实施过程跟踪记录
工作过程	资讯	1.西门子MM420型变频器各接线端子的含义及作用。 2.西门子MM420型变频器数字量端口的接线方法。 3.西门子MM420型变频器数字量控制参数设置		
	计划	1.根据任务,确定需要收集的相关信息与资料 2.组建任务小组 组长: 组员: 3.明确任务分工,制订任务实施计划表 {任务内容 / 实施要点 / 负责人 / 时间}		
	决策	根据本任务所学的知识点与技能点,按照工作任务单,通过接在西门子MM420型变频器三个数字量端口的按键,控制电动机的正反转运行		
	实施	1.准备实训器材,并检查电气元器件、仪器仪表及实训设备的完好。 2.西门子MM420型变频器数字量端口运行控制接线。 3.西门子MM420型变频器的数字量端口运行控制的参数设置。 {参数号 / 出厂值 / 设置值 / 说明} 4.上电调试运行。 5.实训结束,断电,做好实训记录,整理实训器材及工位		
检查与评价	检查	1.西门子MM420型变频器数字量端口运行控制系统接线。 2.西门子MM420型变频器数字量端口运行控制的参数设置与运行调试		
	评价	根据考核评价表,完成本任务的考核评价		

6.考核评价

根据考核评价表(表6-16),完成本任务的考核评价。

表6-16　考核评价表

姓名		班级		学号		组别		指导教师			
任务名称		变频器的数字量端口运行控制			日期			总分			
考核项目	考核要求		评分标准				配分	自评	互评	师评
信息资讯	根据任务要求,课前做好充分的信息咨询,并做好记录;能够正确回答"资讯"环节布置的问题		课前信息咨询的记录				5			
			课中回答问题				5			
项目设计	按照工作过程"计划"与"决策"进行项目设计,项目实施方案合理		方案论证的充分性				5			
			方案设计的合理性				5			
项目实施	根据任务要求,正确完成西门子MM420型变频器数字量端口运行控制系统接线、参数设置与运行调试		西门子MM420型变频器数字量端口运行控制系统接线				15			
			西门子MM420型变频器数字量端口运行控制参数设置				20			
			西门子MM420型变频器数字量端口运行控制调试				15			
			项目完成时间与质量				10			
职业素养	具有较强的安全生产意识和岗位责任意识,遵守"6S"管理规范;规范使用电工工具与仪器仪表,具有团队合作意识和创新意识		"6S"规范				5			
			团队合作				5			
			创新能力与创新意识				5			
			工具与仪器仪表的使用和保护				5			
合计							100			

任务6.4　变频器的模拟量调速控制

【任务引入】

MM420型变频器可以通过基本操作板,按频率调节按键增加和减少输出频率,从而设置正反向转速的大小,也可以由模拟输入端控制电动机转速的大小。本任务通过调节西门子MM420型变频器模拟输入端电位器,产生模拟电压信号,使电动机转速发生变化,并用变频器外部端子控制电动机正转、反转和停止。

【任务目标】

使用西门子 MM420 型变频器的模拟量输入端,控制电动机调速,完成控制系统的接线、参数设置及运行调试。

【知识点】

1. 西门子 MM420 型变频器的模拟信号控制系统接线。

2. 西门子 MM420 型变频器模拟量控制参数设置。

3. 西门子 MM420 型变频器模拟量控制运行调试。

【技能点】

1. 掌握西门子 MM420 型变频器模拟量控制的参数设置。

2. 掌握西门子 MM420 型变频器模拟量控制控制。

【任务实施】

1. 仪器和设备

变频器的模拟量调速控制的实训仪器和设备见表 6 - 17。

表 6 - 17　实训仪器和设备表

名称	规格型号	数量
劳动保护用品	工作服、绝缘鞋、安全帽等	
三相四线电源	3 × 380 V/220 V	
三相异步电动机	Y802 - 4　0.75 kW、380 V、三角形接法	1
变频器	MM420 型	1
兆欧表	ZC25 型　500 V	1
万用表	M47 型万用表	1
钳形电流表	MG24　0 ~ 50 A	1
电工常用工具	验电笔、钢丝钳、螺丝刀、电工刀、尖嘴钳、活扳手、剥线钳等	1 套
接线端子排	JX2 - 1015 380 V、10 A、15 节	1
电气控制柜	配有按钮、继电器、接触器低压电气元器件	1
导线、号码管		若干

2. 控制分析

MM420 型变频器的"1""2"输出端为用户的给定单元提供了一个高精度的 + 10 V 直流稳压电源。可利用转速调节电位器串联在电路中,调节电位器,改变输入端口 AIN1 + 给定的模拟输入电压,变频器的输入量将紧紧跟踪给定量的变化,从而平滑无极地调

西门子 MM4 系列变频器
模拟量输入控制

节电动机转速的大小。

　　MM420 型变频器为用户提供了模拟输入端口,即端口"3" "4",通过设置 P0701 的参数值,使数字输入"5"端口具有正转控制功能;通过设置 P0702 的参数值,使数字输入"6"端口具有反转控制功能;模拟输入"3""4"端口外接电位器,通过"3"端口输入大小可调的模拟电压信号,控制电动机转速的大小。即由数字输入端控制电动机转速的方向,由模拟输入端控制转速的大小。

西门子 MM4 系列变频器
模拟量输出控制

　　3．实训步骤

　　(1)控制电路的设计与接线

　　①设计控制电路,其原理图如图 6 – 19 所示。

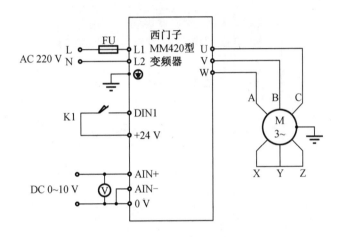

图 6 – 19　变频器的模拟量调速控制原理图

　　②布置电气元器件,按照电气元器件的布置,准备导线。用钳类电工工具,剪出规定的长度,然后用剥线钳,将导线的两头绝缘皮去掉,露出线芯,为电气元器件连接做准备。

　　③电气接线,由于使用变频器内部 10 V 电源,所以 2 脚和 4 脚要连接。变频器的外部接线图如图 6 – 20 所示。

　　④检查无误后接通变频器电源。

　　(2)参数设置

　　①恢复变频器工厂缺省值。

　　设定 P0010 = 30 和 P0970 = 1,按下 P 键,开始复位,复位过程大约 3 min,这样就可保证变频器的参数回复到工厂默认值,见表 6 – 18。

　　设置完成后,开始复位,BOP 出现"P – – –"字样,复位大约需要 1 min。这样就保证了变频器的参数均回到工厂默认值。

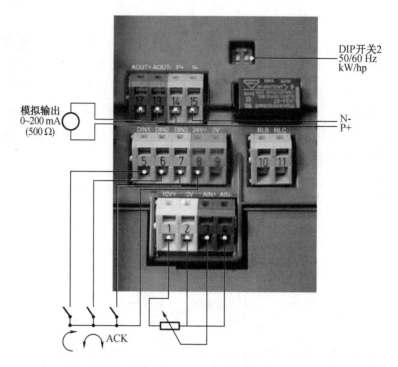

图 6 – 20　变频器的外部接线图

表 6 – 18　复位为出厂时变频器的缺省设置

参数号	出厂缺省值	设置值	说明
P0010	0	30	出厂缺省值
P0970	0	1	参数复位

②设置电动机参数。

为了使电动机与变频器相匹配,需设置电动机参数。电动机参数设置见表 6 – 19。电动机参数设置完成后,设 P0010 = 0,变频器当前处于准备状态,可正常运行。

表 6 – 19　设置电动机参数表

参数号	缺省值	设置值	说明
P0003	1	1	设定用户访问级为标准级
P0010	0	1	快速调试
P0004	0	0	功率以 kW 表示,频率为 50 Hz
P0010	0	1	电动机额定电压(V)
P0100	0	0	电动机额定电流(A)
P0304	400	380	电动机额定功率(kW)
P0305	1.9	0.4	电动机额定频率(Hz)
P0307	0.75	0.18	电动机额定转速(r/min)

表 6 - 19（续）

参数号	缺省值	设置值	说明
P0310	50	50	设定用户访问级为标准级
P0311	1 395	1 400	快速调试

③设置模拟信号操作控制参数,见表 6 - 20。

表 6 - 20   模拟信号操作控制参数的设置表

参数号	出厂值	设置值	说明
P0003	1	1	设用户访问级为标准级
P0004	0	7	命令和数字 I/O
P0700	2	2	命令源选择由端子排输入
P0003	1	2	设用户访问级为扩展级
P0004	0	7	命令和数字 I/O
P0701	1	1	ON 接通正转,OFF 停止
P0702	1	2	ON 接通反转,OFF 停止
P0003	1	1	设用户访问级为标准级
P0004	0	10	设定值通道和斜坡函数发生器
P1000	2	2	频率设定值选择为模拟输入
P1080	0	0	电动机运行的最低频率(Hz)
P1082	50	50	电动机运行的最高频率(Hz)

 TIPS:为了快速修改参数的数值,可以一个个地单独修改显示出的每个数字,操作步骤如下:

①确信已处于某一参数数值的访问级(参看"用 BOP 修改参数")。

②按 Fn(功能键),最右边的一个数字闪烁。

③按 ▲/▼,修改这位数字的数值。

④再按 Fn(功能键),相邻的下一位数字闪烁。

⑤执行②至④步,直到显示出所要求的数值。

⑥按 P,退出参数数值的访问级。

(3)运行、监控与调试

电动机正转与调速:按下电动机正转自锁按钮 SB1,数字输入端口 DIN1 为"ON",电动机正转运行,转速由外接电位器 RP1 来控制,模拟电压信号在 0～10 V 变化,对应变频器的频率在 0～50 Hz 变化,对应电动机的转速在 0～1 500 r/min 变化。当松开带锁按钮 SB1 时,电动机停止运转。

电动机反转与调速:按下电动机反转自锁按钮 SB2,数字输入端口 DIN2 为"ON",电动机反转运行,与电动机正转相同,反转转速的大小仍由外接电位器来调节。当松开带锁按钮 SB2 时,电动机停止运转。

4. 任务实施

根据基于工作过程的实施步骤,按照工作任务单(表 6 – 21),完成工作任务 6.4。

表 6 – 21   工作任务单

任务名称	变频器的模拟量调速控制		指导教师	
姓名		班级	学号	
地点		组别	完成时间	
工作过程	实施步骤	学生活动		实施过程跟踪记录
	资讯	1. 西门子 MM420 型变频器的模拟量信号控制系统接线。 2. 西门子 MM420 型变频器模拟量调速参数设置		
	计划	1. 根据任务,确定需要收集的相关信息与资料 2. 组建任务小组 组长: 组员: 3. 明确任务分工,制订任务实施计划表 任务内容 / 实施要点 / 负责人 / 时间		
	决策	根据本任务所学的知识点与技能点,按照工作任务单,通过调节西门子 MM420 型变频器模拟输入端电位器,产生模拟电压信号,使电动机转速发生变化,并用变频器外部端子控制电动机正转、反转和停止		
	实施	1. 准备实训器材,并检查电气元器件、仪器仪表及实训设备的完好。 2. 西门子 MM420 型变频器模拟量调速控制系统接线。 3. 西门子 MM420 型变频器的模拟量调速运行控制系统参数设置。 参数号 / 出厂值 / 设置值 / 说明 4. 上电调试运行。 5. 实训结束,断电,做好实训记录,整理实训器材及工位		

表 6-21（续）

检查与评价	检查	西门子 MM420 型变频器模拟量调速控制系统接线。 西门子 MM420 型变频器模拟量调速控制参数设置与运行调试	
	评价	根据考核评价表,完成本任务的考核评价	

5. 考核评价

根据考核评价表(表 6-22),完成本任务的考核评价。

表 6-22 考核评价表

姓名		班级		学号		组别		指导教师			
任务名称		变频器的模拟量调速控制			日期			总分			
考核项目	考核要求		评分标准				配分	自评	互评	师评	
信息资讯	根据任务要求,课前做好充分的信息咨询,并做好记录;能够正确回答"资讯"环节布置的问题		课前信息咨询的记录				5				
			课中回答问题				5				
项目设计	按照工作过程"计划"与"决策"进行项目设计,项目实施方案合理		方案论证的充分性				5				
			方案设计的合理性				5				
项目实施	根据任务要求,正确完成西门子 MM420 型变频器模拟量调速运行控制系统接线、参数设置与运行调试		西门子 MM420 型变频器模拟量调速控制系统接线				15				
			西门子 MM420 型变频器模拟量调速运行控制参数设置				20				
			西门子 MM420 型变频器模拟量调速运行控制调试				15				
			项目完成时间与质量				10				
职业素养	具有较强的安全生产意识和岗位责任意识,遵守"6S"管理规范;规范使用电工工具与仪器仪表,具有团队合作意识和创新意识		"6S"规范				5				
			团队合作				5				
			创新能力与创新意识				5				
			工具与仪器仪表的使用和保护				5				
合计							100				

任务6.5 变频器的多段速运行控制

【任务引入】

通过西门子 MM20 型变频器数字量输入端口,实现电动机三段速的调试运行控制。

【任务目标】

使用西门子 MM420 型变频器的数字量输入端,控制电动机三段速的调速控制,完成控制系统的接线、参数设置及运行调试。

【知识点】

1. 西门子 MM420 型变频器多段速频率控制。
2. 西门子 MM420 型变频器多段速控制参数。

【技能点】

1. 掌握西门子 MM420 型变频器多段速控制的参数设置。
2. 掌握变频器的多段速运行操作过程。

【知识链接】

6.5.1　MM420 型变频器的多段速控制功能及参数设置

多段速功能,也称作固定频率,就是设置参数 P1000 = 3 的条件下,用开关量端子选择固定频率的组合,实现电动机多段速度运行。

1. 直接选择(P0701 – P0703 = 15)

在这种操作方式下,一个数字输入选择一个固定频率,端子与参数设置对应见表 6-23。

多段速设置操作

表 6-23　端子与参数设置对应表

端子编号	对应参数	对应频率设置值	说明
5	P0701	P1001	1. 频率给定源 P1000 必须设置为 3。
6	P0702	P1002	2. 当多个选择同时激活时,选定的频率是它们的总和
7	P0703	P1003	

2. 直接选择 + ON 命令(P0701 – P0703 = 16)

在这种操作方式下,数字量输入既选择固定频率,又具备启动功能。

3. 二进制编码选择 + ON 命令(P0701 – P0703 = 17)

MM420 型变频器的 3 个数字输入端口(DIN1 ~ DIN3),通过 P0701 ~ P0703 设置实现多频段控制。每一频段的频率分别由 P1001 ~ P1007 参数设置,最多可实现 7 频段控制,各个固定频率的数值选择见表 6 - 24。在多频段控制中,电动机的转速方向是由 P1001 ~ P1007 参数所设置的频率正负决定的。3 个数字输入端口,哪一个作为电动机运行、停止控制,哪些作为多段频率控制,是可以由用户任意确定的,一旦确定了某一数字输入端口的控制功能,其内部的参数设置值必须与端口的控制功能相对应。

表 6 - 24 固定频率选择对应表

频率设定	DIN3	DIN2	DIN1
P1001	0	0	1
P1002	0	1	0
P1003	0	1	1
P1004	1	0	0
P1005	1	0	1
P1006	1	1	0
P1007	1	1	1

【知识链接】

1. 仪器和设备

变频器的多段速运行控制的实训仪器和设备见表 6 - 25。

表 6 - 25 实训仪器和设备表

名称	规格型号	数量
劳动保护用品	工作服、绝缘鞋、安全帽等	
三相四线电源	3 × 380 V/220 V	
三相异步电动机	Y802 - 4 0.75 kW、380 V、三角形接法	1
变频器	MM420 型	1
兆欧表	ZC25 型 500 V	1
万用表	M47 型万用表	1
钳形电流表	MG24 0 ~ 50 A	1
电工常用工具	验电笔、钢丝钳、螺丝刀、电工刀、尖嘴钳、活扳手、剥线钳等	1 套
接线端子排	JX2 - 1015 380 V、10 A、15 节	1
电气控制柜	配有按钮、继电器、接触器低压电气元器件	1
导线、号码管		若干

2. 实训步骤

（1）电气接线

按图 6 – 21 连接电路，检查线路正确后，合上变频器电源空气开关 QS。

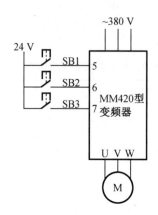

图 6 – 21　变频器三段固定频率控制接线图

（2）参数设置

①恢复变频器工厂缺省值，设定 P0010 = 30，P0970 = 1。按下"P"键，变频器开始复位到工厂缺省值。

②设置电动机参数，见表 6 – 26。电动机参数设置完成后，设 P0010 = 0，变频器当前处于准备状态，可正常运行。

表 6 – 26　电动机参数设置

参数号	出厂值	设置值	说明
P0003	1	1	设用户访问级为标准级
P0010	0	1	快速调试
P0100	0	0	工作地区:功率以 kW 表示,频率为 50 Hz
P0304	230	230	电动机额定电压(V)
P0305	3.25	0.9	电动机额定电流(A)
P0307	0.75	0.4	电动机额定功率(kW)
P0308	0	0.8	电动机额定功率(cos φ)
P0310	50	50	电动机额定频率(Hz)
P03111	0	1400	电动机额定转速(r/min)

③变频器三段固定频率控制参数设置，见表 6 – 27。

表6－27　变频器三段固定频率控制参数设置

参数号	出厂值	设置值	说明
P0003	1	1	设用户访问级为标准级
P0004	0	7	命令和数字 L/O
P0700	2	2	命令源选择由端子排输入
P0003	1	2	设用户访问级为拓展级
P0004	0	7	命令和数字 L/O
P0701	1	17	选择固定频率
P0702	1	17	选择固定频率
P0703	1	1	ON 接通正转,OFF 停止
P0003	1	1	设用户访问级为标准级
P0004	2	10	设定值通道和斜坡函数发生器
P1000	2	3	选择固定频率设定值
P0003	1	2	设用户访问级为拓展级
P0004	0	10	设定值通道和斜坡函数发生器
P1001	0	20	选择固定频率 1(Hz)
P1002	5	30	选择固定频率 2(Hz)
P1003	10	50	选择固定频率 3(Hz)

（3）变频器调试运行

当按下按钮 SB1 时,数字输入端口"7"为"ON",允许电动机运行。

①第 1 频段控制。当按钮 SB1 开关接通、按钮 SB2 开关断开时,变频器数字输入端口"5"为"ON",端口"6"为"OFF",变频器工作在由 P1001 参数所设定的频率为 20 Hz 的第 1 频段上。

②第 2 频段控制。当按钮 SB1 开关断开,按钮 SB2 开关接通时,变频器数字输入端口"5"为"OFF","6"为"ON",变频器工作在由 P1002 参数所设定的频率为 30 Hz 的第 2 频段上。

③第 3 频段控制。当按钮 SB1、SB2 都接通时,变频器数字输入端口"5""6"均为"ON",变频器工作在由 P1003 参数所设定的频率为 50 Hz 的第 3 频段上。

（4）电动机停车

当按钮 SB1、SB2 开关都断开时,变频器数字输入端口"5""6"均为"OFF",电动机停止运行。或在电动机正常运行的任何频段,将按钮 SB3 断开使数字输入端口"7"为"OFF",电动机也能停止运行。

TIPS:3 个频段的频率值可根据用户要求,用 P1001、P1002 和 P1003 参数来修改。

当电动机需要反向运行时,只要将向对应频段的频率值设定为负就可以实现。

3. 任务实施

根据基于工作过程的实施步骤,按照工作任务单(表6-28),完成工作任务6.5。

表6-28 工作任务单

任务名称	变频器的多段速运行控制		指导教师	
姓名		班级	学号	
地点		组别	完成时间	

	实施步骤	学生活动	实施过程 跟踪记录
工作过程	资讯	1. 西门子 MM420 型变频器多段速频率控制。 2. 西门子 MM420 型变频器多段速控制参数设置	
	计划	1. 根据任务,确定需要收集的相关信息与资料 2. 组建任务小组 组长: 组员: 3. 明确任务分工,制订任务实施计划表 表格:任务内容 / 实施要点 / 负责人 / 时间	
	决策	根据本任务所学的知识点与技能点,按照工作任务单,通过西门子 MM420 型变频器数字量输入端口,完成电动机三段速的调试运行控制	
	实施	1. 准备实训器材,并检查电气元器件、仪器仪表及实训设备的完好。 2. 西门子 MM420 型变频器多段速控制系统接线。 3. 西门子 MM420 型变频器的多段速运行控制系统参数设置。 表格:参数号 / 出厂值 / 设置值 / 说明 4. 上电调试运行。 5. 实训结束,断电,做好实训记录,整理实训器材及工位	
检查与评价	检查	西门子 MM420 型变频器多段速控制参数设置。 西门子 MM420 型变频器多段速控制运行调试	
	评价	根据考核评价表,完成本任务的考核评价	

4.考核评价

根据考核评价表(表6-29),完成本任务的考核评价。

表6-29　考核评价表

姓名		班级		学号		组别		指导教师			
任务名称		变频器的多段速运行控制				日期		总分			
考核项目	考核要求		评分标准					配分	自评	互评	师评
信息资讯	根据任务要求,课前做好充分的信息咨询,并做好记录;能够正确回答"资讯"环节布置的问题		课前信息咨询的记录					5			
			课中回答问题					5			
项目设计	按照工作过程"计划"与"决策"进行项目设计,项目实施方案合理		方案论证的充分性					5			
			方案设计的合理性					5			
项目实施	根据任务要求,正确完成西门子 MM420 型变频器多段速运行控制系统接线、参数设置与运行调试		西门子 MM420 型变频器多段速控制系统接线					15			
			西门子 MM420 型变频器多段速运行控制参数设置					20			
			西门子 MM420 型变频器多段速运行控制调试					15			
			项目完成时间与质量					10			
职业素养	具有较强的安全生产意识和岗位责任意识,遵守"6S"管理规范;规范使用电工工具与仪器仪表,具有团队合作意识和创新意识		"6S"规范					5			
			团队合作					5			
			创新能力与创新意识					5			
			工具与仪器仪表的使用和保护					5			
合计								100			

附　　录

附录 A　常用低压电气元器件文字符号表

附表 A　常用低压电气元器件文字符号表

序号	名称	符号	序号	名称	符号
1	发电机	G	40	电压小母线	WV
2	电动机	M	41	控制小母线	WCL
3	控制变压器	TC	42	事故音响小母线	WFS
4	自耦变压器	TA	43	预告音响小母线	WPS
5	整流变压器	TR	44	闪光小母线	WF
6	稳压器	TS	45	直流母线	WB
7	电压互感器	TV	46	电压继电器	KV
8	电流互感器	TA	47	电流继电器	KA
9	熔断器	FU	48	时间继电器	KT
10	断路器	QF	49	中间继电器	KM
11	隔离开关	QS	50	信号继电器	KS
12	负荷开关	QL	51	闪光继电器	KFR
13	刀开关	QK	52	差动继电器	KD
14	刀熔开关	QR	53	接地继电器	KE
15	交流接触器	KM	54	控制继电器	KC
16	电阻	R	55	热继电器（热元件）	KH
17	压敏电阻器	RV	56	控制、选择转换开关	SA
18	启动电阻器	RS	57	行程开关	ST
19	制动电阻器	RB	58	微动开关	SS
20	电容	C	59	限位开关	SL
21	电感器、电抗器	L	60	按钮	SB
22	变频器	U	61	合闸按钮	SBC
23	压力变换器	BP	62	分闸按钮	SBS
24	温度变换器	BT	63	试验按钮	SBT
25	避雷器	F	64	合闸线圈	YC
26	黄色指示灯	HY	65	跳闸线圈	YT
27	绿色指示灯	HG	66	接线柱	X

附表 A（续）

序号	名称	符号	序号	名称	符号
28	红色指示灯	HR	67	连接片	XB
29	白色指示灯	HW	68	端子板（排）	XT
30	蓝色指示灯	HB	69	插座	XS
31	照明灯	EL	70	插头	XP
32	蓄电池	GB	71	电流表	PA
33	加热器	EH	72	电压表	PV
34	光指示器	HL	73	有功电度表	PJ
35	声音报警器	HA	74	无功电度表	PJR
36	二极管	VD	75	有功功率表	PW
37	三极管	V	76	无功功率表	PR
38	晶闸管	VT	77	功率因数表	PPF
39	电位器	RP	78	频率表	PF

附录 B　常用电气元器件参数表

附表 B–1　CJ20 系列接触器主要技术参数

型号	AC–3,380 V 下，主触点额定电流/A	辅助触点额定电流/A	额定操作频率/(次·h^{-1})	线圈电压/V	可控制电动机功率/kW 220 V	可控制电动机功率/kW 380 V
CJ20–10	10				2.2	4
CJ20–16	16		1 200		4.5	7.5
CJ20–25	20	5		交流 36,110, 127,220,380	5.5	11
CJ20–40	40				11	22
CJ20–63	63		600		18	30
CJ20–100	100				28	50

附表 B–2　CJX2 系列接触器主要技术参数

型号	触点工作电压/V	主触点额定电流/A AC–3	主触点额定电流/A AC–4	额定操作频率/(次·h^{-1}) AC–3	额定操作频率/(次·h^{-1}) AC–4	可控制电动机功率/kW
CJX2–09	380	9	3.5	1 200	300	4
CJX2–12	380	12	5	1 200	300	5.5
CJX2–18	380	18	7.7	1 200	300	7.5
CJX2–25	380	25	8.5	1 200	300	11
CJX2–32	380	32	12	600	300	15
CJX2–40	380	40	18.5	600	300	18.5

附表 B-3　JR16B 系列热继电器主要技术参数

型号	额定电流/A	热元件等级	
		热元件额定电流/A	电流调节范围/A
JR16B-20/3 JR16B-20/3/D	20	0.35	0.25~0.35
		0.50	0.32~0.50
		0.72	0.45~0.72
		1.1	0.68~1.1
		1.6	1.0~1.6
		2.4	1.5~2.4
		3.5	2.2~3.5
		5.0	3.2~5.0
		7.2	4.5~7.2
		11	6.8~11
		16	10~16
		22	14~22
JR16B-60/3	60	22	14~22
		32	20~32
		45	28~45
		63	40~63
JR16B-150/3	150	63	40~63
		85	53~85
		120	75~120
		160	100~160

附表 B-4　常用熔断器主要技术参数

型号	熔断器 额定电流/A	额定电压 /V	熔体额定电流 /A	极限分断 电流/kA
RC1A-5	5	380	2,5	0.25
RC1A-10	10		2,4,6,10	0.5
RC1A-15	15		6,10,15	0.5
RC1A-30	30		20,25,30	1.5
RC1A-60	60		40,50,60	3
RC1A-100	100		80,100	3
RL1-15	15	500	2,4,6,10,15	3
RL1-60	60		20,25,30,35,40,50,60	3.5
RL1-100	100		60,80,100	20

附表 B-4（续）

型号	熔断器 额定电流/A	额定电压 /V	熔体额定电流 /A	极限分断 电流/kA
RM10-15	15	380	6,10,15	1.2
RM10-60	60		15,20,25,30,40,50,60	3.5
RM10-100	100		60,80,100	10
RT14-20	20		2,4,6,10,16,20	100
RT14-32	32		2,4,6,10,16,20,25,32	100
RT14-63	63		10,16,20,25,32,40,50,63	100
RT18-32	32		2,4,6,10,16,20,25,32	100
RT18-63	63		10,16,20,25,32,40,50,63	100

附表 B-5　HK2 系列刀开关主要技术参数

额定电压 /V	额定电流 /A	级数	熔断体极限 分断能力/A	控制电动机 功率/kW	机械寿命 /次	电气寿命 /次
250	10	2	500	1.1	10 000	2 000
	15		500	1.5		
	30		1 000	3.0		
380	15	3	500	2.2	10 000	2 000
	30		1 000	4.0		
	60		1 000	5.5		

附表 B-6　JZ7 系列中间继电器技术参数

型号	额定电压/V 交流	额定电压/V 直流	吸引线圈电压/V	触点额定 电流/A	触点数量 常开	触点数量 常闭	最高操作频率 /(次·h⁻¹)
JZ7-22	500	440	36,127,220,380	5	2	2	1 200
JZ7-41			36,27,220,380		4	1	
JZ7-44			12,36,127,220,380		4	4	
JZ7-62			12,36,127,220,380		6	2	

附表 B-7　JS7-A 系列空气阻尼式时间继电器主要技术参数

型号	触点容量 额定电压/V	触点容量 额定电流/A	通电延时 常开	通电延时 常闭	断电延时 常开	断电延时 常闭	瞬动触点数量 常开	瞬动触点数量 常闭	线圈电压 /V	延时时间 /s
JS7-1A	380	5	1	1					110	
JS7-2A			1	1			1	1	127	0.4~60
JS7-3A					1	1			220	0.4~180
JS7-4A					1	1	1	1	380	

附表 B – 8   LA 系列按钮主要技术参数

型号	额定电压/V	额定电流/A	触点数		钮数	按钮颜色	结构形式
			常开	常闭			
LA2	500	5	1	1	1	红、绿、黑	开启式
LA2 – A			1	1	1	红(蘑菇形)	
LA8 – 1			2	2	1	绿、黑	开启式
LA9	380	2	1		1	黑	点动按钮
LA10 – 1			1	1	1	红、绿、黑	开启式
LA18 – 22			2	2			
LA18 – 44			4	4	1	红、绿、黑	元件
LA18 – 66			6	6			
LA18 – 22J			2	2			
LA18 – 44J			4	4	1	红	元件(紧急式)
LA18 – 66J	500	5	6	6			
LA18 – 22Y			2	2	1		元件(钥匙式)
LA18 – 66Y			6	6			
LA19 – 11			1	1			元件
LA19 – 11J			1	1	1	红、绿、黑、黄、兰、白	元件(紧急式)
LA19 – 11D			1	1			元件(指示灯)
LA4 – 2K			2	2	2		
LA4 – 2H			2	2	2	红、绿、黑	
LA4 – 3H			3	3	3		

附表 B – 9   DZ15 系列塑壳式断路器主要技术参数

型号	壳架额定电流/A	极数	额定电压/V	脱扣器额定电流/A	额定短路通断能力/kA	电气、机械寿命/次
DZ15 – 40	40	1	220	6,10,16,20,25,32,40	3	15 000
		2,3,4	380			
DZ15 – 63	63	1	220	10,16,20,25,32,40,50,63	5	10 000
		2,3,4	380			

附表 B – 10 DZ108 系列塑壳式断路器技术参数

型号	额定电流/A	额定电流整定范围/A	额定工作电压/V	极数 P	额定短路分断能力/kA		控制电动机最大功率/kW	
					380 V	660 V	380 V	660 V
DZ108 – 20	5	3.2 ~ 5	380,660	3	1.5	1.0	10	16
	6.3	4 ~ 6.3						
	8	5 ~ 8						
	10	6.3 ~ 10						
	12.5	8 ~ 12.5						
	16	10 ~ 16						
	20	14 ~ 20						
DZ108 – 32	4	2.5 ~ 4	380,660	3	10	3	16	26
	6.3	4 ~ 6.3						
	10	6.3 ~ 10						
	12.5	8 ~ 12.5						
	16	10 ~ 16						
	20	12.5 ~ 20						
	25	16 ~ 25						
	32	22 ~ 32						

附表 B – 11 JLXK1 系列行程开关主要技术参数

型号	额定电压/V		额定电流/A	触点数量		结构形式
	交流	直流		常开	常闭	
JLXK1 – 111	500	440	5	1	1	单轮防护式
JLXK1 – 211						双轮防护式
JLXK1 – 111M						单轮密封式
JLXK1 – 211M						双轮密封式
JLXK1 – 311						直动防护式
JLXK1 – 311M						直动密封式
JLXK1 – 411						直动滚轮防护式
JLXK1 – 411M						直动滚轮密封式

附录 C 西门子 MM420 型变频器常用参数

P0003 用户访问级

可能的设定值:

1 标准级:可以访问最经常使用的一些参数。

2 扩展级:允许扩展访问参数的范围,例如变频器的 I/O 功能。

3 专家级:只供专家使用。

4 维修级:只供授权的维修人员使用(具有密码保护)。

P0004 参数过滤器

可能的设定值:

0 全部参数

2 变频器参数

3 电动机参数

7 命令,二进制 I/O

8 ADC(模–数转换)和 DAC(数–模转换)

10 设定值通道/RFG(斜坡函数发生器)

12 驱动装置的特征

13 电动机的控制

20 通信

21 报警/警告/监控

22 工艺参量控制器(例如 PID)

P0010 调试参数过滤器

可能的设定值:

0 准备

1 快速调试

30 工厂的缺省设定值

P0100 使用地区:欧洲/北美

可能的设定值:

0 欧洲 – [kW], 频率缺省值 50 Hz

1 北美 – [hp], 频率缺省值 60 Hz

2 北美 – [kW], 频率缺省值 60 Hz

P0300 选择电动机的类型

可能的设定值:

1 异步电动机

2 同步电动机

P0304　电动机的额定电压

P0305　电动机额定电流

P0307　电动机额定功率

P0308　电动机的额定功率因数

P0309　电动机的额定效率

P0310　电动机的额定频率

P0311　电动机的额定速度

P0335　电动机的冷却

可能的设定值：

0　自冷：采用安装在电动机轴上的风机进行冷却

1　强制冷却：采用单独供电的冷却风机进行冷却

P0700　**选择命令源**

可能的设定值：

0　工厂的缺省设置

1　BOP(键盘)设置

2　由端子排输入

4　通过 BOP 链路的 USS 设置

5　通过 COM 链路的 USS 设置

6　通过 COM 链路的通信板(CB)设置

P0701　**数字输入 1 的功能**

可能的设定值：

0　禁止数字输入

1　ON/OFF1(接通正转/停车命令 1)

2　ON reverse/OFF1(接通反转/停车命令 1)

3　OFF2(停车命令 2)　　　　　－按惯性自由停车

4　OFF3(停车命令 3)　　　　　－按斜坡函数曲线快速降速停车

9　故障确认

10　正向点动

11　反向点动

12　反转

13　MOP(电动电位计)升速（增加频率）

14　MOP 降速(减少频率)

15　固定频率设定值(直接选择)

16　固定频率设定值(直接选择＋ON 命令)

17　固定频率设定值(二进制编码的十进制数(BCD 码)选择＋ON 命令)

21　机旁/远程控制

25　直流注入制动

29　由外部信号触发跳闸

33　禁止附加频率设定值

99　使能 BICO 参数化

P0702　数字输入 2 的功能（设定值与 P0701 相同）

P0703　数字输入 3 的功能（设定值与 P0701 相同）

P0704　数字输入 4 的功能（设定值与 P0701 相同）

P0756　ADC 的类型

可能的设定值：

0　单极性电压输入(0 ~ +10 V)

1　带监控的单极性电压输入(0 ~ +10 V)

P0970　工厂复位

可能的设定值：

0　禁止复位

1　参数复位

P1000　频率设定值的选择

可能的设定值：

0　无主设定值

1　MOP 设定值

2　模拟设定值

3　固定频率

4　通过 BOP 链路的 USS 设定

5　通过 COM 链路的 USS 设定

6　通过 COM 链路的 CB 设定

10　无主设定值 + MOP 设定值

11　MOP 设定值 + MOP 设定值

12　模拟设定值 + MOP 设定值

13　固定频率 + MOP 设定值

14　通过 BOP 链路的 USS 设定 + MOP 设定值

15　通过 COM 链路的 USS 设定 + MOP 设定值

16　通过 COM 链路的 CB 设定 + MOP 设定值

20　无主设定值 + 模拟设定值

21　MOP 设定值 + 模拟设定值

22　模拟设定值 + 模拟设定值

23　固定频率 + 模拟设定值

24　通过 BOP 链路的 USS 设定 + 模拟设定值

25　通过 COM 链路的 USS 设定 + 模拟设定值

26　通过 COM 链路的 CB 设定 + 模拟设定值

30　无主设定值 + 固定频率

31　MOP 设定值 + 固定频率

32　模拟设定值 + 固定频率

33　固定频率 + 固定频率

34　通过 BOP 链路的 USS 设定 + 固定频率

35　通过 COM 链路的 USS 设定 + 固定频率

36　通过 COM 链路的 CB 设定 + 固定频率

40　无主设定值 + BOP 链路的 USS 设定值

41　MOP 设定值 + BOP 链路的 USS 设定值

42　模拟设定值 + BOP 链路的 USS 设定值

43　固定频率 + BOP 链路的 USS 设定值

44　通过 BOP 链路的 USS 设定 + BOP 链路的 USS 设定值

45　通过 COM 链路的 USS 设定 + BOP 链路的 USS 设定值

46　通过 COM 链路的 CB 设定 + BOP 链路的 USS 设定值

50　无主设定值 + COM 链路的 USS 设定值

51　MOP 设定值 + COM 链路的 USS 设定值

52　模拟设定值 + COM 链路的 USS 设定值

53　固定频率 + COM 链路的 USS 设定值

54　通过 BOP 链路的 USS 设定 + COM 链路的 USS 设定值

55　通过 COM 链路的 USS 设定 + COM 链路的 USS 设定值

60　无主设定值 + COM 链路的 CB 设定值

61　MOP 设定值 + COM 链路的 CB 设定值

62　模拟设定值 + COM 链路的 CB 设定值

63　固定频率 + COM 链路的 CB 设定值

64　通过 BOP 链路的 USS 设定 + COM 链路的 CB 设定值

66　通过 COM 链路的 CB 设定 + COM 链路的 CB 设定值

P1001　**固定频率 1**

P1002　**固定频率 2**　（与 **P1001** 相同）

P1003　**固定频率 3**　（与 **P1001** 相同）

P1004　**固定频率 4**　（与 **P1001** 相同）

P1005　**固定频率 5**　（与 **P1001** 相同）

P1006　**固定频率 6**　（与 **P1001** 相同）

P1007　**固定频率 7**　（与 **P1001** 相同）

P1080　最低频率

P1082　最高频率

P1120　斜坡上升时间　单位:s

附录 D　西门子 MM420 型变频器故障与报警信息查询表

附表 D-1　西门子 MM420 型变频器故障与报警信息表

故障	含义
F0001	过电流
F0002	过电压
F0003	欠电压
F0004	变频器过温
F0005	变频器 I^2t 过温
F0011	电动机 I^2t 过温
F0041	电动机定子电阻自动检测故障
F0051	参数 EEPROM 故障
F0052	功率组件故障
F0060	Asic 超时
F0070	通信板(CB)设定值错误
F0071	在通信报文结束时,USS(RS232 链路)无数据
F0072	在通信报文结束时,USS(RS485 链路)无数据
F0080	模拟输入信号丢失
F0085	外部故障
F0101	功率组件溢出
F0221	PI 反馈信号低于最小值
F0222	PI 反馈信号高于最大值
F0450	BIST 测试故障(只在维修方式)
报警	含义
A0501	电流限幅
A0502	过压限幅
A0503	欠压限幅
A0504	变频器过温
A0505	变频器 I^2t 过温
A0506	变频器的"工作 - 停止"周期超限
A0511	电动机的 I^2t 过温
A0541	电动机数据自动检测已激活

附表 D-1（续）

报警	含义
A0600	RTOS 超出限制范围报警
A0700 - A0709	CB 板报警
A0710	CB 板通信错误
A0711	CB 板配置错误
A0910	直流回路最大电压 Vdc_max 控制器未激活
A0911	直流回路最大电压 Vdc_max 控制器已激活
A0920	ADC 参数设定不正确
A0921	DAC 参数设定不正确
A0922	变频器没有负载
A0923	同时要求正向点动和反向点动

附表 D-2　西门子 MM420 型变频器状态显示面板故障与报警

绿色	黄色	显示优先级	驱动装置的状态定义
OFF	OFF	1	没有交流主电流
OFF	ON	8	变频器故障——以下所列之外的故障
ON	OFF	13	变频器正在运行
ON	ON	14	准备就绪——准备投入使用
OFF	闪烁 - R1	4	过电流故障
闪烁 - R1	OFF	5	过电压故障
闪烁 - R1	ON	7	电动机过热故障
ON	闪烁 - R1	8	变频器过热故障
闪烁 - R1	闪烁 - R1	9	电流极限值警告——两个 LED 同时闪烁
闪烁 - R1	闪烁 - R1	11	其他警告——两个 LED 交替闪烁
闪烁 - R1	闪烁 - R2	6/10	欠压自动跳闸/电压不足警告
闪烁 - R2	闪烁 - R1	12	驱动装置未准备就绪——显示状态 > 0
闪烁 - R2	闪烁 - R2	2	ROM 失效——两个 LED 同时闪烁
闪烁 - R2	闪烁 - R2	3	RAM 失效——两个 LED 交替闪烁

注：R1——亮的时间为 900 ms。

R2——亮的时间为 300 ms。